铁路建设项目标准化管理

卢春房　著

中国铁道出版社

2013年·北　京

图书在版编目(CIP)数据

铁路建设项目标准化管理/卢春房著．—北京：
中国铁道出版社，2013.3
ISBN 978-7-113-17280-0

Ⅰ.①铁… Ⅱ.①卢… Ⅲ.①铁路工程—基本建设
项目—标准化管理 Ⅳ.①F530.31

中国版本图书馆 CIP 数据核字(2013)第 206258 号

书　　名：铁路建设项目标准化管理
作　　者：卢春房　著

责任编辑：江新锡　赵　静　曹艳芳　　　**电话：**010-51873018
封面设计：郑春鹏
责任校对：龚长江
责任印制：郭向伟

出版发行：中国铁道出版社（100054，北京市西城区右安门西街 8 号）
网　　址：http：//www.tdpress.com
印　　刷：中煤涿州制图印刷厂北京分厂
版　　次：2013 年 3 月第 1 版　2013 年 3 月第 1 次印刷
开　　本：787 mm×1 092 mm　1/16　**印张：**16.75　**插页：**1　**字数：**281 千
书　　号：ISBN 978-7-113-17280-0
定　　价：49.80 元

作 者 简 介

卢春房，生于1956年，现任铁道部副部长，提高待遇高级工程师。曾担任铁道部第十一工程局第三工程处处长、副局长，铁道部第十一工程局大秦、京九铁路工程指挥部指挥长，中国铁道建筑总公司副总经理兼内昆铁路工程指挥部指挥长，铁道部建设管理司副司长，青藏铁路建设总指挥部指挥长，京沪高速铁路建设总指挥部指挥长等职务。从事铁路施工企业和铁路建设项目管理工作30余载，具有丰富的铁路建设管理工作经验，曾出版专著《铁路工程铺架施工与管理》，在《人民日报》、《管理世界》、《中国铁路》等重要报刊上发表论著10多篇。

前　言

标准化管理是一门源远流长、历久弥新的应用科学。近代以来，标准化管理广泛应用于工业生产、商贸服务等众多行业，深刻改变了社会生产和经济发展方式以及人的思想观念，产生了不可估量的社会和经济效益。标准化管理是全面提升企业科学管理水平的必由之路和基本保证，现代社会任何新的、先进的管理体系，都离不开标准化管理这个基础。这一点早已是广泛的共识。长期以来，标准化管理在建设项目上的应用一直是建筑领域的重要课题，为此国内外许多业界人士进行了不懈的探讨和研究，在某些项目上也取得了一些积极的实践成果，这些对于我们搞好铁路建设项目管理能够起到一定的借鉴作用。

党的十六大以来，我国掀起了新一轮大规模、高标准铁路建设高潮，建设投资规模之大，建设项目数量之多，不仅在我国前所未有，而且在世界上也属罕见。在时间紧、任务重、建设资源高度紧张的新形势下，如何确保大规模、高标准铁路建设全面有序推进，是全行业必须破解的重大发展课题，也是铁路建设项目管理工作面临的历史性考验。作为铁道部主管建设工作的副部长，作者为此进行了长时间的研究与思考，并组织相关人员作了广泛深入的调研，最终决定以推行标准化管理为抓手来推动项目管理创新，在充分借鉴国际经验和他人研究成果的基础上，创建一套具有先进性、实用性、普适性的铁路建设项目标准化管理体系，并使之能够在多达两三百个铁路建设项目上同时应用或成功复制，从而有效保证优质、高效地实现预期建设目标。2008年4月，我们确定了铁路建设项目标准化管理体系的基本框架并起步实施推广。这套管理体系以确保工程质量为核心任务，以管理制度标准化、人员配备标准化、现场管理标准化、过程控制标准化为基本内涵，以技术标准、管理标准、作业标准和工作流程为基本依据，以机械化、专业化、工厂化、信息化为支撑手段，将项目管理过程中各项相互关联、相互作用的工作加以科学梳理，逐项建立标准化的运行机制，务求达到闭环管理。它适应我国铁路建设项目统一管理、分级实施的体制特点，细化明确了铁道部、建设单位和参建单位之间责任界面和协作机制，有利于实现有序推进、有效受控的建设局面。经过4

年多的实践，这一管理体系已经广泛应用于众多在建项目，深刻改变了铁路建设项目传统管理模式，成功实现“三个突破”，即标准化管理应用从企业管理领域到项目管理领域、从同一个单位内部实行到不相隶属的多个单位共同贯彻、从在单个项目上实施到众多项目统一推行的突破，有力推动我国铁路建设项目管理水平得到显著提升，从而有效利用有限的建设资源，克服种种发展难题，取得了令人瞩目的建设成果。其间累计完成铁路建设投资2.62万亿元，先后有202个项目顺利建成投产，投产新线19 775公里（其中高铁8 753公里），复线16 991公里，电气化铁路25 980公里，这些投产项目特别是高铁项目的工程质量经运营检验反映良好，运行品质赢得国内外普遍认可。截至2012年底我国铁路运营里程达到9.8万公里，居世界第二位，其中高铁9 356公里，居世界第一位。目前在建项目共有256个，总里程2.3万多公里，这些在建项目整体推进有序，质量安全形势良好。实践证明，我们所创建的这套铁路建设项目标准化管理体系是符合实际并行之有效的。

本书的撰写，既是我本人的一个夙愿，也是路内外很多同志给我一再提出的希望和要求。本书的内容主要是概述铁路建设项目标准化管理的基本体系和相关主要工作实施标准化管理的具体原则、要求和方法，其中既有我本人对这些问题的研究、思考和认识，又有铁道部相关文件的规定要求；既有创建这套管理体系时的构想谋划，又有近几年来众多铁路建设项目实践经验的归纳总结，总的想法是重点讲些实际操作的东西，不必有过多的理论包装色彩，也没有刻意去套用通行的质量、环保、安全管理贯标等管理体系的一些具体形式。希望本书的出版，能够为铁路建设项目建设单位推行标准化管理、加强教育培训提供帮助，同时也为广大设计、施工、监理企业在铁路建设项目上开展标准化管理活动提供借鉴。社会各界其他有兴趣的人士也可以通过本书了解铁路建设行业项目管理发展状况，以此作为相关研究工作的参考。由于日常工作繁忙、写作时间不足，以及自身水平所限等原因，本书现有内容可能与上述预期目标存在差距，不当甚至错误之处在所难免，希望读者给予谅解和指正。

为方便读者理解和掌握，这里我对铁路建设项目标准化管理的要点作如下提示：

第一，打牢基础是根本，树立丰碑为核心。作为一名长期从事企业管理和项目管理的领导干部，我始终认为管理基础工作是没有捷径可走的。在从传统的经验管理向科学管理、现代管理进步历程中，管理基础工作始终是具有根本性、决定性作用的发展要素。只有基础工作打牢了，才能功到自然成地进入新的发展阶段，否则即使引进再先进的管理体系、理论、工具也是难于成功的。而那种企图凭一时之举谋求所谓超常规、跨阶段发展的行为是极不可取的，即使侥幸有所收获也是徒有其表、难以为继的，最终还得回来补上基础工作这一课。标准化管理就是加强项目管理基础工作的最好抓手，我们应当始终重视和用好这个抓手。我写这本书的主要着眼点，就是围绕如何实现项目管理工作标准化来讲一些基本思路、原则和方法、要求，让读者们明白怎样有效地把标准化管理与实际工作结合好，全面夯实项目管理各项基础工作，有力保证质量、安全、工期、投资、环保等建设目标又好又快地实现，这也是开展铁路建设项目标准化管理的基本任务。在这些建设目标中，质量是第一位的，也是具有决定性的。衡量标准化管理成效高低，最关键的是看质量，质量搞不好，即使标准化管理活动再有声有色，也是失败的。因此，推行铁路建设项目标准化管理，应牢固坚持把确保工程质量作为核心任务，这也是一条不可动摇的根本原则。

第二，靠共同利益形成团队，以龙头作用带动整体。铁路建设项目各参建单位相互之间虽然是经济合同关系，但同时也是一个具有共同目标、共同利益、共同追求的建设团队，可以说一荣俱荣，一损俱损。把这个团队的认识统一起来，把各自为战的管理体系融合起来，就能够形成推行标准化管理的合力，保证标准化管理体系纵向到底、横向到边地实现全面覆盖。在整个建设团队中，建设单位居于龙头地位，在推行标准化管理中应当主动发挥好主导作用，惟其如此才能调动其他参建单位发挥主体作用，从而形成整体优势。

第三，没有规矩不成方圆，没有共识散沙一盘。标准和流程是实施标准化管理的“规矩”，责任是实施标准化管理的动力。铁路建设项目上任何工作的开展，都必须做到坚持标准、严守流程、落实责任，只有做到“事事有标准、事事有流程、事事有责任人”，才能说是实现了标准化运转。标准化管理强调硬约束，也离不开软驱动，这个软驱动就是项目文化建设，其主要功能就是提供精神动力，引导价值取向，创造有利氛围，树立良好形象。结合标准化管理的开展，项目文化建设应把工作重点放在宣贯标准、崇尚规则、培养习惯、形成风气上来，最重要的是引导参建人员达成严格执行标准化管理的广泛共识，促使“让标准成为习惯，习惯符合标准，结果达到标准”的理念深入人心。

第四，细节决定成败，手段决定成效。标准化管理重在执行，难在落实，贵在坚持，根本方法是加强过程控制。在每项工作实施过程中，都应切实保证各个环节、工序质量达标，决不能越过“红线”，留下隐患。标准化管理的根本依靠是科技进步和科学管理，其所追求的是质量、成本和效率的最优组合和有机统一。保证工作质量，降低成本消耗，提高工作效率，既要靠各级责任主体充分发挥主观能动性，更需要积极应用现代化的手段和方法，为此我们把机械化、专业化、工厂化、信息化作为铁路建设项目标准化管理的支撑手段。

第五，打铁要靠自身过硬，命运握在自己手中。人的素质和能力直接决定管理工作成效高低。为此在本书中对铁路建设项目相关岗位管理人员的能力素质要求提出了统一标准，同时针对施工企业基层作业队建制缺失、施工现场以包代管严重、一线劳务工素质低下等痼疾，专门介绍了以“架子队”模式管理劳务工的相关要求，以此指导帮助施工单位规范劳务用工，加强一线队伍管理，夺回现场管理主动权，有效防治管理层与作业层脱节带来的种种突出问题。

在本书有关章节中，引用了李春田、陈立云、金国华等专家著作的一些内容，在此表示诚挚的感谢。在本书撰写和审定过程中，何华武、安国栋、苏全利、周孝文、李志义、张梅、王晓洲、王峰、邹振华等同志提出了宝贵意见；王隽峰同志协助我承担了全书资料收集整理和校订工作；李永文、侯敬、王震、王晓龙、隋民锋、刘峰、朱国伟、伍林、赵钰、刘树红、赵东田、王万奇、王建军、答治华、易善伟、黎庶等同志分别也参与了一些资料收集和整理工作，在此一并表示谢意。

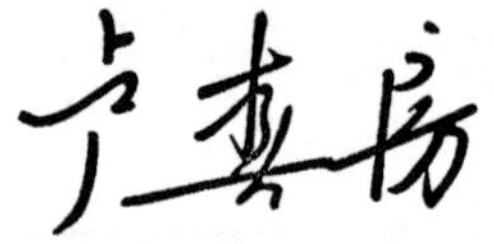

2013 年 1 月 18 日于北京

目　　录

第一章　管 理 体 系

推行铁路建设项目标准化管理，就是要基于我国铁路建设体制特点，适应我国大规模、高标准铁路建设形势的迫切需要，在充分借鉴历史经验和国际经验基础上，创建一整套具有先进性、实用性、普适性的管理体系。本章将就铁路建设项目标准化管理创建的历史、体制、时代背景和铁路建设项目标准化管理体系的基本框架作一简介。

第一节　标准化管理的基本概念

标准化发源于人类有意识的生产实践活动，其历史可以追溯到数千年甚至更早的远古时期，这一点从史前文明遗址出土的猿人所制石器等工具的相似性、趋同性，以及象形文字、符号的统一性可以得到明证。一般认为，有史以来的标准化活动共经历了三个发展阶段：一是以手工业物质技术条件为基础的古代标准化阶段；二是以机器大工业生产为背景的近代标准化阶段；三是以系统理论为指导的现代标准化阶段。古代标准化阶段实际上是以手工业物质技术条件为基础的，处在经验总结、现象描述水平层面上的漫长积累过程，对社会经济发展并没有发挥突出的作用。标准化真正广泛、迅速开展，始于西方近代工业革命的兴起。1865 年，法、德、俄等 20 个国家的代表在巴黎召开会议，成立了第一个国际标准化组织——国际电报联盟。1901 年，英国工程标准委员会成立，宣告了世界上第一个国家标准化组织的诞生。1906 年，英、法、美、日等 13 个国家的代表汇聚伦敦，成立了国际电工委员会(IEC)。1911 年，泰勒发表《科学管理原理》，把标准化的方法应用于制定“标准作业方法”和“标准时间”，开创了科学管理的新时代。此后，标准化被当作科学管理的有效手段，逐步有组织有计划地广泛推广实施，对标准化的研究也逐步发展为一门学科。1946 年 10 月，由 25 个国家发起成立的国际标准化组织(ISO)是成立时间最早、规模最大的世界性标准化组织，它的成立，开创了人类标准化历史的新纪元。作为该组织发起国之一，我国早在 1931 年 12 月就成立了工业标准化委员会。新中国成立后特别是改革开放以来，党和政府高度重视标准化事业建设和发展，一直有专门机构主管标准化工作，曾制定实施过相应的规划。1979 年颁布了《中华人民共和国标准化管理条例》，1989 年颁布了《中华人民共和国标准化法》，1990 年颁布了《中华人民共和国标准化法实施条例》。国家技术监督局于 1990 年发布了国家标准、行业标准、地方标准、企业标准等一整套管理办法，使我国标准化工作全面走上了健康发展道路。经过长期不懈努力，我国各行各业已经形成较为完备的标准体系，到 2012 年底共计有国家标准 29 582 项，行业标准 51 023 项，地方标准24 953项。

了解标准化管理，主要应把握以下几个概念：

1. 标准。标准是为了在一定范围内获得最佳秩序，经协商一致制定并由公认机构批准，共同使用和重复使用的一种规范性文件。简单地理解，标准体现的是在一定发展阶段认识水平、技术条件下最佳选择的规则、导则或指南。标准具有如下特性：一是针对性。标准的对象是重复性事物，比如大批量生产过程中的重复投入、重复加工、重复检验等活动；同一类技术（如某种构件的设计）或服务活动在不同地点、不同对象上的同时或相继发生，等等。二是科学性。标准以科学技术和经验的综合成果为基础，其社会功能就是将一定发展阶段科学技术和实践经验成果予以规范化，以促成对资源更有效利用，为技术进一步发展搭建新的平台。三是共识性。标准的出发点是促进最佳共同效益，故此以一定范围内有关各方共同协商一致、共同认可为前提。四是权威性。标准是经济技术活动乃至社会生活的重要依据，是重要的公共资源，是社会公共利益的体现，应当具有普遍的适用性和约束力，必须经过公认的权威机构批准，方能为各方普遍接受。五是系统性。从微观上看，一个标准就是一个系统，标准的各部分具体内容都是系统的构成要素。从宏观上看，在一定范围内的标准，依其内在的、科学的联系或者相同的功能特点，会形成一个相互依存、相互制约的有机整体，这个有机整体习惯上称为标准体系（或标准系统），而这种体系往往又从属于一个更大的体系。基于以上特性，标准的分类可以有多种方式，比如依其制定主体可以分为国际标准、区域（如欧盟）标准、国家标准、行业标准、地方标准、企业标准；依其对象基本属性可分为技术标准、管理标准和工作标准（其中包含管理工作标准和生产作业标准）；依其实施约束力可分为强制性标准和推荐性标准；依其信息载体可分为标准文件和标准样品，等等。

2. 标准化。标准化是为在一定范围内获得最佳秩序，对现实问题或潜在问题制定共同使用和重复使用条款的活动。首先，标准化是一个制定标准、实施标准进而修订标准的过程，而且这个过程是不断循环、螺旋式上升的。其次，标准化是一项有目的的活动,其主要作用在于为了预期目的改进产品、过程或服务的适用性,防止贸易壁垒,促进技术合作。这里所说的目的包括品种控制、可用性、兼容性、互换性、健康、安全、环保、产品防护、相互理解、经济效益、贸易等。最后,标准化是实现最佳秩序的科学方法,其一般原理为"统一、简化、协调、择优",表现形式为简单化、统一化、通用化、系列化、组合化、模块化等。

3. 标准化管理。标准化管理是指以符合和应用特定范围的标准为基础的管理体系。这里所说的特定范围的标准,既包括组织外部的标准如法律、法规、规章和其他必须遵守的相关规则,又包括组织内部的技术、管理、文化理念等方面的标准和规则。标准化管理的对象是有重复性的生产活动,其管理目标可以是时间(效率)、成本,也可以是效益、质量、安全等。实施标准化管理就是要以标准为基础,充分运用标准化的原理和方法,集成应用各种现代管理技术和手段,实现组织管理体系和各项工作的规范、高效运作,其最核心的要求就是按照标准做事,做事结果达标。

第二节　我国铁路建设领域以往标准化工作发展概况

我国铁路建设领域的标准化工作起步于清朝末年和民国初期。那时国内铁路有相当一部分由外国列强投资修建,或由中方借外债修建,由于投资国或债权国的不同,造成这些铁路的技术标准、质量验收标准各有不同,以至于连轨距都不统一,直接影响过轨联运。1907 年詹天佑主持修建京张铁路,其间组织编制了整套的工程标准图,其中包括线路、桥涵、隧道、站房、水塔、机务设备等工程的标准设计 49 种共计 102 幅图纸,这是我国历史上最早的铁路标准设计成果。此后,民国政府也在技术标准编制、标准设计统一等方面做了一些工作。

新中国成立以来,铁路建设领域的标准化工作一直得到重视,不断发展进步,主要成就集中体现在技术标准体系创建和完善上。从 1949 年新中国成立开始,在参照旧中国各条线路遗留标准,并大量采用苏联标准基础上,大力推进我国铁路技术标准、标准设计等创建工作,初创了一些主要的设计施工规范,逐步改变了勘测设计和工程施工的落后状况。之后,按照国家标准化工作统一部署的要求,结合铁路发展需要,持续不断加快技术标准修编工作。进入 21 世纪以来,为适应大规模、高标准铁路建设需要,依靠引进消化吸收再创新和原始创新、集成创新,通过京津、武广、京沪等高速铁路建设和运营,掌握了高速铁路工程建造和装备制造等领域核心技术,初步建立了具有中国铁路特色、主要技术水平达到世界一流的高速铁路和重载铁路技术标准体系。截至2012年底，我国铁路工程建设领域共有国家标准7项，行业标准214项，并有216项标准设计在工程建设中广泛应用。

在建立和完善技术标准的同时，铁道部相继颁布实施了很多铁路建设规章制度。这些规章制度对铁路建设从立项决策到后期的现场施工、竣工验收等各个环节的工作都明确了相应的工作标准和流程，为规范和提升铁路建设项目管理水平发挥了重要指导作用，同时也为铁路工程设计、施工、监理企业完善自己内部的管理标准、作业标准提供了指导依据。在铁道部的支持和引导下，广大铁路工程设计、施工、监理企业在长期的建设实践中，认真贯彻国家标准、行业标准和地方标准，依靠技术创新、管理创新，不断制定和完善自身的企业标准，深入开展企业标准化管理和各类达标升级活动，有效提升了企业管理水平。特别是"八五"末期以来，广大设计、施工、监理企业积极贯彻《建筑企业升级实施办法》和国家有关企业标准化管理的政策，以推行企业全面质量管理和实施ISO 9000族质量管理标准贯标认证为载体，普遍建立了较为规范、先进的企业标准化管理体系，这些工作对于保证工程质量、安全，提升企业管理水平和市场竞争力，都发挥了不可替代的历史作用。

总的来看，以往铁路建设领域的标准化工作成果，主要体现在以铁道部作为政府主导的技术标准和规章制度制订、修订等工作和以铁路工程设计、施工、监理企业为主体的企业管理标准化工作两个方面。而如何把这两个方面工作有效地结合起来，使得这些技术标准和规章制度能够真正落实到施工一线，更是自20世纪80年代末开始推行项目法施工以来，铁路建设系统孜孜以求解决的重大课题。

第三节　我国铁路建设项目管理的特点

铁路建设项目也称铁路基本建设项目，它除了具备一般建设项目基本特征外，还有一些独有的特点：一是政治影响大。铁路建设项目都是关系国计民生的重点工程，国家和地方政府高度重视，社会各界和广大人民群众广泛关注，有些项目还具有重大的国际影响，无论在哪一方面出现问题都可能造成重大损失和不良影响。二是投资规模和建筑体量大，战线长，占地面积广，隧道、桥梁、土石方、铺轨架梁等实物工作量巨大。铁路建设项目一般投资规模都超过1亿元，有的项目更是达到一两千亿元。铁路建设项目属于线状工程，线路长度一般都超过100公里，有的项目达到上千公里，途经行政区域多，自然条件和社会环境差异很大,不确定或经常变化的因素多。三是工程结构复杂,技术要求高。铁路建设项目系统性强,工程门类复杂,专业技术繁多,标准要求高,特殊桥梁建造、复杂地质长大隧道修建以及无砟轨道、防灾与减振降噪、四电系统集成等方面技术要求极高。最重要的是铁路工程的技术和质量都直接关系运营安全,关系广大旅客生命安全,这一点非一般工程项目所能相比。四是组织协调任务重。绝大多数项目需要划分为数个甚至数十个标段,参建单位众多,同时工程技术复杂,施工环节多、阶段多,平行交叉作业多,这在客观上要求建设单位具有突出的系统运筹和科学组织能力。大多数项目需要经由多个省份以及数量众多的市、县和乡镇,在征地拆迁、环境保护、资金筹措、城市规划、电力保障、文物保护等很多方面,都需要与地方政府和有关方面乃至很多家庭、个人进行协调。这些工作需要依靠并配合沿线地方政府来实施,较大的问题还需要通过铁道部与各省(自治区、直辖市)之间的协调机制来共同研究解决。对有些特别重大的铁路建设项目如青藏铁路、京沪高速铁路,国务院还专门成立了领导小组,从国家层面上协调解决建设中的重大问题。

从管理体制上看,新中国成立以来铁路建设项目管理大致经历了三个阶段:第一阶段为传统的计划经济阶段(20 世纪 50 年代至 80 年代初),主要特点是以行政命令的方式组织管理铁路建设。第二阶段为实施、推广项目管理阶段(20 世纪 80 年代至 90 年代),主要特点是借鉴国外经验,逐步推行项目法人责任制、招标投标制、合同管理制、工程监理制。第三阶段为铁路建设市场逐步发育成熟阶段(20 世纪末至今),主要特点是铁路基建系统实施了政企分开,铁路工程设计、施工企业与铁道部"脱钩";建立了国家投资、铁道部融资以及与地方政府和其他机构合资等多元化投资格局;构建了统一、公开、竞争、开放的铁路建设市场。总的来看,经过 50 多年的实践和发展,逐步建立和完善了以统一管理、分级实施为主要特点的铁路建设项目管理体制。目前铁路建设项目一般实行铁道部、铁路局、局管项目管理机构三级管理或铁道部、合资铁路公司两级管理(如图 1-1 所示)。铁道部既是中央政府铁路建设主管部门,又是所有项目的大业主,既负责建设项目前期决策和审查相关工作,确定建设项目质量、安全、工期、投资、环保等目标,又负责实施阶段的统一组织管理。铁道部通过签订责任书的方式委托铁路局或合资铁路公司作为建设单位具体负责项目的组织管理工作,并对建设单位实施相应的业绩考核。各铁路局受铁道部委托,承担部分由国家投资的铁路建设项目管理工作,也可承担部分铁道部与地方政府和其他投资方合资工程的代建。由铁道部与地方政府和其他投资方合资建设的项目,一般成立合资公司作为项目法人，合资铁路公司在股东共同授权范围内行使职权，依照公司法经营运转，但是都要接受铁道部统一的行业管理。项目建设所涉及的征地拆迁等对外协调工作，合资铁路公司需依托地方政府，并借助所在地铁路局力量来开展。在各个铁路建设项目上，均建立由建设单位负总责的项目管理责任体系，参建的设计、施工、监理单位依照合同约定，负责实施各自职责范围内的建设工作任务，并接受建设单位的统一领导和组织管理，形成一个由建设单位为核心的建设团队。我国铁路建设这种管理体制的优势在于，能够充分发挥铁路系统的整体优势，有利于“集中力量办大事”，以各个建设单位为核心，有效凝聚、组织和带领广大参建企业，全面、有序地驾驭和推进众多铁路建设项目。

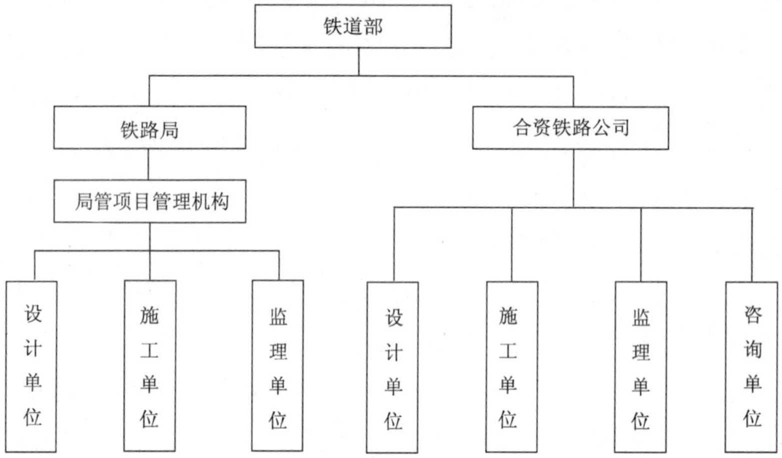

图 1-1　铁路建设项目管理体制示意图

第四节　开展铁路建设项目标准化管理的时代背景

2004 年 1 月国务院批准实施《中长期铁路网规划》，确定了到 2020 年全国铁路运营里程达到 10 万公里的发展目标。2008 年 11 月根据国务院批准的《综合交通网中长期发展规划》，铁道部又将到 2020 年发展目标调整为全国铁路运营里程达到 12 万公里以上。“十一五”以来，铁路系统以建设客运专线（高速铁路）为主线，掀起了我国历史上前所未有的大规模、高标准铁路建设高潮，先后开工建设 368 个大中型铁路建设项目，累计总投资 3.47 万亿元，新线总里程 3.95 万公里，年度完成基建投资从 1 500 亿元逐年攀升，最高达到 7 000亿元。根据《“十二五”铁路发展规划》，到 2015 年末，全国铁路营业里程将达到 12 万公里左右，基本建成快速铁路网，煤炭运输能力 30 亿吨以上，复线率和电化率分别达到50%、60%。可以预见,今后一个时期铁路建设高潮将继续保持高位推进状态,年均投资计划在5 000亿元左右。

实施大规模、高标准铁路建设,是中央从我国经济社会科学发展全局出发作出的历史性决策,政治意义和历史影响极其深远,能不能组织好、管理好大规模、高标准铁路建设,不但事关铁路自身的现代化进程,而且事关我国全面建设小康社会的战略大局。在这种时代背景下,推行铁路建设项目标准化管理,是一项应运而生的重要管理创新实践活动,是确保又好又快完成大规模、高标准铁路建设任务的重大举措。

首先,实现铁路建设项目管理创新,亟需以推行标准化管理为抓手。尽管自20世纪80年代末推行项目法施工以来,我国铁路建设项目管理水平一直在逐步提升,也在很多方面取得可喜突破,但是从整体上看依然没能完全走出经验管理的发展阶段。这些年来铁路建设项目管理引入并大量采取多种先进管理技术和方法,比如全面质量管理、全面计划(预算)管理、网络计划技术等,但是这些努力所取得的成效只是体现在某些项目管理的一个或几个方面,并不能涵盖所有项目的整个管理过程,不能有效赢得全体参建单位和广大建设者的认同、掌握和执行。很显然,从铁路建设项目管理发展的需求来看,亟需尽快在项目管理思想和体系方面实现新的突破。如果不能全面有序地组织管理好项目建设,那么就会造成某些方面的管理缺失乃至重大失误,极有可能导致工程质量、安全、效益等方面的重大损失。铁道部适时决定全面推行标准化管理,就是希望以标准化管理这个平台,使各个项目能够更好地综合应用各类现代管理技术和方法,围绕质量安全这个核心,全面、迅速提升管理水平,实现科学、有序推进。

其次,大规模、高标准铁路建设的兴起,迫切需要全面推行铁路建设项目标准化管理。从宏观上看,这一轮铁路建设规模之大,标准之高,无论是在中国,还是其他任何国家都是没有先例的,所面临的项目数量众多、开竣工时间高度集中、建设资源高度紧张、质量安全压力重等一系列突出矛盾,都是以往铁路建设工作所未曾遇到甚至不可想象的;在合资铁路建设中,投资主体的多元化从依法建设、运行机制、利益协调等方面给建设管理工作提出很多新的要求,地方政府和投资人对建设项目管理规范性、民主性、科学性、有效性非常关切。面对这种形势,如何快速、全面地提升全行业项目管理水平,创造性地用好有限资源,有效管好如此众多的在建项目,确保质量、安全、工期、投资等目标全面实现,是一场极其严峻的考验,亟需破解的难题非常多。大量新组建的建设单位缺乏管理建设项目的经验,人员专业素质参差不齐,有相当大一部分同志从未接触过建设工作，不少建设单位管理水平不高，管理制度和管理方法、手段五花八门，人员的管理行为规范性差，不善于驾驭建设项目工作大局，违反建设程序等现象时有发生，然而这些问题的根本解决，靠短期的集中培训很难取得理想的效果，由铁道部组织专门力量对众多建设单位一家一家地帮扶也是不现实的。只有引入标准化管理的思想和方法，构建一套先进、通用、简便、实用的管理制度、流程和方法，让各建设项目建设单位结合实际去贯彻执行，才能有效应对现实需要，消除横向差别，实现对在建项目的有效管控。

从微观上看，铁路建设项目一般投资规模和工程量都比较大，参建单位数量多，参建单位的管理体系各不相同，现场施工组织能力、质量安全自控能力、施工作业技术工艺水平、作业人员素质等参差不齐。在这种情况下，要协调统一参建单位的行动，实现对建设项目各项工作的有效管控，完全依赖施工企业的自觉性那是远远不够的，依靠一事一时一地的专门部署或者一次又一次的突击性治理也不能从根本上解决问题。应当承认，广大铁路工程设计、施工、监理企业以往在标准化管理方面做了大量的工作，基本上都通过了管理体系的标准化认证，但是这并不代表其实际管理水平与当前大规模、高标准铁路建设的形势要求相适应，相反的是这种不适应的问题非常突出，主要表现在：一是企业管理体系局部甚至大面积失效。很多企业经营规模的急剧扩张，造成资源高度紧张，致使原有的管理体系缺乏必要资源支撑，无法维持正常运转，局部性的资源短缺、管理失控问题时有发生。尤其是自有职工数量少，大量使用外包队伍，以包代管、包而不管现象严重，造成施工现场管理层与作业层脱节甚至"绝缘"，极易导致现场管理混乱、作业粗制滥造、质量问题严重、安全事故频发。二是企业管理体系不能有效适应众多项目的不同要求。很多企业总部对现场管理机构实行的是"遥控"式管理，现场管理机构照搬企业总部的管理体系，却与整个建设项目管理体系不能有效融合，企业管理的有些机制、制度、程序、标准、要求等，与各铁路建设项目实际和建设单位的要求不相适应，加之现场管理机构在实际工作中习惯于听上级的而不是听业主的，故而直接影响现场工作的方向性、目的性、有效性。三是标准意识普遍薄弱。不少企业存在不顾自身资源承受能力，盲目抢占市场、扩张规模，放松管理、降低质量标准的倾向；一线管理、技术人员严重不足，对现场作业管控能力下滑，不认真坚持标准、不按规定程序办事的现象相当普遍；一线作业人员，特别是占其主体的农民工缺乏足够的培训，没有养成遵守标准、坚持标准的习惯，现场"三违"现象严重，作业质量失控。要克服以上这些问题，单纯靠参建企业加大"遥控"管理力度是难以根本奏效的，最直接的办法就是由建设单位与参建企业的现场管理机构直接“见面”,推行以建设单位为主导的建设项目标准化管理,将参建单位统一纳入建设项目的标准化管理体系中去,指导参建单位按照统一要求调整或重构自身管理体系,就能实现整个建设项目管理体系的整体运作,拉近参建单位之间管理水平差距,从整体上提升建设项目各项工作的质量和水平。应当说,铁路建设项目标准化管理体系并不排斥参建企业的标准化管理体系,相反需要以参建企业的标准化管理工作为基础才能落实下去;参建企业现场机构的管理体系只有与建设项目标准化管理体系相接轨并融入其中,才能真正找准定位,明确要求,发挥作用,体现活力,这样还会为提升整个企业的标准化管理水平创造成果和经验。

最后,大规模、高标准铁路建设高潮的兴起,为标准化管理在铁路建设项目上应用推广提供了广阔舞台。从个体看,每一个铁路建设项目都是单一的、一次性的,如果再以很少几个铁路建设项目进行比较,相互间的共同点也可能不是太多。但是,如果建设项目的数量足够大,那么从宏观上看这些项目上相同的、统一的、可重复、可复制的工作内容就会非常多,比如在管理模式、管理目标、管理制度、考核指标、技术标准等方面是统一的,在建设领域很多工作中也实行了统一的工作流程;各项技术、作业标准在不同项目及其不同作业单元的同一专业、工种、工序中,具有普遍的通用性、可复制性,很多工程产品、预制件以及所采购的工业产品(构件、材料)都执行统一的标准或者采用统一的标准图、通用参考图设计;各个作业单元都可以实行机械化、专业化、工厂化作业,等等。这些都说明,铁路建设项目的管理和作业活动是具有专业化、规模化、标准化和可重复性特点的,这就给标准化管理的应用推广提供了广泛空间,也就是说标准化管理的优势正好符合大规模、高标准铁路建设的现实需要。值得一提的是,由于传统的铁路工程设计、施工企业与铁道部具有深厚历史渊源和长期的信任关系,在执行铁道部和建设单位决策、指令和要求方面普遍主动性较强;同时,在统一决策、分级实施的管理体制下,铁路建设市场具有高度整体性、统一性,一个建设项目干得好坏,直接影响参建企业的信誉和市场,因而参建企业都具有强管理、出精品、树信誉的内在动力和外在压力,这些都是铁路建设行业独有的优势,为广泛推行铁路建设项目标准化管理提供了得天独厚的基础条件。

在建设项目上推行标准化管理,完全不同于政府部门倡导和实施的工程建设标准化,也不类同于设计、施工、监理企业的标准化管理,其中最大的不同点在于建设单位没有直接的行政、经济权力作为后盾。在建设项目上,建设单位与参建企业之间是经济合同关系,没有相应的行政管理关系和资源配置权，对参建单位缺少“硬约束”。即使可以在发包合同中作出某些约定，但严格来讲也不宜过多干预参建单位的内部管理工作，因为建设单位不可能对因此而造成的成本、工期等方面的后果负责，同时这么做也容易带来不必要的争议和纠纷。所以对建设单位来说，如何做到约束有力而不强制包办，这个“度”是很难把握的，需要进行大量的探索和实践才能逐步找准抓手，把握好平衡点。当然最关键的是必须与参建单位达成深度共识，赢得参建单位的真心拥护和主动落实，否则再先进的管理体系，如果是强加于人，那结果势必事与愿违。从理论研究方面看，以往国内关于标准化设计和施工企业标准化管理的著述为数不少，但建设项目的标准化管理如何开展，还缺少较为成熟、系统的理论性创新成果。从铁路建设领域标准化管理工作实际情况来看，以往的创新成果主要集中在技术标准、规章制度建设和企业标准化管理方面，而在铁路建设项目标准化管理方面的论述非常少。尽管有些项目也曾进行过一些有益探索，但是一直缺乏较为系统、成熟、具有普遍意义的创新成果。可见，开展铁路建设项目标准化管理，是一个很有开创性、挑战性的管理创新课题。当前，在大规模、高标准铁路建设全面展开的历史机遇下，铁路建设行业有条件并且应当能够在建设项目标准化管理方面进行大规模的实践探索，取得有价值、有意义的创新成果。

第五节　铁路建设项目标准化管理体系简介

通过近几年的探索与实践，铁路系统逐步形成了一套有铁路特色的建设项目标准化管理体系。本节将分 7 个方面对铁路建设项目标准化管理体系作出整体介绍，主要是阐述需要理解和把握的要点。至于各建设项目标准化管理文件（如质量手册或管理手册）的编写，一般可参照质量管理体系“贯标”相关标准要求来执行，这里不作赘述。

1. 基本定义

铁路建设项目标准化管理是以铁路建设项目管理相关标准为基础的管理体系。简明地讲，铁路建设项目标准化管理就是针对铁路建设项目管理工作的标准化活动，其主要思路就是通过建立和执行以技术标准、管理标准和作业标准（简称为“三大标准”）为主要内容的标准体系，运用标准化管理的原理和方法，对项目的质量、安全、工期、环保、投资等管理工作进行规范，并涵盖到队伍管理等其他有关方面，全面建立标准化的运行秩序，从而有效保证工作质量，创出最佳管理绩效。

2. 基本内涵

第一，管理制度标准化。就是在严格执行国家法律法规和强制性标准基础上，构建一套目标明确、结构清晰、职责分明、内容稳定、系统集成的项目管理制度，切实做到实施有标准、操作有程序、过程有控制、结果有考核。

第二，人员配备标准化。就是在工作分解基础上，明确部门和岗位职责，制定具体的岗位任职标准，以此为依据来选配素质和能力达标的人员，确保岗位设置满足管理需求，人员素质满足岗位要求。其重点工作是规范各级管理层的机构设置和加强人员配置、培训和考核，同时做好一线作业队伍的人员配备、培训和日常管理，提高以农民工为主体的作业人员的标准意识、技术素质和作业能力。

第三，现场管理标准化。就是将现场布局和临时设施建设、施工组织安排和资源配置、现场检查、技术管理、科研活动、内外协调等现场管理工作的内容和方法具体化、定量化，制定实施相应的统一标准来强力推行，全面实现规范管理、文明施工。

第四，过程控制标准化。就是要将项目质量、安全、工期、投资控制、环境保护等工作目标进行分解，明确参建的设计、施工、监理单位的主体责任，督促他们通过标准化管理的手段和方法，认真贯彻项目管理相关制度、标准的统一要求，建立健全管理、作业流程及相应制度、标准，并把责任分解到具体的工作流程中去，落实到具体部门和岗位上，从而使管理和作业过程受到主动、定量、闭环的有效控制，保证每个环节工作质量和成果达到规定的标准要求。

以上“四个标准化”不是各自孤立的四项日常工作内容，而是同一概念基本内涵中相辅相成、有机统一的四个方面。这“四个标准化”从整体上明确回答了铁路建设项目管理工作要实现什么样的标准化这个基本问题，是开展铁路建设项目标准化管理工作的根本目的所在。

3. 基本特点

铁路建设项目标准化管理工作在基本概念、原理和方法上与各行各业通行的标准化管理是一致的，同时又有自己的特点，主要体现在四个方面：

第一，先进性。是指所采用的标准先进成熟、安全可靠、经济适用、与时俱进，符合科学发展观要求，与国家经济、社会、科技发展相适应，与我国铁路现代化战略和大规模、高标准铁路建设形势发展相适应，充分体现我国铁路科技综合发展水平并及时吸纳最新的创新成果，代表我国铁路建设行业生产力先进水平，能够有效引领和指导铁路建设各项工作，争创世界一流项目管理水平。积极借鉴和应用 ISO 9000 质量体系认证、全面质量管理、风险控制、信息技术、网络计划技术等先进管理技术和方法，全面提升铁路建设管理水平。

第二，科学性。是指在管理目标、管理制度、流程设计、责任分配、控制手段等方面，都要做到科学合理、相互协调，形成一个功能强大、职责分明、运转有序、持续改进的有机整体，能够有效保证管理制度、人员配备、现场管理、过程控制标准化的相关要求全面落实到位。管理体系中的各项标准要科学合理，明确规定出建设项目上不同单位、不同层面管理者、作业者的岗位责任、技术要求和行为规范，切实做到全面覆盖、完备统一、相互联动，同时还要随着实践持续改进，遵循 PDCA 循环实现螺旋式提升，不断向前发展。

第三，统一性。是指建立的技术标准、管理标准和作业标准要具有较强的统一性，其中技术标准坚持全路统一；管理标准在各建设项目上达到统一，同时与全路其他建设项目保持相对一致；作业标准在各参建单位内部要达到统一，有些重要作业标准在同一个建设项目上应实现统一。各项标准的基本规定和要求，应在不同项目、不同单位、不同工程的相同专业、工种、工序等层面上可以复制，可以重复、持续运用。

第四，文化性。是指通过持续深入推进铁路建设项目标准化管理，努力营造让标准成为习惯、习惯符合标准、结果达到标准的文化氛围，形成全员参与、共创共荣的工作格局。

4. 基本要求

开展铁路建设项目标准化管理的基本要求，就是要做到“事事有标准、事事有流程、事事有责任人”。这里所说的“事”不是指一般意义上的事物，而是指标准化领域内的管理事项，它既可以是针对某项工作整体而言，比如工程质量管理，又可以是针对其中的某个具体问题而言，比如某项检验指标。上述三句话是一个有机的整体，其中标准是管目标要求的，有了标准才不会把事情做错或做不到位；流程是管方向的，按照流程去做，才能保证方向不走偏；责任是管动力的，明确了责任就能形成激励和约束，保证目标按照预期得以实现。本书第二章、第三章、第四章将分别就标准、流程、责任有关问题进行阐述。

5. 支撑手段

铁路建设项目标准化管理的支撑手段，主要包括机械化、专业化、工厂化、信息化（以下简称为“四化”）四个方面。这四个方面都是现代化生产的重要标志，同时又是支撑现代化生产的重要保障。将“四化”作为铁路建设项目标准化管理的重要支撑，主要基于以下考虑：(1)当今世界正处于工业化中期阶段，工业生产、建筑业施工等都进入主要依靠机械而非手工作业的时代，并且规模经营趋势越来越强，小作坊式的生产渐行渐远，故此将机械化、工厂化列为支撑手段是必然选择。(2)以信息手段为代表的第三次工业革命的浪潮已席卷全球，在工业、建筑、运输等各个行业，信息化的应用已产生巨大效益，信息化带动工业革命已成为全球的共识。建筑业也是工业革命的组成部分，必然在信息化浪潮中受益，如果不使用信息化的手段，也必将会落后，故此以信息化作为支撑是必不可少的。(3)当前随着铁路建造技术的更新换代，铁路工程施工专业性越来越强，每个专业均有自己的技术和技能要求，而且不同专业之间往往相差悬殊。管理岗位固然要求对各个专业都能了解，但一个人的能力、精力是有限的，不可能样样都懂、样样都管，因而还是主攻或主抓一个大专业或一个方面的专业工作为宜。这也就是将专业化作为支撑的基本依据。至于其他现代化管理的方法以及规模化施工等概念，有些已经在“四化”中得到体现；有些只适用于管理，而与现场作业联系不紧，故此未再将这些列为支撑手段。机械化、专业化、工厂化、信息化各自有其独特的丰富内涵，同时又相互联系、相互交叉。比如信息化贯穿项目管理和施工活动当中，无时不在，无处不有，以信息化手段为武装，就能事半功倍地提升机械化、工厂化、专业化的效能水平；再有，对任何生产活动而言，机械化都是基础，离开了先进的设备，生产效率、产品质量、经济效益等都无从依靠，尤其是对工厂化生产，一般都是将机械化融为一体统筹考虑的；又如，管理和生产活动的专业化固然在一定程度上需要从机械化、工厂化、信息化水平上来体现，但是机械化、工厂化、信息化本身也有个管理、操作的专业化程度问题，因而说专业化是起保障作用的。开展铁路建设项目标准化管理，应当充分认识机械化、工厂化、专业化、信息化手段“四位一体”的依存关系，尊重科学，把握规律，结合铁路建设项目实际情况，切实发挥好这些手段的先进作用，全面、有效地提升标准化管理各项工作的质量和效率。

6. 工作目标

开展铁路建设项目标准化管理的现实目标是在每个铁路建设项目上，建立在铁道部指导下，以建设单位为核心，参建各方各负其责、协同推进的铁路建设项目标准化管理体系，使各项工作都能够做到闭环管理、有序可控、持续改进，达到“四个标准化”的基本要求，有效防治施工粗制滥造、现场混乱、设计标准和工程措施不科学、管理违规违纪违法等突出问题，其中最核心的就是确保质量和安全。中长期目标就是基于大量铁路建设项目一段时间的实践探索，通过经验归纳和理论思考，建立形成一整套科学有效、能够广泛适用于铁路建设项目的标准化管理体系，形成一种深入人心的标准化管理文化，有效引导参建人员自觉坚持“让标准成为习惯，习惯符合标准，结果达到标准”，成为丰富和发展新时期铁路建设文化新的有效载体，为又好又快推进大规模、高标准铁路建设提供保障，增强动力。

7. 基本方式

推进铁路建设项目标准化管理，应当首先从建设单位标准化管理工作入手，在此基础上以建设目标和共同利益为纽带，推动勘察设计、施工、监理等单位的标准化管理，实现整个建设项目的标准化管理。几年来的实践表明，开展铁路建设项目标准化管理工作，必须坚持以建设项目为依托，以建设单位为龙头，以参建单位为主体，通过建立和运行统一的标准化管理体系，实现全员参与，全过程覆盖，纵向到底，横向到边，确保建设项目上各项管理、作业活动规范高效运行，促进建设目标又好又快得到实现。建设单位在建设项目上居于核心位置，应当而且能够在开展标准化管理过程中当好龙头，发挥主导作用。一是要加强整体规划，做好项目标准化管理体系的顶层设计，注意协调处理好建设单位和参建单位管理体系的接口，把参建单位的管理体系有效纳入项目标准化管理体系。建设单位主要领导应亲自主抓项目标准化管理，对其中的方针目标、制度建设、人员配置、流程设计、现场布局规划、支撑手段应用等重点工作要亲自上手。二是要坚持超前谋划，在项目开工之前就要结合施工图设计、施工组织设计编制、招标文件起草等工作开展，积极制定项目标准化管理实施方案和措施并将相关要求纳入招标合同文件。三是要制定实施具体、详细的考核办法，积极开展管理达标竞赛，推动标准化管理各项工作落实到位。四是要坚持依法合规，科学合理掌握管理界面，既要保证把参建单位的管理体系有效融入，实现协调统一运转，又要注意尊重参建单位的自主权，充分发挥参建单位各自的优势和创造性，避免对参建单位的工作干涉过多，事无巨细都去大包大揽。

综合以上7个方面内容，可以简明地描绘出铁路建设项目标准化管理体系的基本框架结构（如图1-2所示）。该图中第一个层面是铁路建设标准化管理的基本任务。就是要确保又好又快实现项目建设目标，这些目标包括工程质量、安全、工期、投资控制、环境保护、队伍稳定等，其中重中之重是确保工程质量和安全。第二个层面是铁路建设项目标准化管理的基本内涵。主要就是实现“管理制度标准化、人员配备标准化、现场管理标准化、过程控制标准化”。第三个层面是铁路建设项目标准化管理的基本依据。主要指各项标准（包括技术标准、管理标准和作业标准）和工作流程（包括管理流程和作业流程）。第四个层面是铁路建设项目标准化管理的有效载体。主要指创建标准化建设项目管理机构（如标准化指挥部），标准化设计、施工、监理项目部，标准化工地(试验室、拌和站等)等达标活动。第五个层面是铁路建设项目标准化管理的支撑手段。主要包括机械化、专业化、工厂化、信息化四个方面,其中也包含科技攻关和应用各类现代化技术和管理方法的内容。

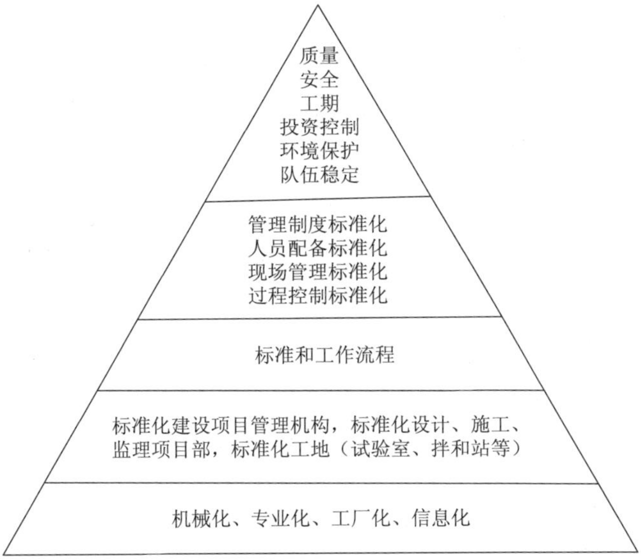

图1-2　铁路建设项目标准化管理体系基本框架示意图

由于铁路建设项目及其管理体制的特点,铁路建设项目管理工作不管是在前期工作阶段,还是在项目实施阶段,都涉及到铁道部、建设单位和参建单位三个层面,因而开展铁路建设项目标准化管理,这三个层面都承担着不同的责任,必须发挥各自应有的作用。为此,铁道部专门下发了《关于推进铁路建设标准化管理实施意见》,对建设项目不同管理层次在管理制度、人员配备、现场管理、过程控制标准化中的主要工作内容作出了原则规定,如图 1-3～图 1-7所示(其中图 1-3、图 1-4、图 1-7 见插页),这些内容可以理解为对铁路建设项目标准化管理体系的具体展开说明。

可以看出,铁路建设项目标准化管理体系是一个横向到边、纵贯上下的责任体系。首先,通过这个体系的建立,将建设项目管理过程中各项相互关联、相互作用的工作加以统筹,逐项建立标准化的运行机制,明确职责,确定权限,协调关系,达到闭环管理。其次,适应铁路建设项目统一管理、分级实施的管理体制特点,细化明确了铁道部、建设单位和参建单位之间责任界面和协作机制,有利于实现有序推进、有效受控的建设局面。最后,能够实现标准化管理应用从企业管理领域到项目管理领域、从同一个单位内部贯彻到不相隶属的多个单位共同贯彻的突破,成为带动我国铁路建设项目管理发展具有全局意义的创新成果。

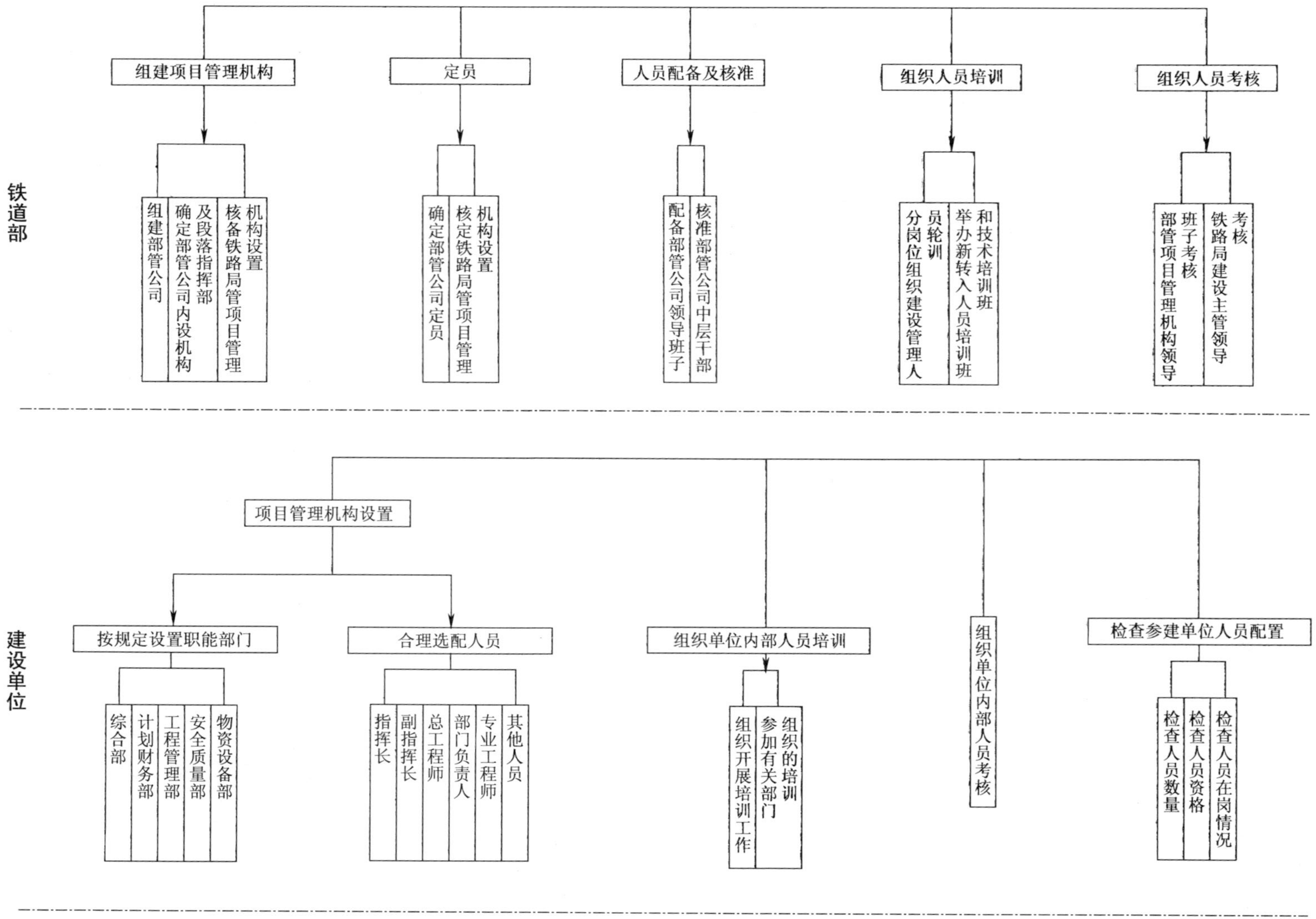
铁道部
组建项目管理机构
组建部管公司
确定部管公司内设机构及段落指挥部
核备铁路局管项目管理机构设置
定员
确定部管公司定员
核定铁路局管项目管理机构设置
人员配备及核准
配备部管公司领导班子
核准部管公司中层干部
组织人员培训
分岗位组织建设管理人员轮训
举办新转入人员培训班和技术培训班
组织人员考核
部管项目管理机构领导班子考核
铁路局建设主管领导考核
建设单位
项目管理机构设置
按规定设置职能部门
综合部
计划财务部
工程管理部
安全质量部
物资设备部
合理选配人员
指挥长
副指挥长
总工程师
部门负责人
专业工程师
其他人员
组织单位内部人员培训
组织开展培训工作
参加有关部门组织的培训
组织单位内部人员考核
检查参建单位人员配置
检查人员数量
检查人员资格
检查人员在岗情况

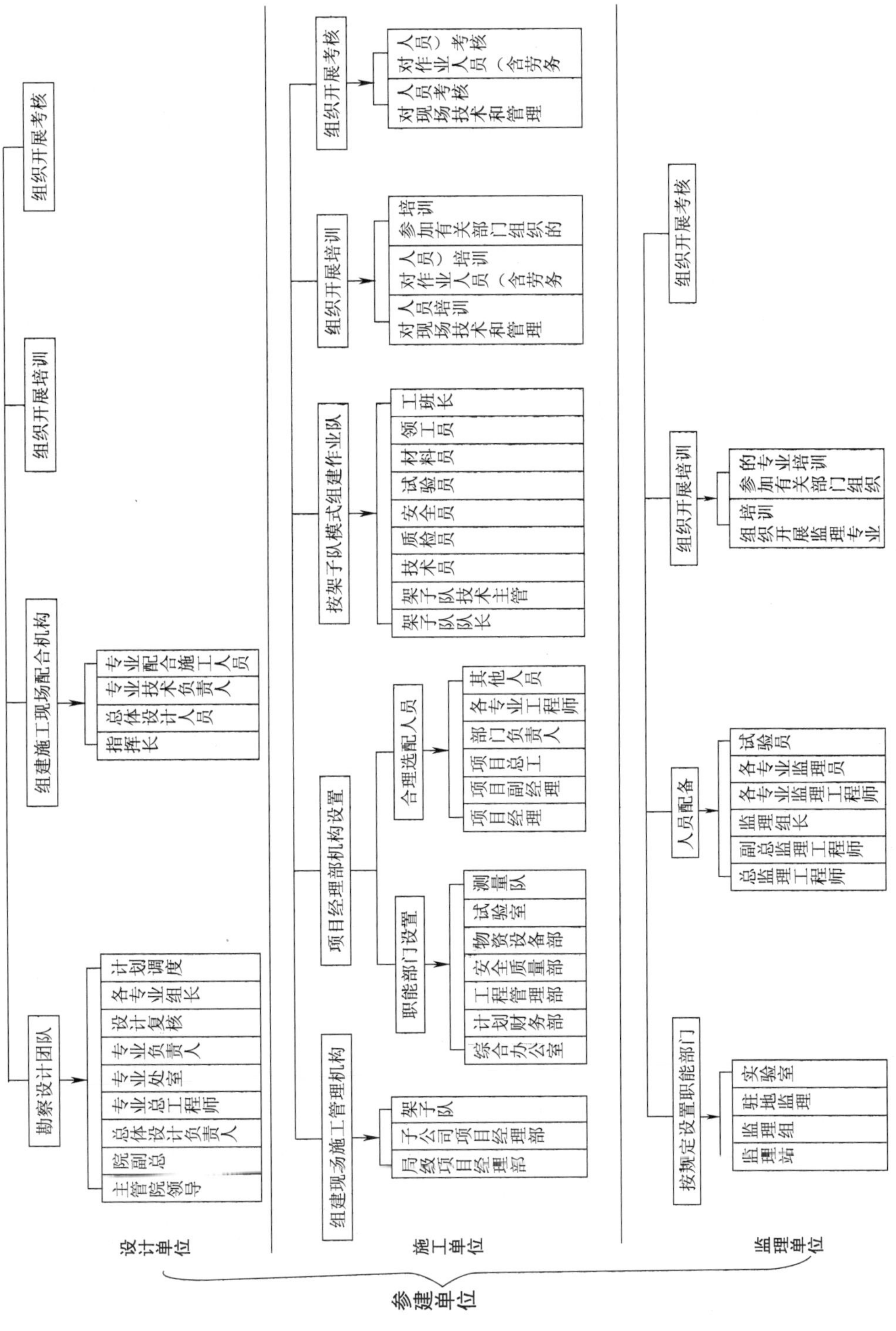

图1-5　人员配置标准化管理体系框架展开示意图

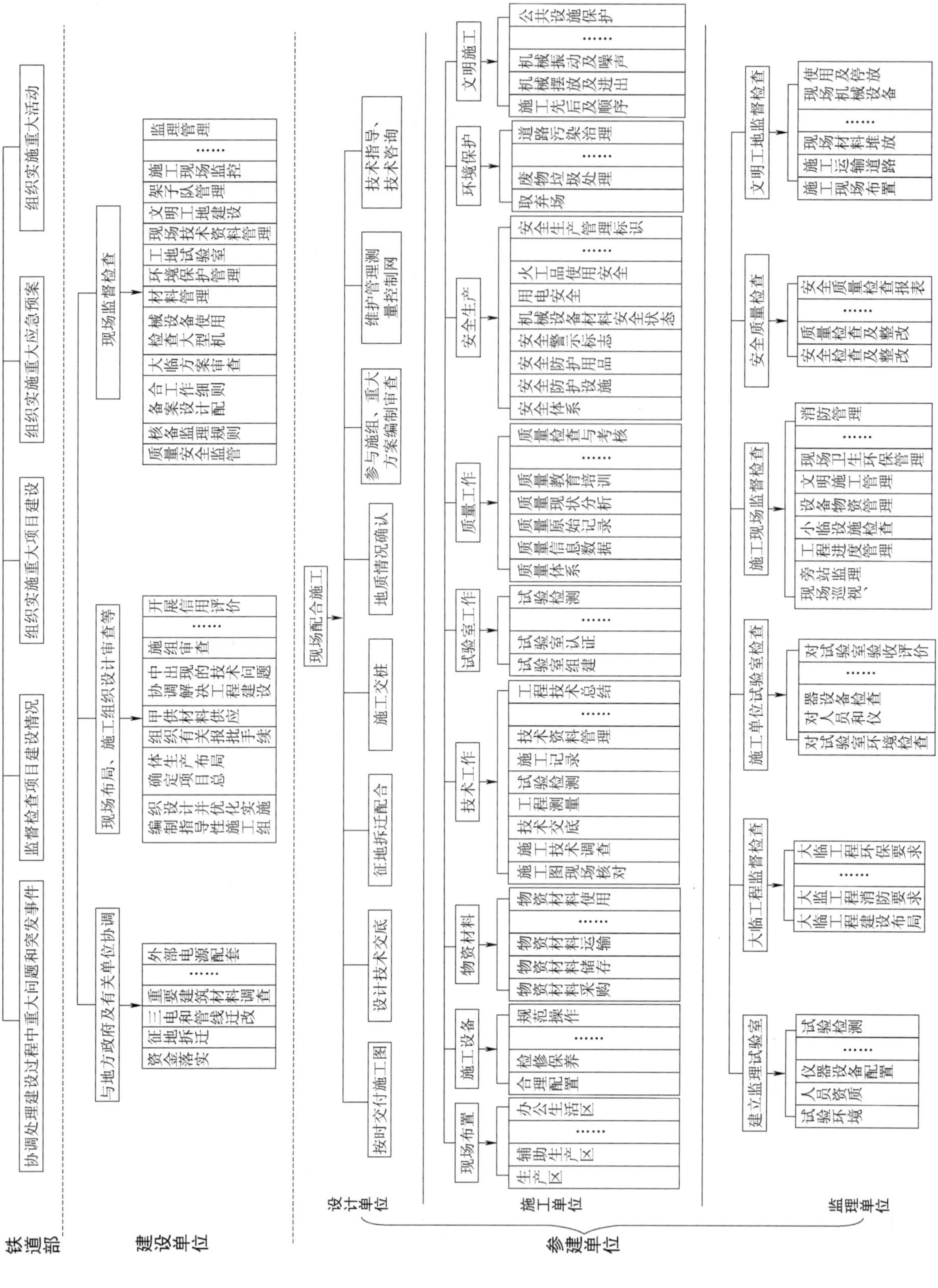

图1-6　现场管理标准化管理体系框架展开示意图

第二章 “三大标准”

标准是实施标准化管理的必要前提和基本依据。对于任何一个组织而言，开展标准化管理的首要问题就是建立自身标准体系（也称标准系统）。本章将就铁路建设项目标准体系的构建作出简要介绍。

第一节 “三大标准”简介

铁路建设活动常用的标准，是指“三大标准”即技术标准、管理标准和作业标准（如图 2-1 所示）。在这“三大标准”中，技术标准是基础依据，管理标准是落实技术标准的重要保证，作业标准是落实技术标准、管理标准的工作载体。在不同管理层面上，这“三大标准”的比重是有所不同的，就铁路建设全行业而言是以技术标准为主体，以管理标准为重点，以作业标准为辅助；就一个具体的建设项目而言是以技术标准为主导，以管理标准为重心，以作业标准为支持；就某一个参建单位而言是以技术标准为依据，以管理标准为保证，以作业标准为重心。

对于“三大标准”的管理，铁道部确定的基本原则是技术标准全路统一，管理标准相对一致，作业标准规范创新。首先，技术标准由铁道部统一组织制定。铁道部组织制定发布的技术标准内容相当繁杂，大到项目的建设标准，小到某些通用或关键作业过程的规程和具体的产品标准，从工程设计到施工阶段的大小技术事项基本上都有涉及。有些应属企业内部使用但又非常关键、具有很强通用性的技术规则、规程等，也是由铁道部统一组织制定或推荐、推广。这种习惯做法尽管加大了铁道部的管理职责，但是符合我国铁路建设管理体制特点，既能增强铁路建设工程技术标准的统一性，又能为建设项目和参建企业提供便利，减少重复性劳动。其次，管理标准实行分级管理。管理标准的基础依据是国家法律法规、地方性法规和国务院各部委、各省（自治区、直辖市）所发布的有关规章。铁路建设行业通用的管理标准（或制度）由铁道部制定，适用于所有铁路建设项目。铁路建设项目的管理标准由建设单位依据铁道部相关规章制度或管理标准的统一规定和要求，结合项

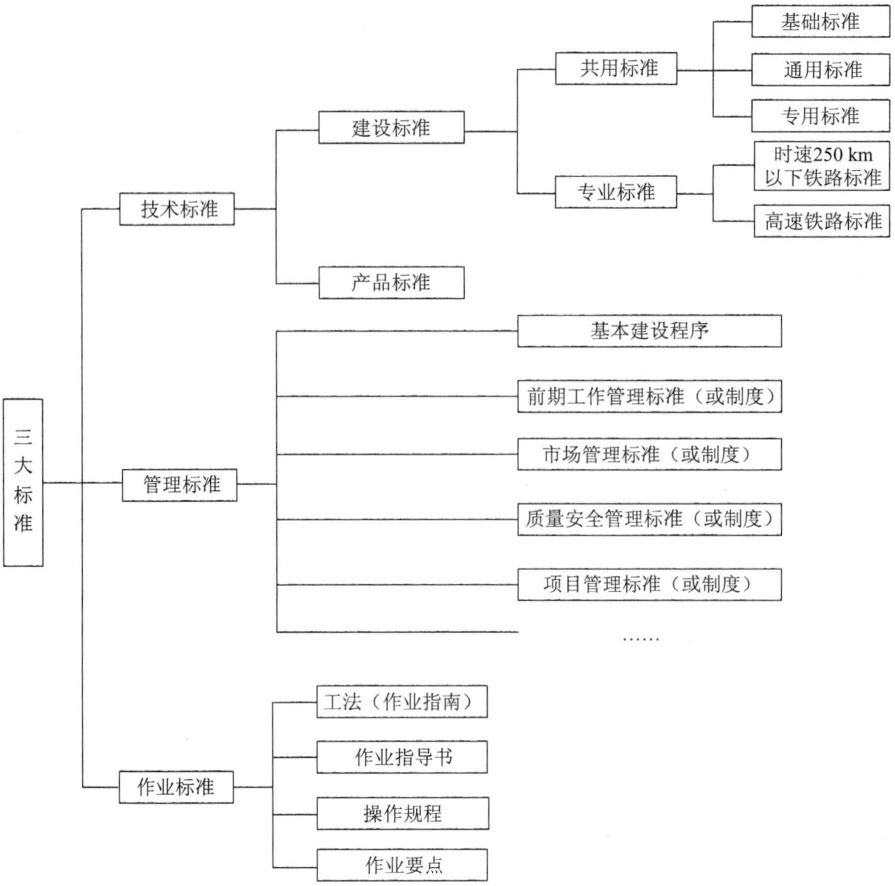

图 2-1 “三大标准”示意图

目实际来制定，在本项目上通用。参建单位的主要管理标准（或制度）由参建单位依据建设项目管理标准的统一规定和要求，结合自身实际来制定，在本单位内部通用。长期以来，铁道部发布了很多相关规章和规范性文件，逐步建立了完整、统一的规章制度体系，全面涵盖了铁路建设行政管理、市场监管、项目管理等各个方面工作。其中有相当一部分就属于铁路建设项目通用的管理标准，比如《铁路建设项目预可行性研究、可行性研究和设计文件编制办法》（TB 10504—2007）、《铁路建设工程监理规范》（TB 10402—2007）、《铁路建设项目现场管理规范》（TB 10441—2008）、《铁路建设项目工程试验室管理标准》（TB 10442—2009）、《铁路建设项目资料管理规程》（TB 10443—2010）等等。另外，与房建、公路等其他工程不同的是，铁路建设工程造价管理标准（包括相关管理办法、定额标准等，见本章附表 2-1）在全国范围内是统一的，不存在地方性的铁路造价标准。大规模、高标准铁路建设全面展开以来，铁路建设项目管理面临很多新情况新问题，也增加了很多具有重复性等特点的新的管理事项，对此铁道部及时组织制定了很多新的管理制度，比如《铁路隧道风险评估与管理暂行规定》、《客运专线铁路无砟轨道施工和高速道岔铺设标准化管理要点》、《铁路工程建设项目用地指标》、《铁路建设项目现场安全文明标志》、《铁路建设工程监理规划编制指南》、《铁路工程试验表格》等，这些新制度从内容、格式到批准、发布的程序都完全按照制定规范性文件的相关要求执行，待试行一段时间后将逐步完善，适时上升为管理标准。以上这些全路统一的规章制度和管理标准具有广泛的指导意义，为各个铁路建设项目建立各自管理标准体系提供了直接依据。基于这个前提，从整体上看，众多铁路建设项目在管理目标、管理理念、组织结构、工作流程、管理方法、成果评价、信息技术、文化建设等管理内容上是具有统一性、重复性、相似性的，与此相应的管理标准也是同根同源、基本一致的。在同一个建设项目上，由于参建单位管理标准的制定，都是以贯彻建设单位发布的统一的项目管理标准（或制度）作为基础的，因而从整体上看参建单位的管理标准（或制度）也是基本一致的。这样不仅可以在制度建设方面省去大量的重复性劳动，更重要的是有利于消除各项目、各单位之间管理水平的横向差别。也正是得益于这种“相对一致”，使得铁路建设项目标准化管理的理念、思路、方法和手段等，才更具有广泛的适用性。最后，作业标准一般由参建单位依据铁路工程技术标准和建设项目相关管理标准的统一规定和要求，结合自身生产力水平自行制定。建设单位应对参建单位建立健全作业标准提出统一要求，其中要明确规定哪些作业必须建立作业标准，没有作业标准不得展开施工，同时鼓励参建单位大胆创新和实践，不断丰富作业标准内容，提升作业标准水平。对一些比较先进、成熟，具有通用性的作业标准，应及时进行总结、完善和推广，作为本项目通用的作业标准来执行，条件成熟的可报铁道部批准后在全路通用。为了推动和便于某些技术标准的落实，对于有些具有广泛重复性的重要作业活动或者统一推广应用新技术、新工艺、新材料、新装备的关键性作业活动，铁道部或建设单位一般要组织制定通用或示范性的工法（作业指南）、操作规程、工艺流程或作业要点。

第二节 项目标准体系的基本结构

对每个实施标准化管理的组织而言，其标准体系都是一个由众多不同类别、层次的标准依据特定的规则集成起来而形成的具有整体性、层次性、关联性等特点的大系统。铁路建设项目的标准体系就是由其采用的所有技术标准、管理标准和作业标准有机结合而构成，基本结构如图 2-2 所示。

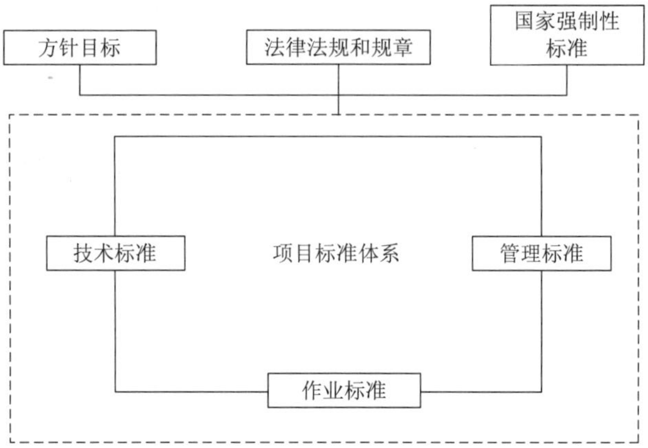

图 2-2　铁路建设项目标准体系基本结构示意图

注：1. 图中虚线框表示完整的项目标准体系；
2. 虚线表示上排方框内容对项目标准体系的指导关系；
3. 实线表示相关关系。

图中虚线框上方的三个方框代表制定项目标准体系的指导依据，主要包括三个方面：

1. 方针目标。指的是项目的管理方针和建设目标，其中管理方针是项目管理指导思想的高度概括和明确宣示，是开展项目标准化管理的思想指南；建设目标是项目标准化管理所必须满足的总体管理需求，亦即所要完成的基本任务，它可以是全面涵盖质量、安全、工期、环保、投资、队伍稳定等各个方面的具体目标，也可以根据项目特点有所侧重。比如，在京沪高速铁路建设过程中，建设单位提出了"精心组织、精心设计、精心施工、精心管理，高标准、高质量、高效率，打造拥有自主知识产权的高速铁路技术体系，把京沪高速铁路建成世界一流的质量精品工程、技术创新工程、资源节约工程、环境友好工程、社会和谐工程"的管理方针和"主体工程质量'零缺陷'，确保桥隧主要承重结构 100 年、无砟轨道 60 年的使用要求，竣工工程验收一次合格率 100%，一次开通运营速度 300 km/h；打造拥有中国自主知识产权的高速铁路技术体系，争创国家科技进步大奖"的建设目标，以此贯穿了该项目所有标准化管理活动，发挥了强大的引领、指导作用。

2. 法律法规规章。这是规范和指导项目标准体系建设的重要依据，项目各项标准的内容都必须与之相符合。

3. 国家强制性标准。指国家或行业主管部门发布的涉及铁路工程设计、施工活动的规范、规程等，也包括铁路建设工程中采用的机电设备、重要材料产品标准。这些标准的规定是带有强制性的，铁路建设工程的设计、施工活动必须严格执行并确保满足这些标准的具体要求。

虚线框内是由技术标准、管理标准、作业标准三部分构成的项目标准体系。在一般生产企业的标准化管理体系中，习惯上是依据《企业标准体系：要求》(GB/T 15496—2003)的规定，把管理岗位的工作标准与作业标准(其中包括生产作业标准和作业岗位操作标准)归为一个大类称为工作标准，并将其与技术标准和管理标准相并列。但是，这种分类方式并不完全适用于铁路建设项目。其原因有两个方面：一是把作业岗位操作标准纳入项目标准体系意义不大。在铁路建设项目上，建设单位与参建单位是平等市场主体之间经济合同关系，这和生产企业与其分厂、车间、班组的关系具有本质区别。参建单位的管理岗位和生产岗位作业标准属于其企业内部管理范畴，一般应当是早已建立健全，不必因建设项目不同而重起炉灶，所以对此建设单位不必去包办代替，只需对参建单位进行必要的督促检查即可。实际上，各参建单位内部岗位管理和作业标准千差万别，不具备在整个项目上通用的条件，把它从参建单位自身的标准体系中硬行“提升”出来并列入整个项目标准体系没有什么实际意义。二是把部分作业标准纳入项目标准体系非常必要。尽管作业标准属于应由参建单位自行制定的范围，但是对那些在同一个项目上具有重复性等特点的作业标准或者对全线施工有示范性的作业标准，如由建设单位主动出面组织制定和推广，就更有利于促进先进作业标准的共享和交流，对提升整个项目同类作业的质量和效率起到事半功倍的作用。故此，铁路建设行业在项目标准体系建设中，有意识地突出作业标准的地位和作用，将其与技术标准、管理标准并列为“三大标准”，而将管理岗位的工作标准和作业岗位的操作标准分别纳入参建单位的管理标准、作业标准之中。当然，各参建单位在建立标准体系时仍然可以沿用本企业对标准体系的分类方式，但是要包含所在项目标准体系所规定的统一内容，并切实保证与之接口顺畅，不能出现抵触或者脱节。

建设单位应把建立项目标准体系作为首要任务来抓，同时还要在项目标准体系的框架下，按照基础相同、高度融合、层级分明、协调统一、紧密衔接的原则，指导参建单位建立各自的标准体系，从而实现对不同层次、不同范围标准化管理事项的“全覆盖”，真正做到“事事有标准”。在实际工作中，应从整体上把握以下三点：

1. 认真策划。一是要提出清晰、明确的管理方针和建设目标，以此为指导进行全面的工作分析，确定项目管理工作的标准化需求。二是要按照目标明确、配套齐全、层次恰当、划分清楚的基本要求，认真编写项目标准体系表，科学、合理、系统地确定要采用或制定哪些标准，并分门别类列出详细目录。在这方面可以借鉴企业标准体系建设的工作模式，在工作程序和方法上参照执行相关的国家标准，如《企业标准体系：要求》(GB/T 15496—2003)、《企业管理体系表编制原则和要求》(GB/T 13016—2009)、《企业标准体系表编制指南》(GB/T 13017—2008)、《企业标准体系：技术标准体系》(GB/T 15497—2003)、《企业标准体系：管理标准和工作标准体系》(GB/T 15498—2003)，等等。三是要突出重点。由于建设项目在制定技术标准方面不必投入精力，同时在制定作业标准方面的工作量也比较少，因此应当把工作重心放在建立健全管理标准上来。

2. 整体协调。认真做好项目技术标准体系、管理标准体系、作业标准体系之间的协调配套，妥善处理并严格设定三大标准体系内各项标准之间的层次关系、集成关系、接口关系，确保标准体系整体功能最佳。注意划清建设项目标准体系与参建单位标准体系之间的界面，为保证不同层次标准之间的有效衔接，促进参建单位标准体系融合、统一提供制度保证。一个项目的标准化管理体系所针对的是在整个项目范围内具有重复性特点的管理事项。那些在整个项目范围内不具备重复性等特点的事项，如果仅站在单个标段的工作范围来看，其中有些可能就具备了重复性等特点。建立项目标准体系的前提就是首先弄清哪些事项应当纳入整个项目的标准化管理领域，哪些事项应当纳入参建单位以及参建单位下级机构的标准化管理领域。对于那些仅在参建单位各自管理范围内具有重复性等特点的事项，应当由参建单位纳入其标准化管理领域并健全相应管理标准，建设单位没有必要也不可能事无巨细都包揽到自己头上。参建单位制定自身标准体系时，应以遵从建设项目标准体系中各项标准的统一要求为前提，在此基础上可以在细化内容、完善细则、改进方法、丰富手段等方面进一步下工夫，发挥各自优势，积极推动创新，形成自身特色。所以说，实现标准化管理“全覆盖”决不是要搞“一把抓”、“一锅煮”、“一刀切”，而是应坚持统一领导、分级实施，做到区别对待、各得其所。

3. 持续改进。铁路建设项目标准体系建成并经审查启用后，应当在试运行一段时间后进行一次综合评审，全面验证标准体系的适用性、有效性和先进性，主要看是否能够有效满足项目管理实际需要；标准的依据是否充分，有没有引用作废文件或标准等情况；标准的内容是否完备，有没有需要弥补的漏洞或者需要进一步优化的地方；标准之间的协调性是否满足预期要求等等，并在此基础上及时作出必要修订。进入正式运行后，还应继续定期进行评审，不断加以改进和完善。项目标准体系的评审，在工作程序和操作方法上可以参照执行《企业标准体系：评价与改进》(GB/T 19273—2003)的具体规定。

第三节 技术标准

技术标准是对标准化管理领域内重复性技术事项作出的统一规定。铁路工程技术标准是铁路建设行业科学技术发展水平的综合体现，是铁路工程建设的基本依据，对铁路建设一切活动具有规范、约束作用。铁路工程技术标准由建设标准和产品标准组成，其中建设标准由共用标准和专业标准两大部分组成。共用标准包括与速度无关的基础标准、通用标准、专用标准三个层次；专业标准包括与速度有关的高速铁路、时速250公里以下铁路的通用标准和专用标准两个层次。

1. 共用标准

共用标准同时适用于高速铁路(新建时速250公里及以上)和时速250公里以下铁路，主要内容如下：

(1)基础标准。主要包括铁路工程的基本术语、岩土分类、工程命名、建筑限界、制图标准、图形符号、工程标志、设计荷载、结构可靠度、设计基本规范等内容。它是铁路工程建设技术标准的基础部分，对其他标准(通用标准和专用标准)具有普遍的指导意义。

(2)通用标准。主要包括工程地质、水文地质勘察规范；站前站后各专业及环保、节能、抗震、劳卫、防火等主体设计规范；基本作业及路桥隧、轨道、“四电”施工安全技术规程；大型客站、给排水施工技术指南及验收标准等。它是针对铁路工程某类标准化对象制定的覆盖面较大的共性标准，是制定实施专用标准的依据。

(3)专用标准。如某专业工程的设计、施工的具体要求或方法，某项试验或检测方法，等等。它是针对某一具体对象而制定的专项(个性)标准，作为通用标准的补充、延伸，横向上比较独立，内容较为具体，覆盖面一般不大。

2. 专业标准

专业标准包括与速度有关的高速铁路、时速250公里以下铁路的通用标准和专用标准两个部分。

(1)高速铁路标准。高速铁路通用标准主要由高速铁路测量规范、设计规范以及各专业施工规范和验收标准、静动态验收指导意见等标准组成；高速铁路专用标准主要包括高速铁路无砟轨道及道岔施工规范、列控系统设计规范及信号室外设备安装，等等。

(2)时速250公里以下铁路标准。包括时速250公里以下客货共线铁路标准、时速250公里以下客运专线铁路(含城际铁路)标准、货运专线铁路标准(含Ⅲ、Ⅳ级铁路、重载铁路)、特殊铁路标准(含高原铁路等)四大类标准。其中的通用标准主要包括时速250公里以下铁路测量规范、线路和站场设计规范以及各专业施工规范及验收标准等；专用标准包括调车场、工业站、编组站综合自动化、运输管理信息系统等设计、施工规范和验收标准。

铁路建设技术标准均由铁道部统一组织制定，主要包括标准立项、编制大纲、调研和起草、征求意见、送审、报批、批准发布、复审、废止等9个阶段的工作，如图2-3所示。其中属于铁路行业技术标准由铁道部批准发布；属于国家标准由铁道部审核并会签国家有关部委后，报国家住房和城乡建设部批准发布。产品标准分为普速、高速、重载三大项，每一大项又包括综合标准和专业标准。产品标准由国家相应的主管部门负责发布。铁道部在采用这些产品标准的同时，还对其中部分涉及质量安全的重要产品生产企业实行认证许可。

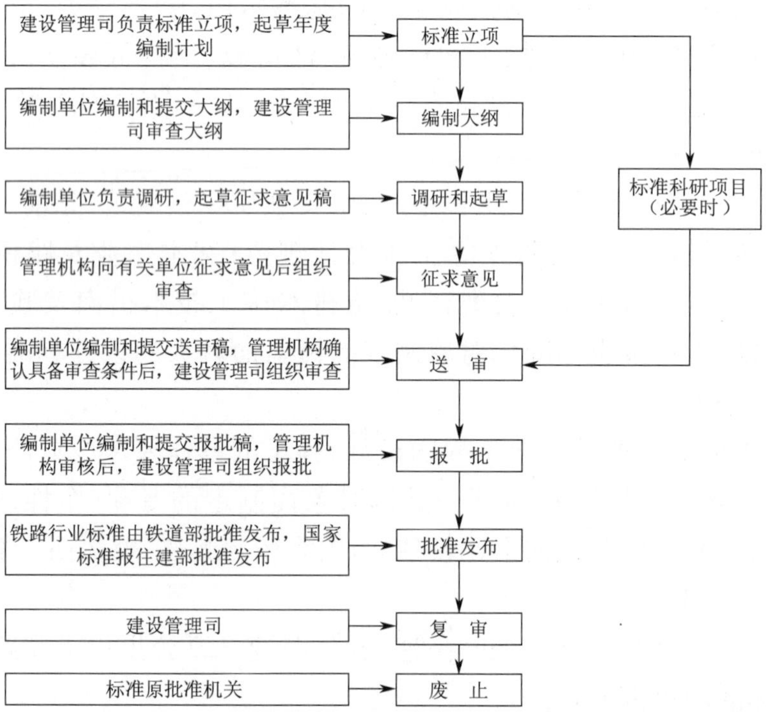

图2-3　铁路建设工程技术标准管理流程示意图

由于铁路建设技术标准全路高度统一，同时铁路建设项目从技术决策到初步设计等前期工作都是由铁道部直接组织的，各建设单位虽然也提前介入了一些前期工作，但其主要职责还是负责开工后实施阶段的项目管理工作，因此建设单位一般不需要考虑技术标准的制定问题，只要本项目采用的技术标准列入项目标准体系即可。对于少数在本项目上具有重复性等特点或者特别关键的技术事项的实施，建设单位可以在不违背技术标准的前提下，组织制定具体的技术条件或细则，在本项目上通用。建设单位在组织技术标准的实施上具有以下责任：一是制定实施与技术标准体系相配套的项目管理标准体系和作业标准体系，为技术标准执行提供相应保证和支持，同时还要加强对参建单位执行技术标准情况的监督检查，认真抓好试验段、样板段建设，大力开展技术标准的宣贯、培训，切实保证技术标准有效落实。二是组织设计单位在前期工作中，结合项目类别、地质结构、自然和社会环境等具体情况，在技术标准的采用上多做一些比选，务使所采用的技术标准科学合理、经济适用、便于实施；对技术标准没有完全覆盖，而项目建设又急需的一些技术问题，建设单位应组织设计单位认真研究提出建议或实施方案。三是鼓励、支持施工单位发挥自身经验和技术优势，制定实施高于国家和行业标准要求的企业技术标准（如工序质量验收标准等）。设计单位应严格执行建设项目决策确定的技术标准，以此为依据开展勘察设计工作。认真开展好标准化设计，严格执行标准规定的技术条件、工作流程和质量要求，一个建设项目的同类子项目尽量采用统一的标准图、定型图、通用设备和产品等，为后续开展标准化施工作业，大量应用“四个支撑”手段创造基础条件。施工单位应坚持以技术标准为准绳，认真开展标准化作业，提高一线作业水平，确保现场作业有序受控，工序质量全面达标。监理单位要认真监督施工单位按照技术标准施工作业，依据技术标准要求加强工程质量检查和监控，加强监理人员培训教育，提高监理人员掌握和运用技术标准的能力和成效。

第四节 管 理 标 准

管理标准是对一定范围内需要协调统一的管理事项所制定的标准，是关于某项管理工作的内容、职责范围、程序和方法的统一规定。理论上讲，管理标准是管理制度的高级形式，而它与管理制度是有相当大区别的。一般只是对那些业务发展比较成熟、具有重复性特点的管理事项，才能制定管理标准，而对于那些不具备重复性特点的事项只能制定管理制度。但是，以往很多企业的经验表明，在一个管理体系建立初期、业务发展成熟程度不高，或者产品生命周期较短的情况下，管理活动中的重复性事项和非重复性事项并不容易截然分清，而且，即使对于那些重复性事项，一开始也是制定制度来规范，待成熟时再上升为管理标准。就单个建设项目而言，由于管理制度上升为管理标准需要一个渐进的过程，而这个过程所需要的时间常常超出项目的生命周期，鉴于建设项目的一次性的特点，在建设期间对建设单位自行制定的规范性文件一一作出如此区分，至少从方便运用的角度看并没有多少必要性和积极作用。因此，在项目管理日常工作中，我们既不必要同时建立管理标准和管理制度两个体系，也勿需考虑把管理制度上升为管理标准的相关问题，完全可以把管理标准和管理制度等同视之，认为实现管理制度标准化与建立健全管理标准就是一回事。基于这一共识，我们就应当把着力点放在推进管理制度标准化上来，积极运用标准化管理的原理和方法，比照管理标准的内容和质量要求，高标准地抓好制度建设，切实提升管理制度的先进性、规范性、操作性、普适性。当然，就铁路建设全行业而言，把一些在多个项目上应用成熟、具有通用性的管理制度，上升为普遍通用的管理标准来发布，推荐给所有铁路建设项目使用，是非常必要的。

铁路建设项目的管理标准（即制度，以下同）体系中，既包括本项目所执行的外部管理标准，如国家标准、行业标准、用户提供的标准等，又包括组织自己制定的管理标准，基本结构如图 2-4 所示。图中所列出的项目管理标准大致可以归为管理基础标准、工程管理标准、行政管理标准、标准化管理工作标准四大类。管理基础标准是对标准化领域内所有管理事项的共性因素所制定的标准，它既可单独使用，又对制定各种管理标准具有普遍的指导作用，既包括本项目采用的国家和行业性管理基础标准，又包括本项目制定的标准化管理工作规则等，其主要内容有：术语、文件格式等规定；标准化管理工作导则、指南和编写规则；通用管理程序和方法，如网络规划、价值工程等技术；计算机软件工程和管理信息系统。工程管理标准是针对项目质量、安全、工期、投资、环保等工程建设活动管理事项制定的标准，是项目管理标准体系中的主体部分。行政管理标准是针对组织机构建设、人力资源、文件档案等行政管理事项制定的标准，是项目管理机构运行的支持体系。标准化管理工作标准是针对项目标准化管理活动的开展所制定的管理标准，主要包括：

1. 管理体系标准，在铁路建设项目上一般指 ISO 9000 质量管理体系标准和 ISO 14000 环境管理体系标准、OHSAS 18000 职业健康安全管理体系；

2. 管理工作程序标准，亦即管理流程；

3. 管理岗位工作标准,针对管理岗位的工作内容、职责权限、能力和资格要求、操作要点等事项所做出的规定。

根据不同项目的实际情况和工作需要,建设单位可对上述管理标准分类或组合方式进行适当调整,制定自己的管理标准目录。

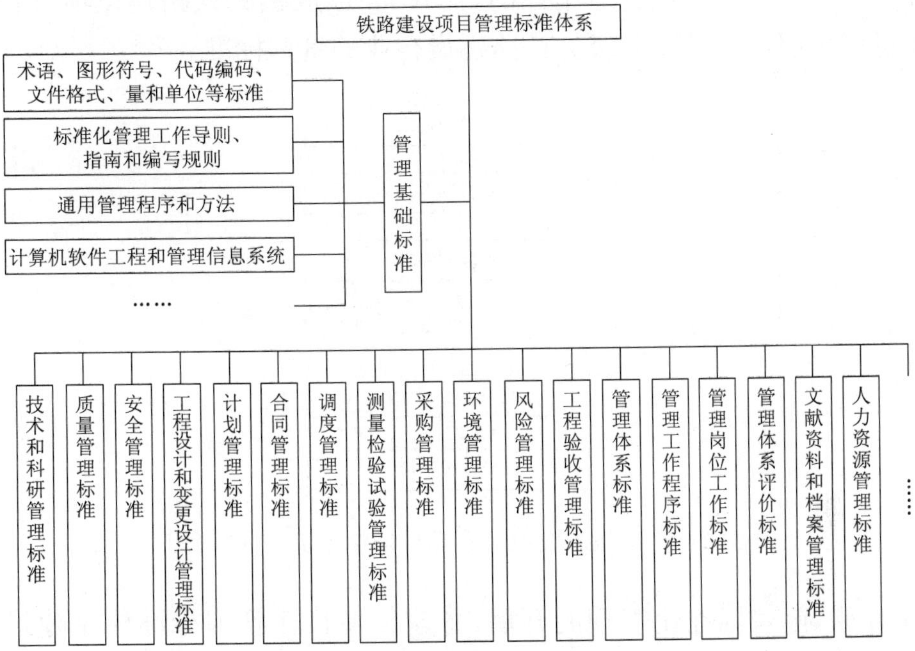

图 2-4 铁路建设项目管理标准体系结构示意图

铁路建设项目管理标准由建设单位依据铁道部发布的技术标准和部分管理标准组织制定,其制定流程如图 2-5 所示。一般而言,每项管理标准的内容应包括管理业务(目标、任务、职责、权限)、管理程序、管理方法、管理成果的评价与考核四大部分的具体规定,其格式可参照《企业标准体系:管理标准和工作标准体系》(GB/T 15498—2003)、《标准化工作导则第 1 部分:标准的结构和编写规则》(GB/T 1.1—2000)的规定。当然,在不严格区分管理标准与管理制度的情况下,也可以沿用管理制度文件的制发程序。

建立项目管理标准体系,需要注意以下几个方面:一是应在项目标准体系框架下制定,并做好整体规划和系统协调,确保形成整体上的管理优势。为此,还应对现有管理制度进行梳理、整合和重新修订,切实防止规章制度小、多、散、碎等常见问题。二是管理标准体系应贯彻国家、行业的管理基础标准和规章制度,在项目管理体系标准指导下建立和运行。三是积极学习和借鉴国内外先进的管理技术和方法,如工业工程管理的 5W1H 设问(即对象

what，场所 where，时间 when，主体 who，原因 why，方式 how）和 ECRS 改进（即取消 Eliminate，合并 Combine，重组 Rearrange，简化 Simplify）等实用技巧，结合实际将其应用在管理标准体系的建立和实施中。四是注意总结提高，对管理标准进行持续改进。对有些经过一段时间实践检验或者经过多个项目广泛应用的，具有普遍适用性的，比较完善、成熟的铁路建设项目管理标准，还可以按照规定程序升级为铁路建设行业的管理标准。

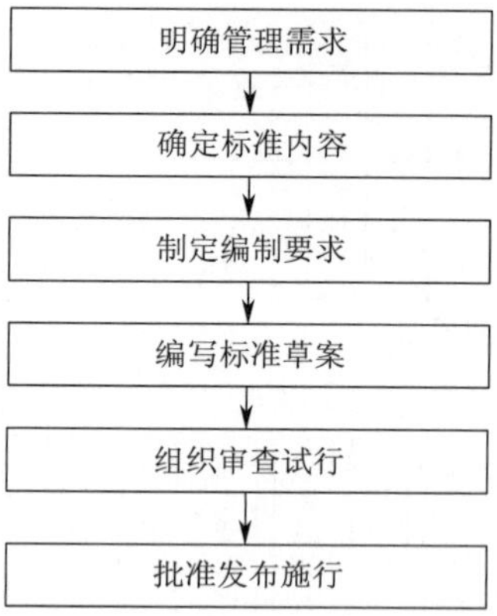

图 2-5　铁路建设项目管理标准制定流程示意图

近年来，随着标准化管理的开展，各建设项目在管理标准体系建设方面做了大量卓有成效的工作，例如沪昆铁路客运专线湖南公司结合实际建立了 86 项管理制度（详细目录见本章附表 2-2），较好地满足了项目管理工作需要，发挥了应有的规范、指导和约束作用。但同时也有一些项目的管理制度或标准在系统性、先进性、规范性、操作性等方面存在较大差距。

第五节　作 业 标 准

作业标准是针对生产作业过程或作业岗位的工作事项所制定的标准，主要内容包括作业目标和内容、作业程序和方法、作业要求与定额指标、信息传递和联系协调方式、职责权限分配、人员素质能力要求、检查考核办法等。作业标准的表现形式主要有：

1. 作业指南（工法）。作业指南是针对某种具有重复性等特点的作业过程所涉及的技术、管理和作业要求而制定的统一的推荐性标准，例如《铁路电力牵引供电接触网支柱施工作业指南》、《铁路大断面隧道三台阶七步开挖法施工作业指南》、《有砟轨道铁路铺砟整道施工作业指南》，等等。作业指南由铁道部组织制定，比照技术标准实施管理，在全路建设项目上通用。铁道部组织评审的工法也在铁路建设项目上通用。

2. 操作规程。操作规程的主要内容是规定各专业工种通用的操作程序和方法，如电焊工操作规程、架桥机架梁操作规程等。

3. 作业指导书。作业指导书分为两种：第一种是作业过程指导书，是针对特定作业活动所制定的过程标准，主要内容包括适用范围、作业内容、作业条件、作业准备、技术要求、施工程序与工艺流程、施工要求、劳动组织、材料要求、机具配置、质量控制及检验、安全及环保要求等。第二种为操作岗位作业指导书，主要内容是规定各具体岗位的工作内容和作业方法，包括岗位环境、位置、设施、设备、工具、生产、加工或装配的对象，工作顺序、操作方法、作业动作，对加工产品或工作结果的检查，以及合格判定准则等。作业指导书一般由施工单位结合本标段工程所涉及的特殊过程、关键工序来确定编写范围和内容，对某些通用或特别重要的作业指导书可在建设单位统一组织或重点指导下编写。这些特殊过程、关键工序主要有：软基处理、路堤填筑、路堑开挖、钻孔桩、扩大基础、墩台模板与混凝土、悬灌梁、预制梁、现浇连续梁、大型施工设施作业、梁板安装、隧道超前地质预报、开挖及支护、隧道衬砌、既有线加固、铺轨、整道和道岔拨接、机电设备安装、牵引变电所、接触网、房屋主体结构、房屋装修，等等。其中有些特殊过程、关键工序的施工作业指导书在编写前，还应先做好工艺性试验，在试验成功并经过一个阶段实践检验后才能正式形成施工作业指导书投入应用推广。

4. 作业要点。作业要点所列明的是在一个作业过程中，各个工序的作业安全、质量、环保等控制要求，为作业人员安全、规范地实施作业提供指导。作业要点一般以工序流程为主线，以简明、形象、直观的文字和图例，说明操作要点和质量安全环保等具体要求，尽可能地便于现场作业人员学习掌握。

作业标准一般由施工单位根据施工需要来组织制定，其工作程序一般可分为 7 个步骤(如图 2-6 所示)，有些属于作业指南和工法的作业标准还要报铁道部审定和发布。施工单位在制定作业标准过程中，应把提升先进性、科学性、操作性放在突出位置，为此除了认真总结经验和发挥传统优势以外，还要学习和运用工业工程等领域相关的现代管理技术和方法。建设单位要结合工程实际对施工企业作业标准建设提出统一要求，督促、指导施工单位结合管内工程特点，建立健全各类工程作业标准，认真开展标准化作业。对于某些对本项目工程质量、安全、工期具有重大影响的重点、关键作业过程和在本项目上具有普遍重复性的作业过程，建设单位应当主动牵头组织制定实施先进、通用的作业标准，或者将某些施工单位的作业标准进行优化完善后上升为项目作业标准，推荐给所有施工单位统一使用。

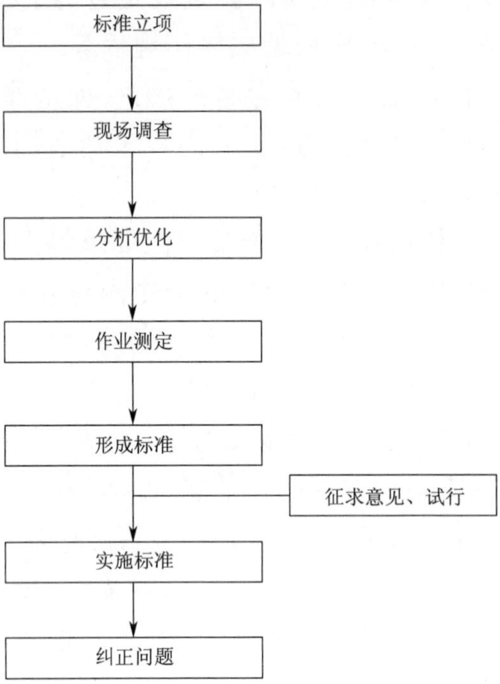

图 2-6　作业标准制定流程示意图

为指导施工企业建立和完善作业标准，铁道部专门制定下发了《铁路建设项目施工作业指导书编制暂行办法》，并组织部分骨干施工企业制定发布了铁路工程各类施工作业共计 208 项作业要点示范卡片。这里以路基工程改良土填筑和无砟轨道精细调整施工为例，分别对作业指导书和工序作业要点卡片的编写作出示范(具体参见附件 2-1 和附表 2-3)。近年来各铁路建设项目在作业标准编制方面取得了比较显著的成效，现场作业标准逐步建立健全，作业标准的规范性、先进性、实用性、统一性也在不断提高。例如，沪昆铁路客运专线湖南公司专门制定下发了施工作业指导书清单(见附件 2-2)，其中列入 72 项重要作业过程，规定施工单位实施上述作业必须编制和实施专项作业指导书，并就此开展专项检查。参建施工单位对照这个清单，依据本标段施工作业所涉及的门类，及时制定了相应的作业指导书。例如，附件 2-3 所列的就是中铁三局在沪昆铁路客运专线杭长段(湖南境内)2 标段施工中所制定的作业指导书目录。

附表 2-1 铁路工程造价管理标准一览表(部分)

序号	定额名称	批准文号	执行日期
一	铁路工程估算指标	铁建〔1999〕100 号	2000.1.1
二	概算指标		
1	铁路通信工程概算指标	铁建〔1998〕42 号	1998.7.1
2	铁路信号工程概算指标		
3	铁路电力工程概算指标		
4	铁路电力牵引供电工程概算指标		
5	铁路房屋建筑工程概算指标		
6	铁路给排水工程概算指标		
7	铁路机械设备安装工程概算指标		
三	概算定额		
1	铁路路基工程概算定额	铁建设〔2010〕223 号	2011.1.1
2	铁路桥涵工程概算定额		
3	铁路隧道工程概算定额		
4	铁路轨道工程概算定额		
5	铁路通信工程概算定额		
6	铁路信号工程概算定额	铁建设〔2010〕223 号	2011.1.1
7	铁路电力工程概算定额		
8	铁路电力牵引供电工程概算定额		
9	铁路房屋工程概算定额		
10	铁路给水排水工程概算定额		
11	铁路机务车辆机械工程概算定额		
12	铁路站场工程概算定额		
13	铁路信息工程概算定额		
四	预算定额		
1	铁路路基工程预算定额	铁建设〔2010〕223 号	2011.1.1
2	铁路桥涵工程预算定额		
3	铁路隧道工程预算定额		
4	铁路轨道工程预算定额		
5	铁路通信工程预算定额		
6	铁路信号工程预算定额		
7	铁路电力工程预算定额		

续上表

序号	定额名称	批准文号	执行日期
8	铁路电力牵引供电工程预算定额	铁建设〔2010〕223 号	2011.1.1
9	铁路房屋工程预算定额		
10	铁路给水排水工程预算定额		
11	铁路机务车辆机械工程预算定额		
12	铁路站场工程预算定额		
13	铁路信息工程预算定额		
14	铁路工程基本定额	铁建设〔2003〕34 号	2003.7.1
五	补充预算定额		
1	高速铁路路基桥梁隧道无砟轨道工程补充定额	铁建设〔2010〕223 号	2011.1.1
2	铁路隧道工程机械化施工补充预算定额	铁建设〔2012〕129 号	2012.8.1
六	办法和费用		
1	铁路基本建设工程投资预估算、估算编制办法	铁建设〔2008〕10 号	2008.2.1
2	铁路基本建设工程投资预估算、估算、设计概预算费税取值规定	铁建设〔2008〕11 号	2008.2.1
3	铁路基本建设工程设计概(预)算编制办法	铁建设〔2006〕113 号	2006.7.1
4	铁路基本建设利用国外贷款项目设计概算编制办法	铁建设〔2000〕117 号	2001.1.1
七	其他		
1	铁路工程建设材料价差系数	每年或季度发布	1991 年起
2	铁路建设工程主要材料价格信息	经规院发布	
3	关于调整铁路工程建设单位管理费标准的通知	铁建设〔2007〕77 号	
4	铁路工程工程量清单计价指南(土建部分)	铁建设〔2007〕108 号	2007.6.20
5	铁路工程工程量清单计价指南(四电部分)	铁建设〔2009〕126 号	2009.9.1
6	关于客运专线 CPⅢ测设收费有关事项的通知	铁建设函〔2008〕466 号	2008.5.4
7	关于调整铁路基本建设工程设计概预算中建设管理其他费费用标准的通知	铁建设〔2009〕81 号	2009.5.4
8	关于发布铁路工程联调联试等有关费用标准的通知	铁建设〔2010〕7 号	2010.1.11
9	关于印发铁路工程地质灾害危险性评估费等十二项费用设计概预算计列指导意见的通知	铁建设〔2010〕151 号	2010.8.31
10	关于调整铁路基本建设工程设计概预算综合工费标准的通知	铁建设〔2010〕196 号	2011.1.1
11	关于发布长钢轨供应有关费用标准的通知	铁建设〔2012〕2 号	2012.1.1
12	铁道部关于铁路工程设计概算执行《企业安全生产费用提取和管理使用办法》有关问题的通知	铁建设〔2012〕245 号	2012.2.14

附表 2-2 沪昆铁路客运专线湖南有限责任公司管理标准目录(共 86 项)

序号	管理制度标准	备注
一	综合管理制度	
1	公文处理实施办法	
2	印章管理规定	
3	档案资料管理办法	
4	保密办法	
5	“三重一大”问题实施细则	
6	铁路建设项目管理信息系统运用管理及考核办法	
7	员工培训管理办法	
8	宣传报道和涉外工作管理办法	
9	党风廉政建设制度	
10	会议管理制度	
11	督查工作管理办法	
二	工程管理制度	
1	征地拆迁管理办法	
2	环境保护管理办法	
3	水土保持管理办法	
4	文物保护管理办法	
5	初步设计初审管理办法	
6	施工组织设计编制管理办法	
7	施工组织设计管理办法	
8	工程建设开工报告审批管理办法	
9	施工图审核管理办法	
10	工程技术管理办法	
11	施工测量工作管理办法	
12	工程调度管理办法	
13	先建段工程建设管理办法	
14	样板示范工程管理办法	
15	现场设计配合管理办法	
16	变更设计管理办法	
17	三电迁改管理办法	
18	接口管理办法	
19	劳务分包及架子队管理办法	
20	工程勘察设计管理及考核办法	

续上表

序号	管理制度标准	备注
三	安全质量管理制度	
1	安全生产管理办法	
2	工程质量管理办法	
3	突发事件应急管理办法	
4	工程质量检测与试验管理办法	
5	工程地质勘察工作管理与考评办法	
6	工程监理(中方)管理及考核办法	
7	铁路施工企业信用评价实施办法	
8	信用评价现场检查实施细则	
9	工程监理(中方)信用评价实施办法	
10	隧道超前地质预报管理办法	
11	工程质量事故调查处理管理办法	
12	生产安全事故调查处理管理办法	
13	防洪管理办法	
14	既有线施工安全管理办法	
四	计划财务管理制度	
1	招标投标管理办法	
2	合同管理办法	
3	计划管理办法	
4	统计管理办法	
5	投资控制管理办法	
6	验工计价管理办法	
7	建设资金管理办法	
8	工程价款结算管理办法	
9	建设项目激励约束考核办法	
五	物资设备管理制度	
1	物资设备管理办法	
2	物资设备质量管理实施细则	
3	物资设备供应商信用评价实施细则	
六	人员配备标准	
1	公司各部门和建设指挥部主要职责	

续上表

序号	管理制度标准	备注
2	施工单位现场管理机构设置与人员配备标准指导意见	
3	监理单位现场管理机构设置及人员配备标准	
4	施工现场设计配合机构设置与人员配备标准	
七	现场管理标准	
(一)	安全文明管理标准	
1	人员佩戴标识标准	
2	场地布置标准	
3	“五牌一图”标准	
4	办公及生活区标准	
5	管线敷设标准	
6	机电设备管理标准	
7	施工用电管理标准	
8	现场物资储运管理办法	
9	火工品管理标准	
10	防火防雷管理标准	
11	危险源管理	
12	现场环境保护标准	
(二)	安全文明标志	
1	禁止标志	
2	警告标志	
3	指令标志	
4	提示标志	
5	明示标志	
(三)	现场专项标准	
1	混凝土拌和站现场管理标准	
2	制梁场现场管理标准	
3	铺轨基地现场管理标准	
4	轨道板场现场管理标准	
5	施工便道(便桥)设置修建标准	
6	钢筋加工场现场管理标准	
7	试验室建设管理标准	
8	内业资料管理标准	

附表 2-3　无砟轨道精细调整施工工序作业要点卡片

卡片编码:轨(客专)313　上道工序:应力放散锁定线路

序号	工序	作业控制要点
1	准备	①轨道精细调整前,应对CPⅢ控制点进行复测,经监理确认。检查轨道几何状态测量仪、全站仪等测量仪器的工作状态。提前配备相应数量轨道精调所需调整件。②在轨道几何状态测量仪中输入线路平、纵断面及CPⅢ网资料
2	轨道检查	①清扫钢轨踏面和内侧的杂物,特别是粘在钢轨上的混凝土和黏稠状油渍一定要清理干净,避免对测量产生影响。②扣件应安装正确,无缺少、无损坏、无污染。扣件弹条与轨距挡板应密贴,扭矩符合规定要求。③轨下垫板应安装正确,无缺少、损坏、偏斜、污染及空吊。④钢轨焊头平直度应符合标准要求
3	轨道测量	①采用全站仪通过线路两侧的4对(8个)CPⅢ控制点进行自由设站,困难情况下,设站所用控制点不应少于6个。②全站仪设站完成后需测量设站所用的一个控制点对全站仪的设站进行检核,一般偏差在1 mm以内。③采用轨道几何状态测量仪对轨道进行逐根轨枕连续测量。④区间轨道应连续测量,分次测量时,两次测量搭接长度不应少于20 m
4	调整量计算	根据测量数据,对轨道精度和线形分区段进行综合分析评价,确定需要调整的区段,用软件进行调整量模拟试算,并对轨道线形进行优化,形成调整量表。根据计算完成的调整量表和扣件型号,选配合适的轨道挡块的规格和垫片的厚度,并在表中详细记录安装位置、方向
5	轨道精调	①轨道精调基本原则:"先轨向,后轨距","先高低,后水平"。②钢轨精调作业的基准轨,曲线地段以外轨为准,直线地段同前方曲线的基准轨。③钢轨精调时,宜先调基准轨的轨向和另一轨的高低,再调两轨的轨距和水平。④轨距、轨向调整通过更换轨距块来实现。⑤高低、水平调整通过更换轨底垫板来实现,板式轨道也可采用充填式垫板进行高低、水平调整
6	质量检验	用轨道几何状态测量仪进行检测,并对超标点进行反复调整,直到轨道状态符合标准要求,并按相关规定提交检测成果资料

下道工序:钢轨预打磨

附件 2-1

铁路路基工程
改良土填筑施工作业指导书

1. 适用范围

适用于××客运专线铁路××段路基厂拌改良土施工。

2. 作业准备

2.1 内业技术准备

作业指导书编制后，应在开工前组织技术人员认真学习实施性施工组织设计，阅读、审核施工图纸，澄清有关技术问题，熟悉规范和技术标准。制定施工安全保证措施，提出应急预案。对施工人员进行技术交底，对参加施工人员进行上岗前技术培训，考核合格后持证上岗。

2.2 外业技术准备

施工作业层中所涉及的各种外部技术数据收集。修建生活房屋，配齐生活、办公设施，满足主要管理、技术人员进场生活、办公需要。

3. 技术要求

3.1 改良土的拌和全部在拌和厂集中厂拌。

3.2 施工前按设计提供的配比进行室内试验，确定施工配合比。改良土的配合比应保证混合料的无侧限抗压强度能达到设计要求。

3.3 在大面积填筑前，根据初选的摊铺、拌和、碾压机械及试生产出的改良土填料，在选取长度不小于 100 m 的地段进行填筑压实工艺试验，确定工艺参数，并报监理单位确认。

4. 施工程序与工艺流程

4.1 施工程序

每个施工单元为一个完整的作业区，包含四个区段：填土区段、平整区段、碾压区段、检测区段。

施工程序为：施工准备→填筑试验段→确定工艺→验收下承层→测量放样→集中拌和→运输→填土→摊铺平整→碾压→养生→检验验收。

4.2 工艺流程

工艺流程如下图所示。

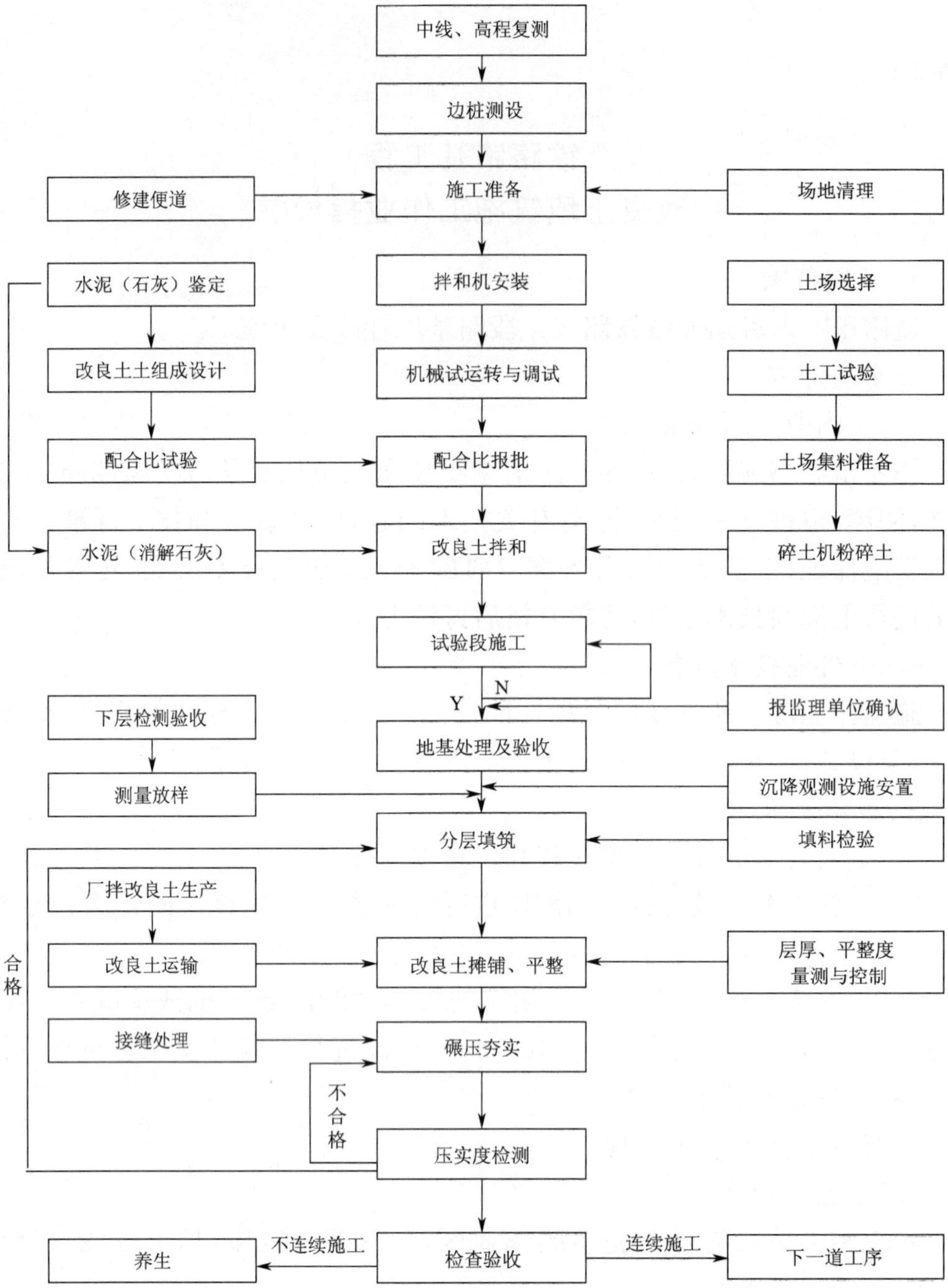

工艺流程图

5. 施工要求

5.1　施工准备

施工前对需改良的土料种类应进行核实，路堤填料种类、改良土外掺料(石灰或水泥)的种类及技术条件应符合设计要求。填筑前对取土场填料进行取样检验;填筑时对运至现场的填料进行抽样检验。当填料土质发生变化或更换取土场时应重新进行检验。

5.1.1 路基填筑试验段

路基全面开工前,根据工程土类性质、填料性质和压实机械条件,选择不小于 100 m 的试验区段进行路基填筑试验。选定与路基填筑、压实、检测有关的工艺参数,改良土配合比等施工工艺参数,将以上试验资料整理上报监理工程师批准后,用以指导此项工程的路基施工。

5.1.2 改良土配合比

基床以下路堤本体及基床底层为改良土填筑,其中基床以下路堤本体的垫层为水泥改良土;路堤本体不浸水路堤为石灰改良土,浸水路堤为水泥改良土。基床底层为厚度 2.3 m 的水泥改良土。改良土的具体配合比根据设计要求和取土场土料的塑性指数及液限、塑限等指标通过试验室进行试验确定。

5.2 施工工艺

5.2.1 验收下承层

填筑前应检查基底几何尺寸,核对压实标准(进行相关工序的检测与验收),不符合标准的基底应进行处理,使其达到验收标准。

5.2.2 测量放样

在施工现场附近引临时水准点,并报监理审批。作业时,严格控制标高,在路基上采用方格网控制填料量,方格网纵向桩距不宜大于 10 m,横向应分别在路基两侧及路基中心设方格网桩。

5.2.3 拌和

改良土混合料采用稳定土拌和设备在拌和厂集中进行拌和,同时配备碎土设备消除土壤中的土块。在拌和设备内拌制改良土混合料时,应拌和均匀,混合料中不应含有大于 10 mm 的土块和未消解石灰颗粒;并使混合料的组成和含水率(要根据天气情况调整拌和时的含水率与碾压时最佳含水率的关系)达到规定的要求。

5.2.4 运输

采用大吨位自卸车运输。拌和好的混合料应尽快运送到铺筑现场。混合料在运送过程中应进行覆盖,减少水分损失。

5.2.5 摊铺

根据松铺厚度计算每车混合料的摊铺面积,确定堆放密度。混合料应全断面均匀摊铺,不得出现纵向接缝,中途不宜中断。当因故中断超过 2 h 时,应设置横向施工缝，横向接缝应采用搭接施工。

整型应按规定的坡度和路拱进行，并特别注意接缝处的整平。在整型过程中，严禁车辆通行。初步整型后，检查混合料的松铺厚度，必要时应进行补料或减料。

5.2.6　碾压

当混合料接近最佳含水率时，用重型压路机在路基全宽内碾压至要求的压实密度，碾压完成后表面应无明显的碾压轮痕迹。碾压时，各区段交接处应相互重叠压实，纵向搭接长度不小于 2.0 m，纵向行与行之间的轮迹重叠不小于 40 cm，上下两层填筑接头应错开不小于 3.0 m。两作业区段之间的衔接处纵向搭接拌和长度不小于 2.0 m。

5.2.7　养生

改良土碾压完成后，如不能连续施工应进行养生，改良土表面保湿养生不少于 7 天。养生期间改良土不能过湿，更不能忽干忽湿，除洒水车外应封闭交通。当改良土分层施工时，下层检验如压实度、平整度等指标合格后，上层填土能连续施工时可不进行专门的养生。

6. 劳动组织

6.1　劳动力组织方式：采用架子队组织模式。

6.2　施工人员应结合试验段确定的施工方案、机械、人员组合、工期要求进行合理配置，见下表。

每个作业工地人员配备表

负责人	1 人
技术主管	1 人
专兼职安全员	1 人
工班长	3～5 人
指挥卸土人员	2 人
技术、质检、测量及试验人员	4～6 人
机械工、普工	30～50 人

其中负责人、工班长、技术人员、专兼职安全员必须由施工企业正式职工担任，并可根据工程情况适当配备若干劳务工人。

7. 材料要求

原材料应符合设计要求，设计未明确时应符合以下要求：

石灰应选用消解石灰或钙质生石灰，其指标应达到合格标准。

用石灰改良时，土中硫酸盐含量应小于0.8%，有机质含量小于5%；用水泥改良时，土中硫酸盐含量应小于0.25%。

掺入水泥时，其初凝时间应大于3 h，终凝时间宜大于6 h。

在设计规定范围内取土，取土时应清除树木、草皮以及表面腐殖土。当土源发生变化时必须按要求重做配比试验。

施工用水的水质应符合工程用水标准。

石灰、水泥等化学改良土外掺料的运输、使用应有相应环境保护措施，外掺料应分类堆放、与原地面架空隔离，并有防风、雨设施，防止材料受潮、变质。

冻土不能作为路基改良填料。

8. 设备机具配置

改良土施工机械设备配置分为两大部分，即改良土拌和厂和路堤填筑区的各个施工单元，见下表。

主要施工机械设备配置表

改良土拌和厂	填筑区施工单元
稳定土拌和站1～2台	推土机2～4台
碎土设施1～2台	平地机1～2台
装载机2～4台	压路机2～4台
洒水车1～2台	洒水车1～2台
挖掘机1～2台	挖掘机1～2台
自卸汽车20～30台	

9. 质量控制及检验

9.1 质量控制

9.1.1 改良土施工工程质量控制要点主要为五个方面：

①原材料(土、石灰或水泥)；

②配合比(根据不同的土质需掺入的石灰或水泥量)；

③改良土含水量控制；

④均匀性(避免改良土中出现素土现象)；

⑤压实度(通过试验段确定适宜的施工参数)。

9.1.2 对需改良的土料种类应进行核实，路堤填料种类、质量应符合设计要求。

9.1.3 改良土填筑前按设计提供的配比进行室内试验，确定施工配合比。改良土的配合比应保证混合料的无侧限抗压强度及压实质量能达到设计要求。

9.1.4　路堤填筑改良土施工中，拌和料的均匀性是关键因素，应严格控制拌和过程中的施工质量，确保拌和熟料的均匀性。

9.1.5　对初步确定使用的混合料，应进行重型击实试验，计算最佳含水率和最大干密度，并进行 7 d 无侧限抗压强度的试验，无侧限抗压强度必须符合设计要求。

9.2　质量检验

9.2.1　基床底层及基床以下路堤工程质量检测按《铁路工程土工试验规程》(TB 10102)和《高速铁路路基工程施工质量验收标准》(TB 10751)规定的试验方法检验。

9.2.2　对需改良的土料种类、质量应符合设计要求。

检验方法：按《铁路工程土工试验规程》(TB 10102)规定的试验方法检验。

9.2.3　改良土外掺料的种类及技术条件应符合设计要求。

检验方法：检查每批产品的生产检验报告和产品合格证，并在料场的 5 个不同部位等量取样，总计取样不少于 12 kg，按有关规定试验方法进行检验。

9.2.4　对进入摊铺场地的混合料进土团粒和生石灰块的检查，在 100 m^2面积内随机检查 3 个点。

检验方法：土团粒检查采用孔径为 10 mm 的筛子，标准为不能有筛余量；生石灰块检查采用孔径 5 mm 的筛子，标准为不能有筛余量。

9.2.5　改良土填筑压实质量应符合验标的规定。

检验频数：沿线路纵向每 100 m 每压实层抽样检验压实系数 K(改良细粒土)6 点，其中：左、右距路肩边线 1 m 处各 2 点，路基中部 2 点，有反压护道地段每 100 m 增加 1 个检测点。每 100 m 每填高约 90 cm 抽样检验地基系数 K_{30}、动态变形模量 E_{vd}各 4 点，其中：距路基边线 2 m 处左、右各 2 点，路基中部 2 点。

检验方法：压实系数 K 检验宜用环刀法，K_{30}、E_{vd}按《铁路工程土工试验规程》(TB 10102)规定的方法检验。

9.2.6　无侧限抗压强度应符合设计要求。

检验频数：每层每 1 000 m^2 检查一组。

检验方法：按《铁路工程土工试验规程》(TB 10102)规定的试验方法检验。从已摊铺好填料的地段现场抽样，在室内按要求的压实度成型，进行无侧限抗压强度试验。

10. 安全及环保要求

10.1 安全要求

10.1.1 施工区域应设警示标志,严禁非工作人员出入。

10.1.2 施工中应对机械设备进行定期检查、养护、维修。

10.1.3 为保证施工安全,现场应有专人统一指挥,并设一名专职安全员负责现场的安全工作,坚持班前进行安全教育制度。

10.1.4 改良土施工中,制订合理的作业程序和机械车辆走行路线,现场设专人指挥、调度,并设立明显标志,防止相互干扰碰撞,机械作业要留有安全距离,确保协调、安全施工。

10.2 环保要求

改良土施工中,容易造成对环境的污染。为保护自然环境,在化学改良土改良过程中,应减少甚至避免石灰(或水泥)扬尘,并加大在环境保护方面的投入,真正将各项环保措施落实到位。

10.2.1 应对石灰在运输、储存、磨细、消解、撒布、拌和等各环节制定相应环境保护措施,尽量避免石灰与外界的直接接触。消解石灰时,应选择在避风近水的地方,并在其周围进行封闭。

10.2.2 与石灰接触的工作人员,需穿戴防护工作服。

10.2.3 生产中的废弃物及时处理,运到当地环保部门指定的地点弃置。

10.2.4 按环保部门要求集中处理试验及生活中产生的污水及废水。

附件 2-2

沪昆铁路客运专线湖南公司通用施工作业指导书清单

一、路基工程

(一)地基处理

1. 砂、碎石、加筋土工合成材料垫层
2. 高压旋喷桩
3. 水泥粉煤灰碎石桩(CFG 桩)
4. 预制桩(管、方桩)
5. 混凝土灌注桩
6. 洞穴处理

(二)路基填筑

1. A、B 组,改良土填料填筑
2. 改良土生产
3. 基床表层级配碎石填筑

(三)路堑开挖

1. 支挡结构(挡墙、桩板墙、桩基托梁)施工
2. 锚杆(锚索)框架梁

二、桥涵工程

(一)基础

1. 挖孔桩施工
2. 钻孔桩水下混凝土灌注施工
3. 旋挖钻施工
4. 冲击钻桩基
5. 扩大基础

(二)墩台

1. 承台施工
2. 桥墩施工

(三)梁体

1. 移动模架施工
2. 支架法现浇施工

3. 梁体预制
4. 箱梁架设
5. 连续梁悬灌
6. 连续梁 0 号块
7. 连续梁合龙段
8. 栈桥作业(专用)
9. 支座安装

三、隧道工程

(一)超前地质预报

(二)隧道开挖

(三)超前支护

1. 超前小导管
2. 管棚

(四)初期支护

1. 锚杆
2. 钢架及挂网

(五)防水板铺设

(六)二次衬砌

(七)预埋接触网槽型滑道及综合接地

(八)监控量测

四、轨道工程

道床板

1. 支撑垫层
2. 端刺及摩擦板
3. 道床板

五、铺轨工程

精测网

六、四电工程

(一)电力

1. 电缆施工(中间头、终端头)
2. GIS 设备安装调试
3. SCADA 调试

(二)电气化

1. 系统测量
2. 工厂化预制(腕臂、整体吊弦)
3. 接触线恒张力架设
4. 关键部位安装调整(线叉、关节、分段、分相)
5. 网上设备安装
6. 接触网检测
7. 接触网精调
8. 主变运输
9. 主变安装调试
10. 主断路器等设备(包括 GIS 设备)安装调试
11. 单体试验
12. 整组试验
13. 远动联调

(三)信号

1. 防撞墙箱盒安装
2. 调谐区安装
3. 道岔安装调试
4. 应答器安装
5. 轨道电路安装调试
6. 补偿电容安装
7. 信号标志安装
8. 联锁调试
9. 列控数据核对

(四)通信

1. 光电缆单盘测试
2. 光电缆运输和敷设
3. 光电缆接测
4. 设备、材料进场检验
5. 设备安装、调试
6. 系统调试

附件 2-3

中铁三局沪昆客专杭长湖南段Ⅱ标施工作业指导书目录

1. 浆体喷射搅拌桩施工作业指导书
2. 水泥粉煤灰碎石桩(CFG 桩)施工作业指导书
3. 换填施工作业指导书
4. 拌法改良土施工作业指导书
5. A、B 组填料填筑基床底层施工作业指导书
6. 基床表层级配碎石摊铺机法填筑施工工艺
7. 路堑施工作业指导书
8. 挡土墙施工作业指导书
9. 锚杆框架梁施工作业指导书
10. 预应力锚索施工作业指导书
11. 桩板式挡土墙施工作业指导书
12. 喷混植生施工作业指导书
13. 路基片石护坡施工工艺
14. 浆砌水沟施工工艺
15. 冲击钻桩基作业指导书
16. 旋挖钻施工作业指导书
17. 钻孔桩水下混凝土灌注施工作业指导书
18. 承台施工作业指导书
19. 桥墩施工作业指导书
20. 栈桥施工作业指导书
21. 钢板桩围堰施工作业指导书
22. 双壁钢围堰施工作业指导书
23. 连续梁悬灌作业指导书
24. 支架法现浇施工作业指导书
25. 超前地质预报作业指导书
26. 洞口边、仰坡开挖与防护施工作业指导书
27. 明洞开挖与支护施工作业指导书
28. 台阶法开挖施工作业指导书

29. 超前小导管施工作业指导书
30. 大管棚施工作业指导书
31. 砂浆锚杆施工作业指导书
32. 中空锚杆施工作业指导书
33. 格栅钢架(钢筋网)支护施工作业指导书
34. 喷射混凝土施工作业指导书
35. 型钢钢架(钢筋网)支护施工作业指导书
36. 超前锚杆施工作业指导书
37. 防水板施工作业指导书
38. 隧道结构防排水施工作业指导书
39. 仰拱与隧底填充施工作业指导书
40. 拱墙衬砌施工作业指导书
41. 斜切式洞门施工作业指导书
42. 明洞回填施工作业指导书
43. 排水及沟槽施工作业指导书

第三章　工作流程

工作流程是实施标准化管理的重要依据和有效手段。只有做到事事有流程，才能使项目管理各项工作驶入标准化轨道，形成规范、高效的运行秩序，为各项工作目标的实现提供可靠保证。开展铁路建设项目标准化管理，应当坚持把建立健全工作流程作为事关全局的大事抓紧抓好。本章将就项目流程管理有关知识和铁路建设项目建立健全工作流程有关问题作出简介。

第一节　流程与标准化管理

流程是针对工作过程程序问题所制定的规则。在标准化管理领域内所讲的流程，并不是指在日常工作过程中自然存在的流程，而是指为规范过程运行而统一制定实施的标准化流程。这些标准化流程均为管理体系文件的重要内容，其文件化表现形式通常为管理程序文件、工法、作业指导书等，也有一些流程是在管理制度或管理标准中予以明确的。

从本质上讲，流程是将输入转化为输出的一系列相关活动的集合体。流程的要素包括：

1. 输入，主要指目标、资源、信息等；

2. 活动(或称行动)，是过程中能够识别出的最小工作项；

3. 活动关系，即各个活动之间的组合结构、相互作用和运行顺序；

4. 输出，指流程运作的结果；

5. 客户，指流程结果的需求者和使用者；

6. 价值，指通过建立和执行流程所实现的增值，具体体现为效率提升、成本降低、产量和利润增加、质量提高、客户满意度提升，等等。

流程具有以下特性：

1. 普遍性。流程蕴含于一切事物或行为当中，每一件事物、每一个行为都能描述为“输入的是什么资源，输出了什么结果，中间的一系列活动是怎样的，为谁创造了怎样的价值”的过程句式。而这些过程的运行，都需要遵循一定的程序，这种程序就是流程。对任何一个组织而言，其所有的业务工作最终都是由一系列的过程组合而成，同时也是需要由寓于过程中的流程来支撑的。如果没有流程，那么各项工作过程就会不明方向，乱了章法，难以保证效率和效果。此亦即所谓事事有流程，事事离不开流程。

2. 目标性。流程的目标就是满足客户（既包括组织外部的客户，也包括组织内部各部门或单位、岗位）的特定需求，这实际上是流程功能和作用的体现。所有流程都是以客户需求提交为起点，一直到客户需求满足而结束（如图 3-1 所示）。从横向上看，流程好比是“河流”，以流程为主线，能够贯通相关部门之间的活动流和资源流、信息流，促进实现有效的专业协同（如图 3-2 所示）。一般组织最常见的结构形式是直线职能制，其优势是专业化程度高，缺点是横向协作和沟通能力相对较差。而流程的突出特点是能够从横向上把相对孤立与静态的联系打通，坚持目标导向、依靠团队合作、追求整体最优，形成基于流程平台的决策与协作机制，有效提升协作能力和整合效益。从纵向上看，流程好比是“云梯”，通过流程可以把组织的经营战略和管理方针、发展目标分解落实到各项工作过程以至各个岗位（如图 3-3 所示），有利于形成全面、全过程、全员化的标准化管理秩序。

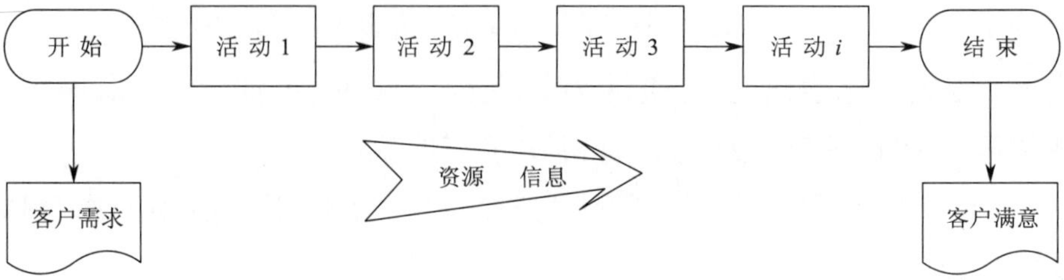

图 3-1 流程目标、流向示意图

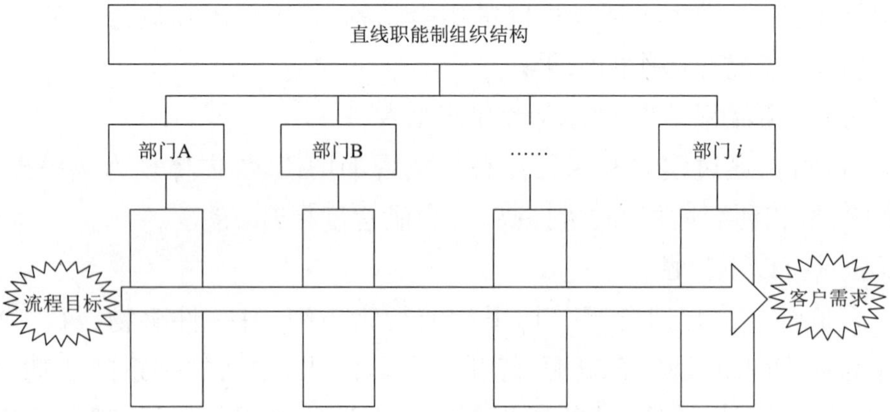

图 3-2 流程与职能的关系示意图

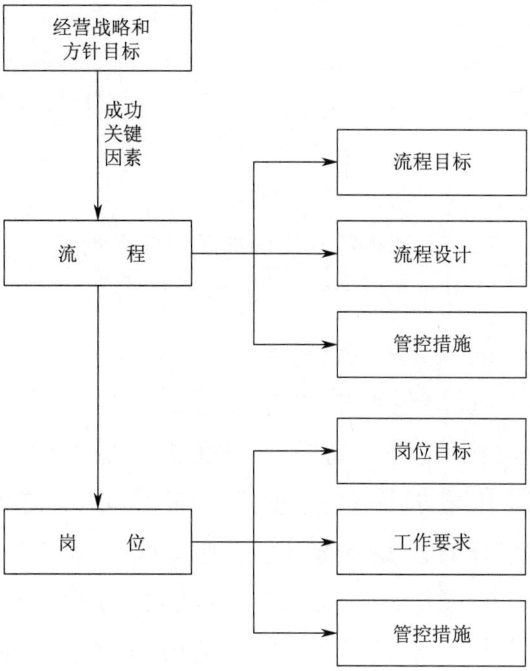

图 3-3　经营战略和方针目标分解示意图

3. 结构性。每一个流程都有自身的结构形式，其中的活动之间均有相应的逻辑关系，并以串联、并联、反馈等结构形式（如图 3-4 所示）表现出来。一般来讲，串联结构有助于对流程节点活动和信息的控制；并联结构有助于流程节点活动的协同，从而提高运行效率；反馈结构则有助于系统部分环节的改善和调整。结构形式的不同，对流程的输入、输出效果具有直接影响，而通过对流程结构作出调整，能够直接起到优化流程的作用。

4. 层次性。流程是一个嵌套的概念，每一个流程都至少包含两个以上的活动，有些较大的流程还包含着多个子流程，而这些子流程还可以继续向下分解为层次更低、跨度更小的子流程直至一个个具体活动。在一个组织内部，流程一般可以分为高、中、低三阶（也可称为总体、局部、细部流程），其中高阶流程是以客户的总体需求为输入，以经营管理目标的实现为输出；中阶流程一般是一个相对完整的子流程体系（或称为端到端的流程），它是能满足并完整解决外部客户同一个相对独立需求的一系列相关子流程的组合（如供应链管理流程）；低阶流程是那种细化到执行层面的流程，比如质量检测流程、合同评审流程、人员培训流程、经费列支审批流程等。

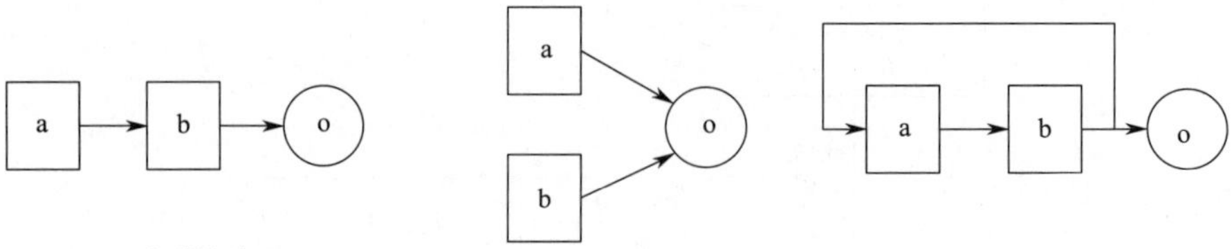

图 3-4　流程活动之间的逻辑关系示意图

注：a、b 表示活动；o 表示活动产生的结果。

5. 增值性。过程的突出特点就是增值(即输出大于输入)，也就是说每经过其中的一个活动，就离过程的目标更近了一步。有了流程，就能够规范和优化过程的运作秩序，从而提高过程的增值水平。而流程自身的优化，就是要最大程度地保留和增加那些能够增值的活动，去除和减少了那些不能增值的活动。流程的增值性是对流程实施管理的重要依据，它是衡量哪些流程最值得管理的一把标尺。一般而言，对例行过程(指那些重复发生频率较高、有规律可循，其中的知识、经验及规则可被重复使用的过程)最该建立标准化流程，并应遵循以下原则：一是与组织战略目标实现和客户需求满足联系紧密的核心业务过程的流程或者对核心业务过程具有重要意义的流程应予高度重视。二是发生频率越高的流程越值得重视。三是增值性越强的流程越要重视。四是跨度越大、涉及部门和参与人数越多的流程越值得重视。

基于以上特性，流程在标准化管理中具有极其重要的意义。首先，流程是过程控制的依据。建立流程的目的是实现工作程序的标准化(亦即习惯上所称的流程化)，通过建立流程，就能够为过程的运行设定一个最佳“轨道”以及相应的运行规则，其中需要大量运用标准化管理的技术、方法和手段，使不同执行者五花八门的“自选动作”转变为统一、规范的“规定动作”，从而为实现工作绩效目标提供科学、可靠、经济、稳定的保证。其次，流程是执行制度和标准的保证。制度和标准是流程的依据，流程是制度和标准的载体，制度和标准最终要在流程中执行，靠流程来执行。最后，流程是管理体系标准的具体展开，只有建立健全了流程，管理体系运转才能“血脉”畅通，四通八达。

随着标准化管理的发展，自 20 世纪 90 年代中后期以来，全球兴起了流程管理的热潮。流程管理即以流程为导向的管理方法，它是针对流程化工作的管理活动，以构造规范化的、卓越的业务流程为中心，以持续提升组织业务绩效为主要目标。一般认为，流程管理包括流程设计、流程执行、流程检查、流程优化四个部分内容，这四个部分形成完整的 PDCA 循环（如图 3-5 所示），此亦即业务工作流程化的闭环过程。有关具体内容和要求读者可参阅流程管理方面的专著，这里不作赘述。

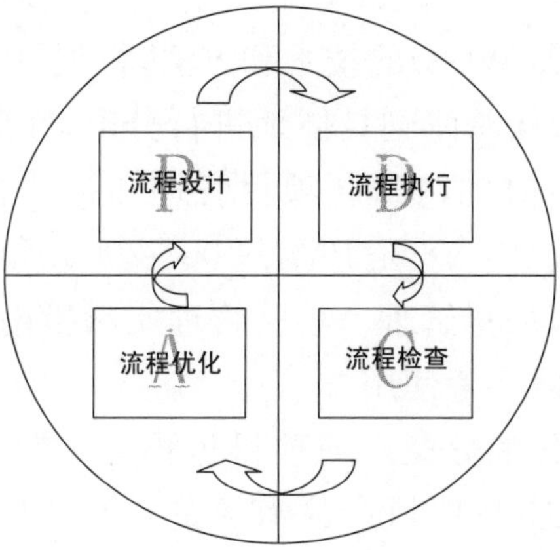

图 3-5 流程管理 PDCA 循环模型示意图

第二节 项目流程管理有关问题简介

按照《质量管理：项目管理质量指南》（GB/T 19016—2005 idt ISO 10006：2003）中的定义，“项目是由一组有起止时间的、相互协调的受控活动所组成的独特过程，该过程要达到符合包括时间、成本和资源的约束条件在内的规定要求的目标”，“项目管理包括对实现项目目标所必须的所有过程进行持续的策划、组织、监视、控制、报告和采取必要的纠正措施”。这也就是说，项目管理既是一种目标管理，又是一种过程管理，因而项目管理也正是流程管理能够发挥优势的领域。一是流程管理能够规范和加强项目管理过程控制，理顺工作关系，提升人员素质，实现项目管理活动标准化运转，有利于全面提升项目管理能力和水平。二是流程管理能够促使项目各相关方按照一致的工作流程处理项目事务，有利于加强项目内外部沟通，确保有效协调项目管理各项活动有机联系，提高项目管理各项工作的绩效，推动项目有序进展、达成目标。三是流程管理能够规范和加强项目生命周期内各阶段、各环节的相互联系，有效监控项目动态变化，提高项目风险应对能力和变更控制能力。

做好项目流程管理，除了要遵循流程管理理论的一般原则和方法外，在某些方面还有其特殊的要求。

首先，关于项目过程的识别。做好过程识别是建立流程的前提。依据《质量管理：项目管理质量指南》中的定义，“项目过程是指那些管理项目所必须的过程以及实现项目产品所必须的过程”，“项目过程分为两类：项目管理过程和与项目产品有关的过程（如设计、生产等）”。对项目过程的识别，一般是运用工作结构分解（即 WBS）的技术和方法，将项目管理工作按照一定的规则自上而下、由粗及细、从总体到具体地进行分解，在此基础上列出项目所要建立的工作流程总表。对此，美国《项目管理知识体系指南》（简称 PMBOK Guide，美国国家标准代号：ANSI/PMI99-001-2008）和《中国项目管理知识体系》（C-PMBOK2006）、《质量管理—项目管理质量指南》中都提供了现成的方法和模板，广大读者可以参考使用。

其次，关于项目流程的分类。与项目过程分为“项目管理过程”和“与项目产品有关的过程（主要与项目产品有关的过程，如设计、生产）”两类相对应，我们可将项目流程分为两类，即项目管理流程和项目作业流程。项目管理流程，狭义地讲是指业主（建设单位）所制定的在整个项目上通用的管理工作流程，广义地讲还要包括由项目参建单位制定并在各自内部通用的其他管理或辅助流程。项目作业流程则主要指一线各类生产活动的操作程序。

其三，关于项目管理流程分级。项目管理流程的分级应当遵循以下的主要原则：一是严格坚持自上而下划分。二是层次一定要分明，但层次不宜太多。若单就简单、实用起见，项目管理流程一般只要分为三级就够用了。三是边界一定要清晰，做到“不遗漏、不重叠”。四是通用的子流程应尽量模块化。

最后，关于项目管理流程文件的编写。项目流程文件的内容一般包括标题、目的、适用范围、定义、职责、工作程序、相关支持性文件、记录和表格等，其中的核心部分是工作程序。编写流程文件关键是要画好流程图，依此对流程关键环节的具体标准和要求作出文字描述。绘制项目管理流程图，一是要尽可能简洁明了，容易看懂；二是要符合逻辑，而且按照先后顺序从上到下、从左到右排布；三是各节点的跨度要适当并且大小保持一致。这里重点推介流程网络图、业务流程图、跨功能流程图三种绘制方法，这三种形式的流程图绘制都可用专业的软件（如 Visio）非常方便地完成，具体方法这里不作赘述。下面以工程建设项目进度控制为例，对三种形式的流程图作出简单的比较（如图 3-6～图 3-8 所示），通过比较，我们可以直观地看出三种画法的优缺点（见表 3-1），在项目管理实际工作中应当根据情况加以区别使用。

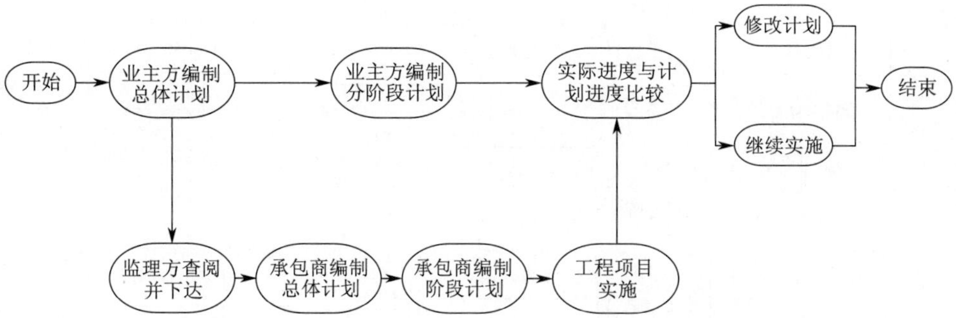

图 3-6　以网络图形式表示的建设项目进度控制流程

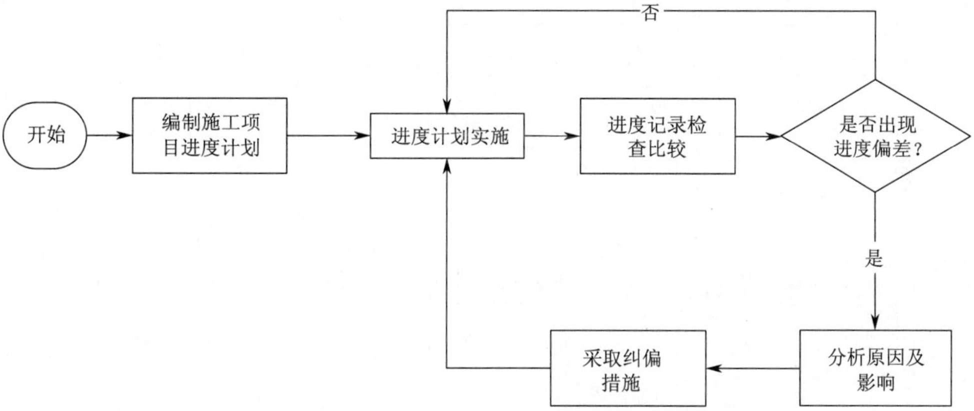

图 3-7　以业务流程图形式表示的建设项目进度控制流程

表 3-1　项目管理流程图各种画法优缺点对比

项目＼画法	网络图法	业务流程图法	跨功能流程图法
流程特点	管理活动逻辑关系清晰	管理活动逻辑关系清晰，职责不易界定	管理活动逻辑关系清晰，职责易界定
可理解性	一般	较好	好
是否列入职能部门或责任单位	是	否	是

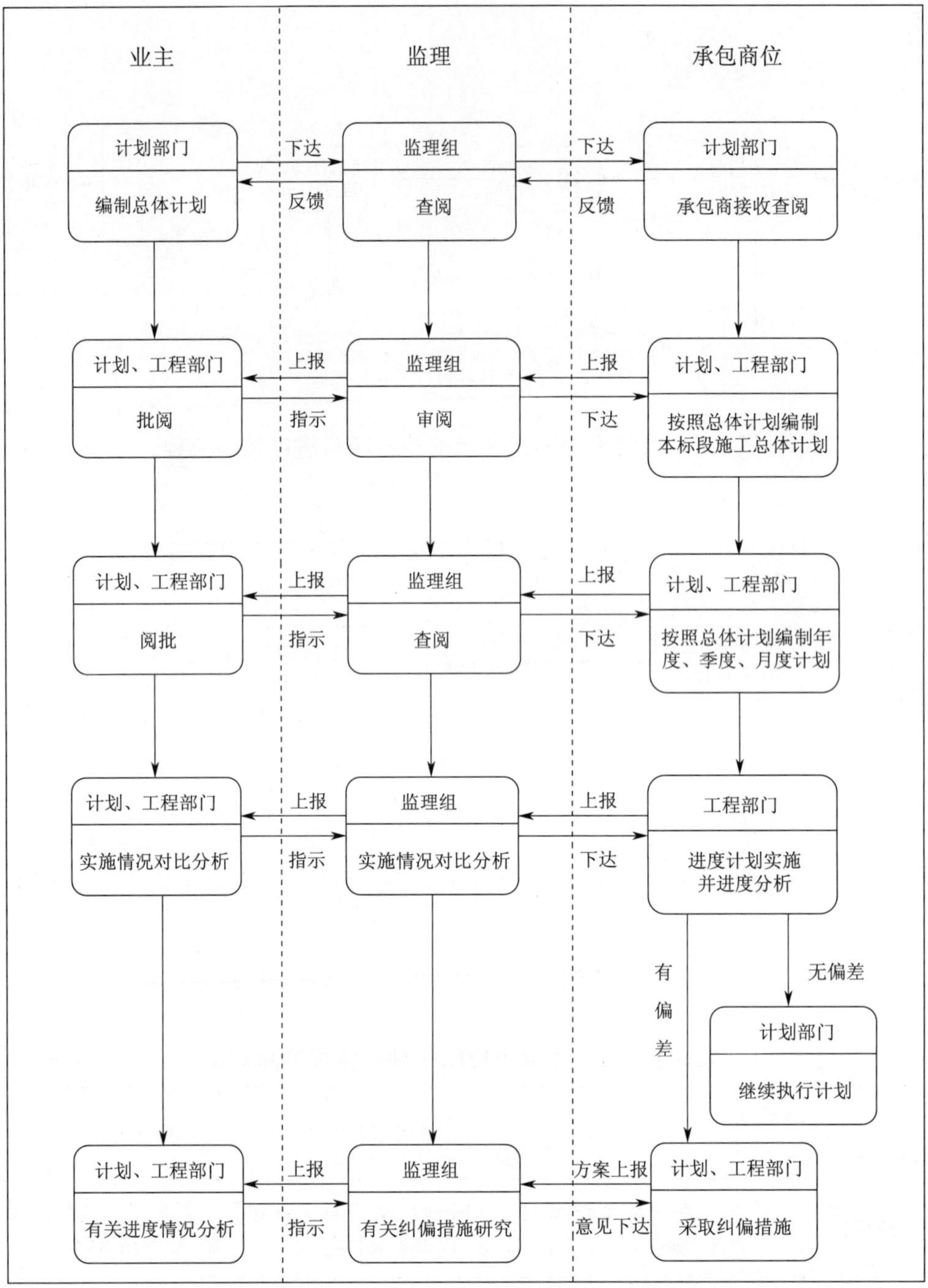

图 3-8　以跨功能流程图形式表示的建设项目进度控制流程

第三节　铁路建设项目流程管理有关要求

与一般项目相比，铁路建设项目实施流程管理面临的挑战要大得多。一是铁路建设项目规模大、周期长，建设过程复杂，不可预见的情况和风险因素以及变更事项众多，实施流程化过程控制难度高。二是铁路建设项目管理工作参与单位和利益相关方众多，从前期工作到后期实施阶段需要铁道部有关部门、相关铁路局等单位承担或参与的工作很多，工程建设还涉及到国家和地方有关主管部门、各个投资方、建设单位、设计单位、监理单位、咨询单位、供货方以及沿线群众，这种情况对于流程的设计和优化、流程责任的落实、工作标准的坚持、工作秩序的稳定、运行绩效的提升等必然产生很多影响。三是铁路建设项目组织形式多样，建设单位的组织形式既有项目建设指挥部，又有合资成立的项目法人公司，还有委托代建、工程总承包，以及各铁路局对所属建设项目采取的"职能＋项目"复合型组织形式。这些情况对项目管理流程的适应性、可靠性等提出了很高要求。为此，铁路建设项目应在遵循一般组织和项目流程管理的基本原则、要求和方法、步骤基础上，紧密结合实际深化创新，勇于实践，建立有自身特色的项目管理流程体系。

第一，必须以铁路建设程序为根本依据。铁路建设项目的生命周期分为四个阶段：一是立项决策阶段。依据铁路建设规划，对拟建项目进行预可行性研究，编制项目建议书；根据批准的项目建议书，在初测基础上进行可行性研究，编制可行性研究报告。项目建议书和可行性研究报告按国家规定报批。工程简易的建设项目，可直接进行可行性研究，编制可行性研究报告。二是设计阶段。根据批准的可行性研究报告，在定测基础上开展初步设计。初步设计经审查批准后，开展施工图设计。工程简易的建设项目，可根据批准的可行性研究报告，直接进行施工图设计。三是工程实施阶段。在施工图设计完成后，组织工程招标投标，编制施工组织设计，开展征地手续办理等工作，并编制开工报告。开工报告批准后，依据批准的建设规模、技术标准、建设工期和投资，按照施工图和施工组织设计文件组织建设。四是竣工验收阶段。铁路建设项目按批准的设计文件全部竣工或分期、分段完成后，组织竣工验收(一般分初步验收和正式验收两个步骤实施)，办理资产移交。上述四个阶段是铁路建设必须坚持的基本程序，这也是铁路建设项目流程管理的基础依据。在铁道部有关文件中，以上述建设管理程序为依据，明确了铁路建设项目总体流程和各阶段相关工作流程(如图 3-9 所示)。以此为依据，铁路建设系统一般习惯上按大、中、小三级来构建工作流程，其中：大流程是指铁道部以基本建设程序、规范性文件、规程规范等形式，对项目立项、可行性研究、勘测设计阶段、开工报告、计划编制、开工建设、竣工验收等各阶段重点工作所明确的统一工作流程；中流程是指铁道部相关部门、建设单位和参建单位为贯彻落实大流程要求，在管理层面上制订实施的工作流程，包括部机关有关部门主导的投资计划、招标计划审批、初步设计审查、变更设计审批等工作流程，建设单位主导的前期工作、征地拆迁、环境保护、水土保持、施工组织设计、招标投标、合同管理、开工报告审批、勘察设计、工程监理、验工计价、变更设计、质量管理、安全管理、投资控制、技术管理、财务管理、甲供物资采购、甲控物资采购、竣工验收等工作流程，施工单位制订的各类施工管理如进度、质量、安全、成本、物资、设备等工作流程，监理单位制订的现场检查、平行检测程序、旁站监控、验工计价等工作流程，等等；小流程是指参建单位为完成某项具体事务或实现某项具体目标而制定的管理或操作流程，如某些管理事务的工作指南、工艺流程、作业指导书等。按照“分级分层管理、整体协作运行”的流程管理思路，建设单位应当把主要精力放在主导并组织参建单位建立健全中流程上来，对于应属参建单位管理范围的小流程不必管得过多，只需对此作出统一要求，加强检查督导即可。

第二，要把工程实施阶段的流程管理作为工作重心。铁路建设项目的建设单位一般是在项目建议书批复后开始筹建、可研批复后正式组建，其主要管理职责主要集中在工程实施和竣工验收阶段，同时积极介入前期相关工作。由于建设项目前期工作主要由铁道部有关部门主导，对相关工作流程铁道部均有明确的规定，建设单位在参与和配合前期工作过程中，可对某些涉及到建设单位的子流程或子阶段作出细化。至于铁路建设项目的竣工验收工作，按照国家和铁道部有关规定，高铁和客运专线项目的初步验收由铁道部组织，其他项目可由铁道部委托铁路局组织，而正式验收则由国家发改委组织或者委托铁道部组织。不管是初步验收，还是正式验收，都不是由建设单位主导的，建设单位在其中的主要责任是按照规定的工作流程做好现场的落实、申报、配合工作，这些都有现成的流程可资借鉴。只有工程建设阶段的各项工作是由建设单位在铁道部授权范围内自主组织实施，而这些工作流程的建立健全才是建设单位工作重心所在。

第三，要坚持继承创新、系统设计。首先，要认真整合过程。为方便各建设项目做好此项工作，铁道部在总结以往众多项目成规惯例、成果经验基础上，组织编制了 21 个项目管理通用参考流程(这里摘编其中 8 个为例，如图 3-10例 1 所示)。各建设单位以此为参考依据，再根据各自实际情况，对流程设置方案以及某些具体内容作适当修改后即可投入使用，如此可以省去很多重复劳动。比如，京沪公司在充分借鉴上述通用参考流程基础上，经过认真分析和规划，将实施阶段的工作内容进行了整合，重新划定了 13 个项目管理过程，并建立了相应的工作流程（这里摘编其中 7 个为例，如图 3-11 例 2 所示），尽管流程数量有所减少，但是建设单位所应主导抓好的各项管理工作内容都完全涵盖在内。需要强调的是，每个项目的开工准备、施工组织、安全质量、投资管理等工作的内容、特点、标准和要求差异较大，建设单位和参建单位的资源配置和管理、技术水平也可能存在较大差别，因而完全照搬别人的工作流程是不可取甚或行不通的。各建设单位在铁道部相关“大流程”前提下，一定要密切结合项目周密谋划、积极创新，按照科学、合理、简便、适用的原则，对项目管理工作进行分解、整合、梳理和优化，构建起既符合上级统一要求，合理吸收他人经验，又切合项目实际，体现与时俱进特点，具有自身特色的项目管理流程体系。其次，要妥善处理接口关系。就整个流程体系的构建而言，一定要系统考虑各层次流程以及不同层次流程之间的集成关系，合理、准确、清晰地划定各流程之间的功能界面。就每个流程而言，必须明确其前、后端分别有哪些流程及其相互之间的输入、输出关系，确保不同流程之间输入、输出的紧密衔接，同时也要做好流程内部各个子流程之间的接口衔接。对于由建设单位主导建立、适用于整个建设项目的工作流程，所有参建单位都必须严格遵守并在各自内部建立相应的小流程来予以衔接和落实，决不能出现断线、梗阻、衰减等现象。由于各单位内部的机构设置、责任分配等情况各有差异，同时基于尊重各单位管理自主权的原因，建设单位不便于或者不必要对这一部分小流程的运行环节、顺序等作出硬性规定，但是，对其两端输入、输出的接口位置、衔接关系以及责任内容等相关要求必须作出明确规定。至于其他与建设单位没有工作接口关系的其他小流程，应当由各单位自主制定并在各自权责范围内通用，建设单位不必管得过多。其三，要全面落实流程责任。建设单位所制定的各项工作流程，均应由一个主管部门牵头负责，其他有关部门参与，具体可以职能要素分配表的形式来直观体现（见表 3-2）。在此基础上，各部门进一步把责任分解落实到相关岗位，建立“事事有责任人”的目标责任制。参建单位各自内部的流程责任也应照此精神做好分解落实。其四，要重视增强流程运转的可靠性、稳定性。流程的结构必须固定，活动之间的顺序、路径应具有唯一性且与流程目标高度一致。对每一步骤、环节上的责任划分、操作内容、要点、相关保证措施等也要作出明确、具体的规定，语言表述上不应有任何歧义。对流程中的关键风险点，要专门制定防控措施。最后，要积极、审慎地实施流程优化。由于体制的原因，铁路建设项目管理参与单位和利益相关方多，联动性强，有些工作流程的调整往往涉及面相当大，完全可能超出建设单位自身的责权范围和主导能力。同时，铁路建设的规章制度、项目机构的设置模式，以及相关的通用流程、定规惯例等，都是在我国铁路建设事业发展改革过程中，经过长期探索形成并历经实践检验的，总体上看是符合铁路建设实际的。因此，对铁路建设项目流程体系的优化，应当主要是在继承基础上的局部创新，至少在近一个时期内不必要“大动干戈”，建设单位一般无需考虑实施组织重构、流程再造等“大手术”，而要把主要精力放在如何结合项目实际、有创造性地落实和完善现有的流程体系上来。一是要注重在局部、细部乃至细节的优化上多下工夫，积极运用先进的流程优化技术和方法，努力提升流程运行的可靠性、稳定性、增值性。二是要善于运用价值工程的方法，认真选好流程优化的切入点，通过对那些关键性流程（比如对实现项目质量、工期、投资等目标有重大控制意义的流程、内外接口众多的流程、本项目独有的流程等等）的创新和优化，带动项目流程体系的整体优化。三是要注意加强流程运行绩效的评估，及时采取有针对性的改进措施，保持持续改进、螺旋上升的良好势头。

表 3-2 京沪公司标准化管理工作流程职能要素分配表

要素号	职能要素名称	综合部	计财部	工程部	安质部	物资部	段落指挥部
1	征地拆迁		△	▲			●
2	环境保护、水土保持	△	△	▲	△	△	●
3	施工组织设计	△	△	▲	△	△	●
4	招标投标	△	▲	△	△	△	
5	合同管理	△	▲	△	△	△	●
6	开工报告审批	△	△	▲	△	△	●
7	变更设计		△	▲	△		●
8	验工计价		▲	△	△	△	●
9	投资控制		▲	△	△	△	●
10	财务管理		▲	△	△	△	●
11	技术管理			▲	△		●
12	质量管理	△	△	△	▲	△	●
13	安全管理	△	△	△	▲	△	●

符号示意：▲主办部门；△参与部门；●现场实施或协助实施部门。

第四，要坚持集思广益、全员参与。项目管理流程的有效执行，虽与流程制定得好坏直接相关，但更取决于能不能得到相关责任部门、责任人和其他利益相关方的广泛认可，自觉执行，相较而言这才是决定成败的“内因”。在流程的编写过程中，一定要让所有各有关部门参与进来，认真吸纳他们的意见。同时,在流程的修改过程中,一定要组织相关责任人广泛讨论,让大家把能预想的情况尽量都预想到,把需要提的意见都提出来,只有这样才能有效统一思想、达成共识。这个讨论过程实际上是一个统一思想的过程,把这个过程抓好了,就能为后续的宣贯和执行奠定扎实的基础。

第五,要与建设项目信息化管理相结合。管理流程与信息管理系统有效融合,是确保流程执行的重要手段,也是提升管理流程自动化、智能化程度的积极保证。尤其是对那些有成熟流程或者其他有规律的、可重复的、规则清晰的管理活动,应当尽量由信息系统自动执行,使信息系统成为项目流程管理的有效载体和有力保证。

以上我们主要围绕铁路建设项目管理流程的建立和运行问题进行了一些探讨,其他有关设计、施工等作业流程问题的内容,分别在第二章、第七章、第八章中阐述。

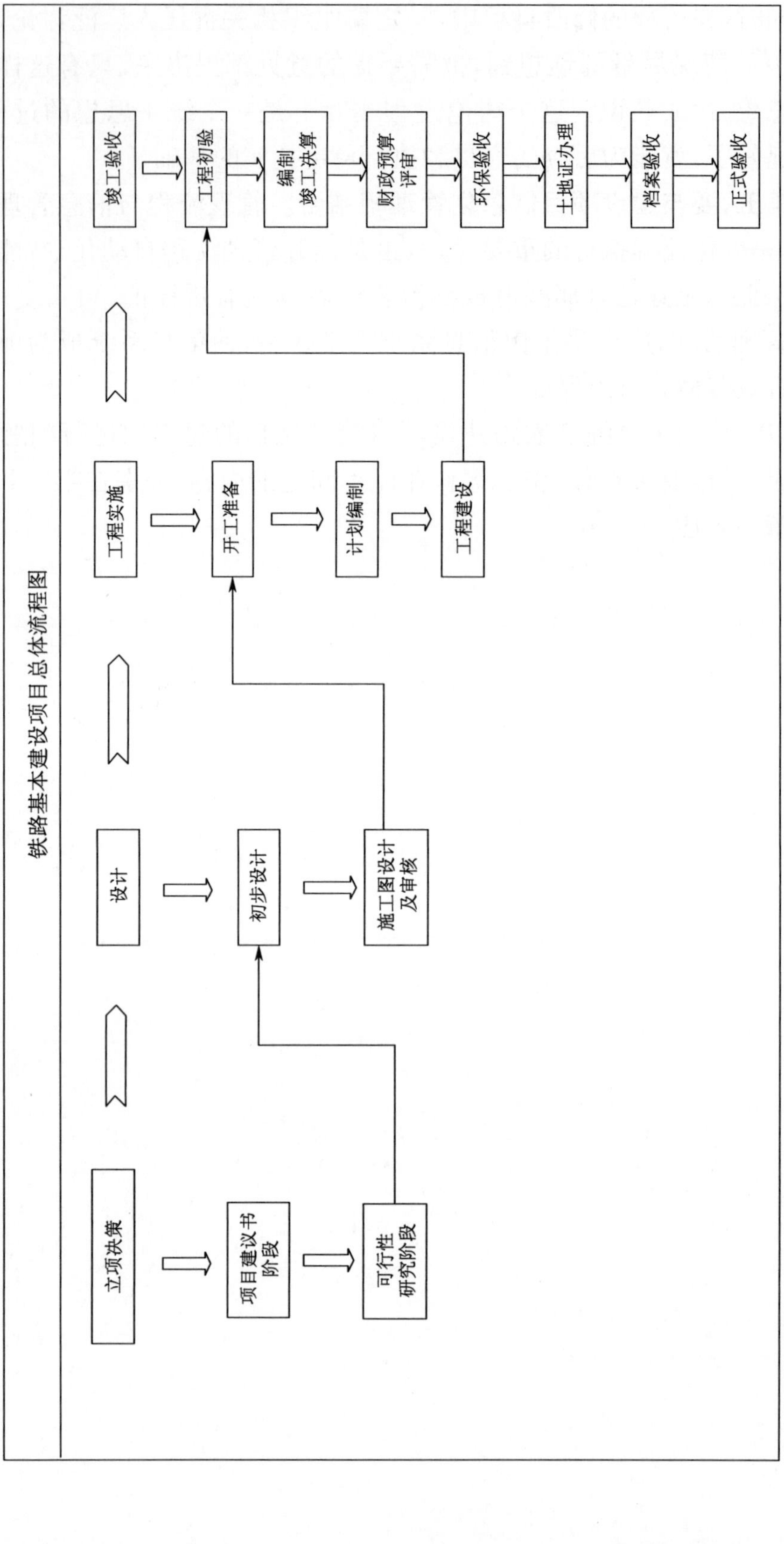

图3-9 铁路基本建设项目总体流程和分阶段工作流程组图

铁路建设项目分阶段工作流程图之一

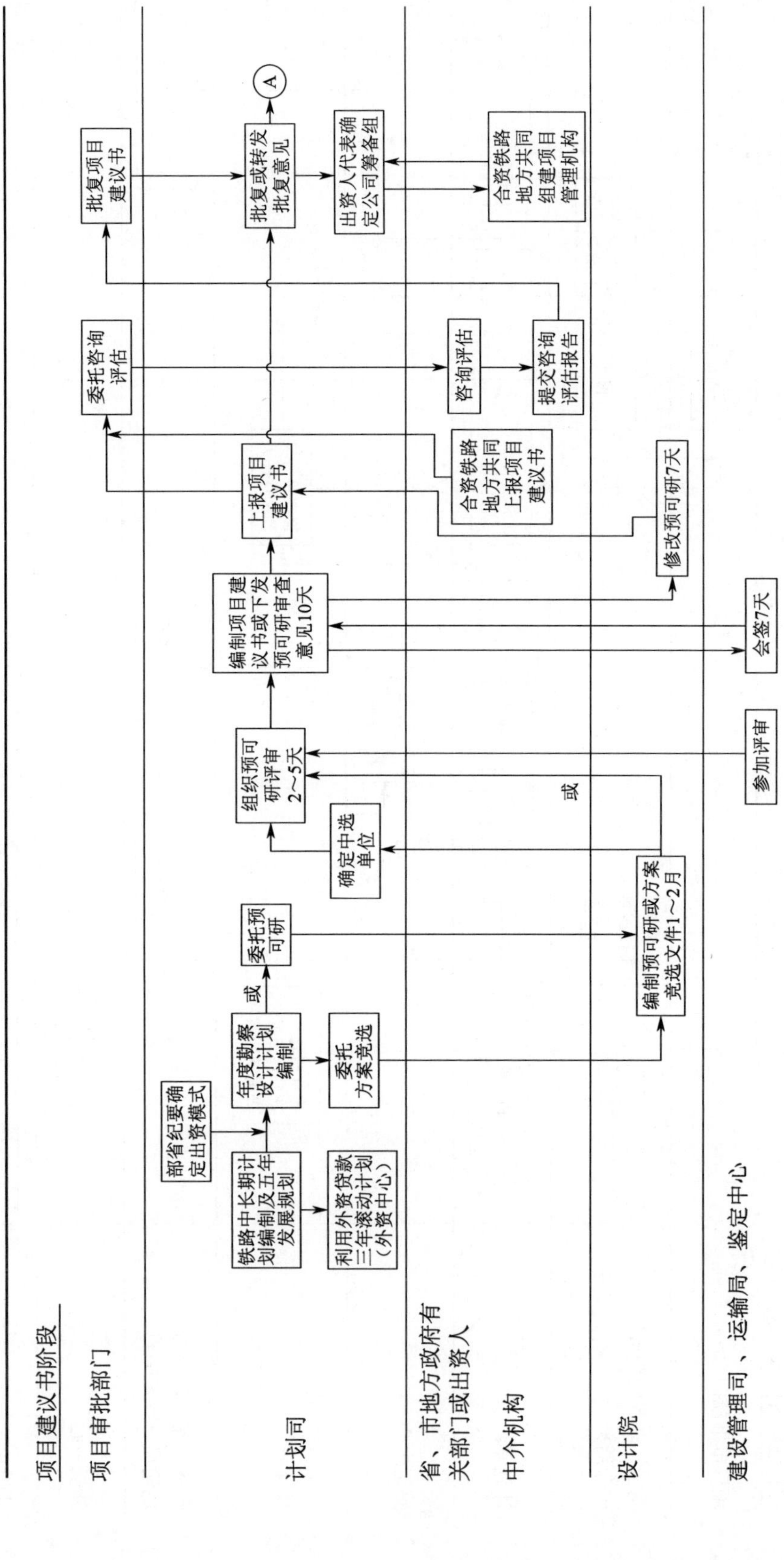

铁路建设项目分阶段工作流程图之二

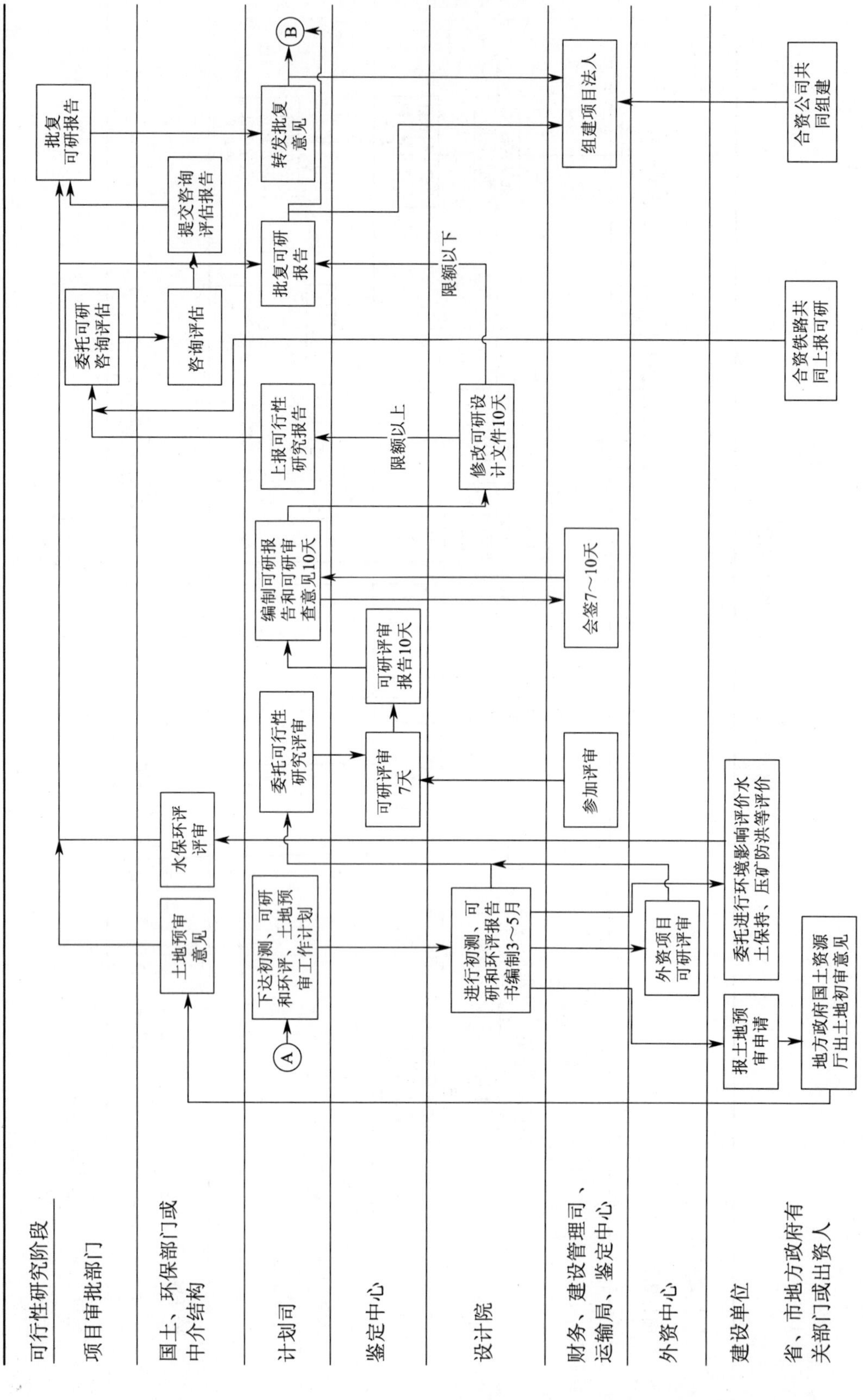

铁路建设项目分阶段工作流程图之三

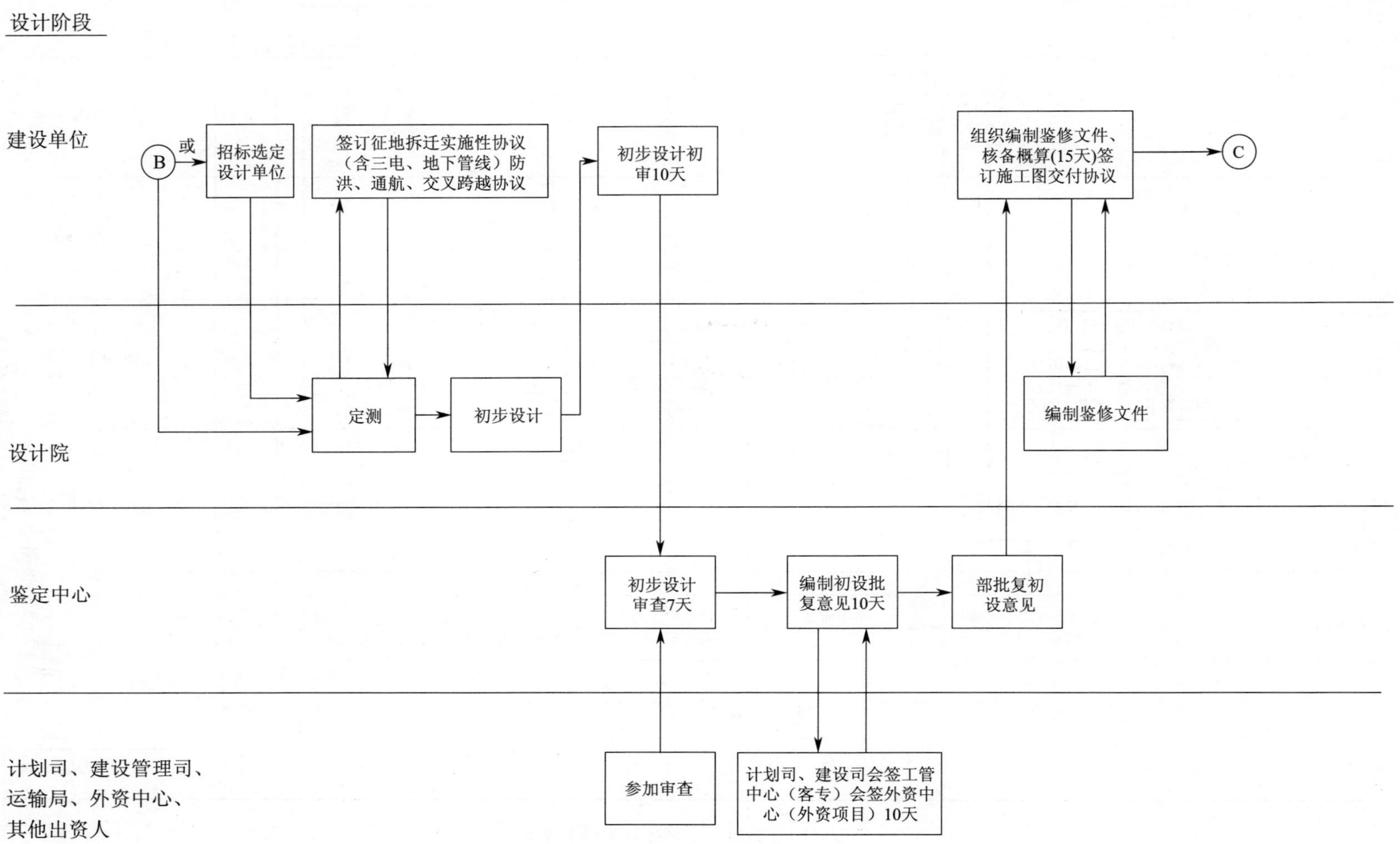

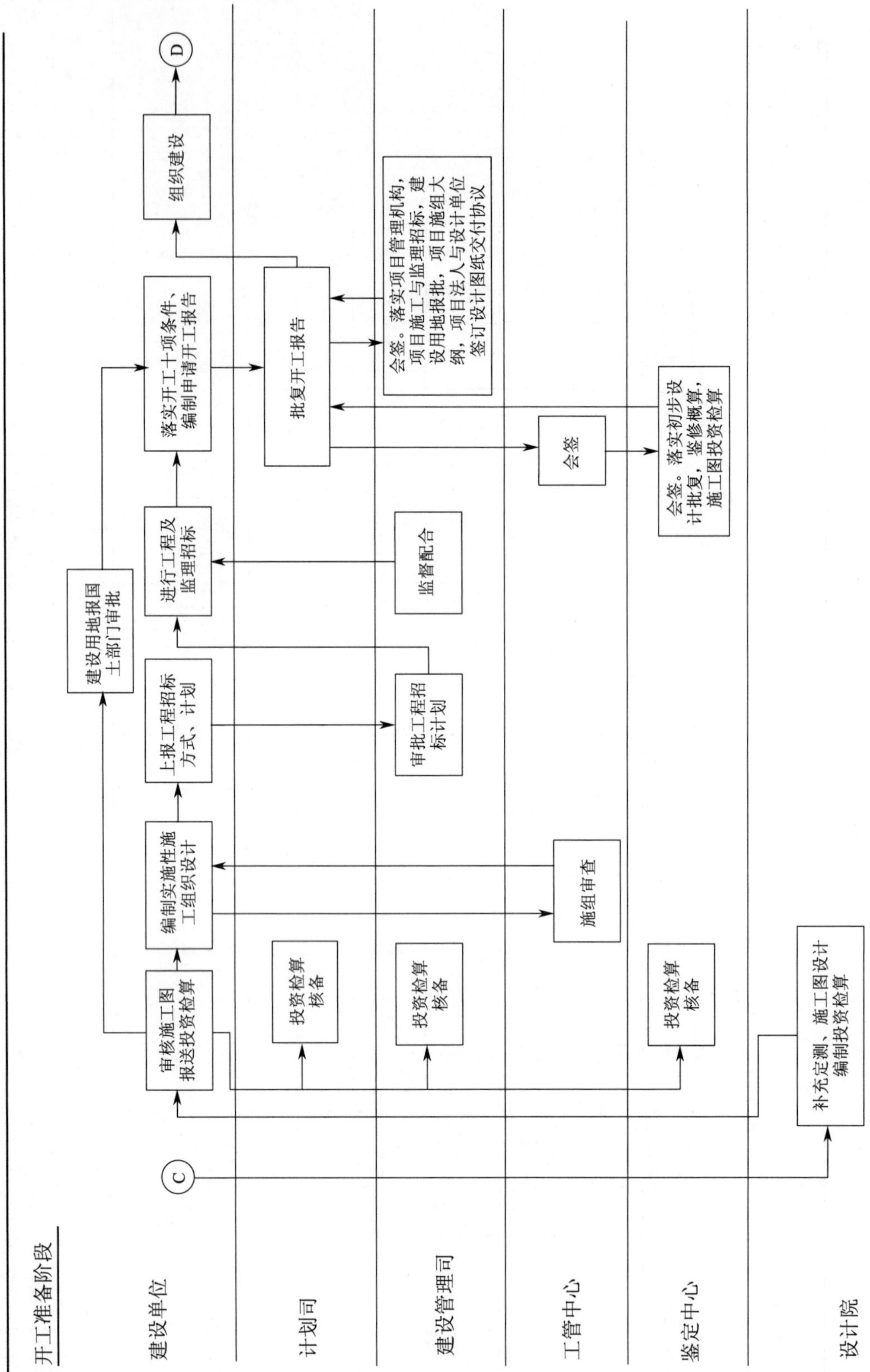

铁路建设项目分阶段工作流程图之四

铁路建设项目分阶段工作流程图之五

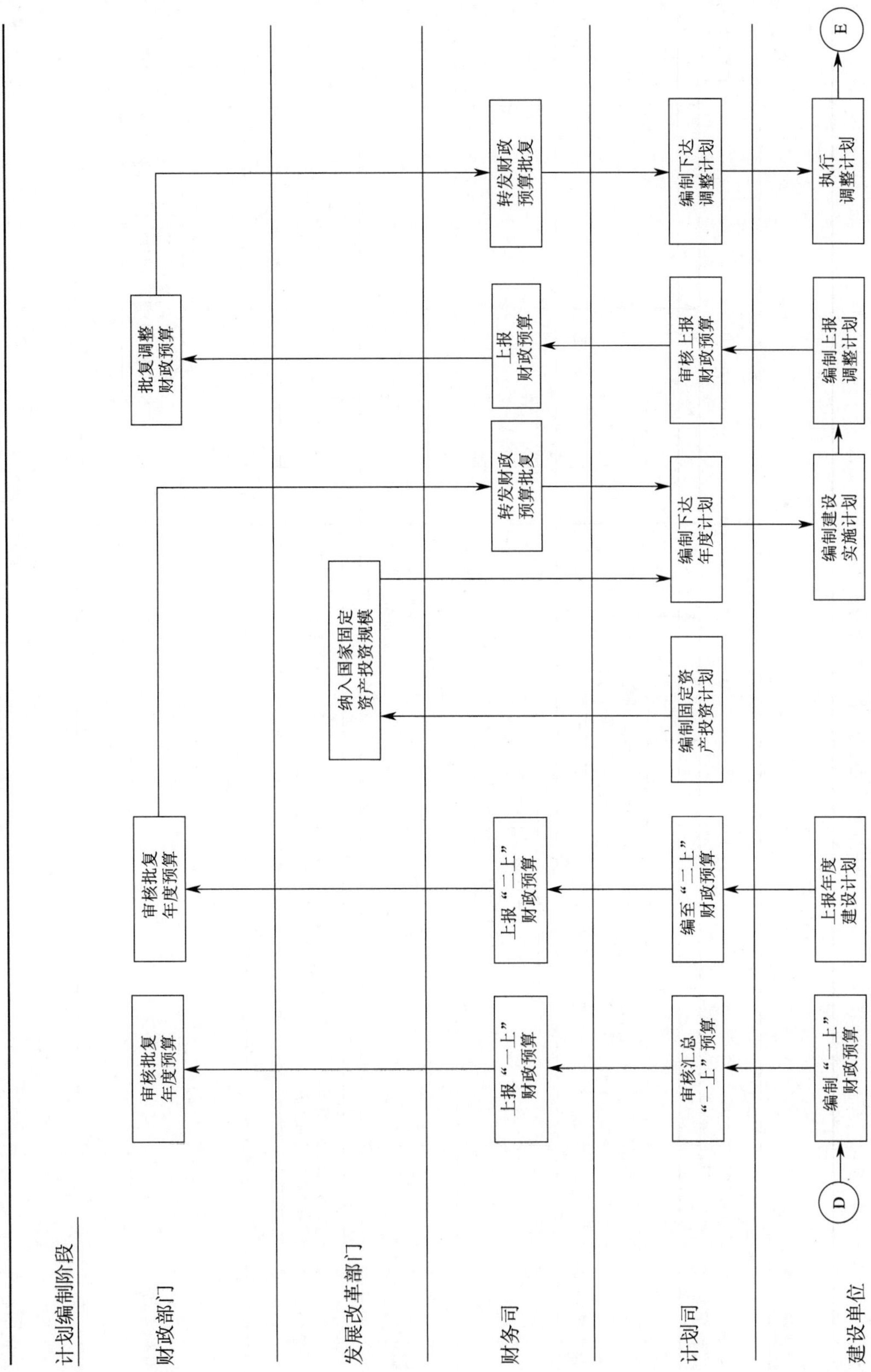

铁路建设项目分阶段工作流程图之六

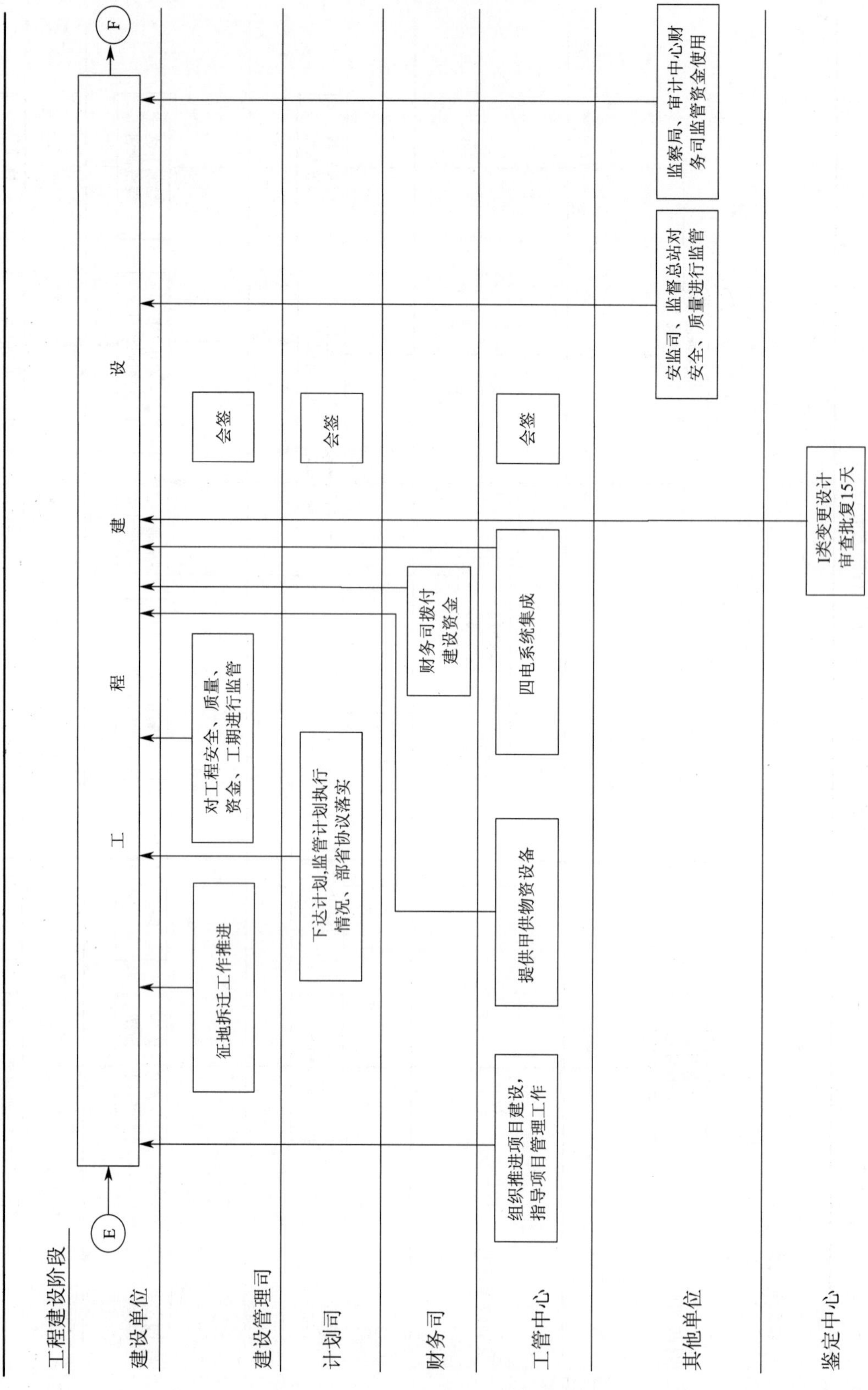

铁路建设项目分阶段工作流程图之七

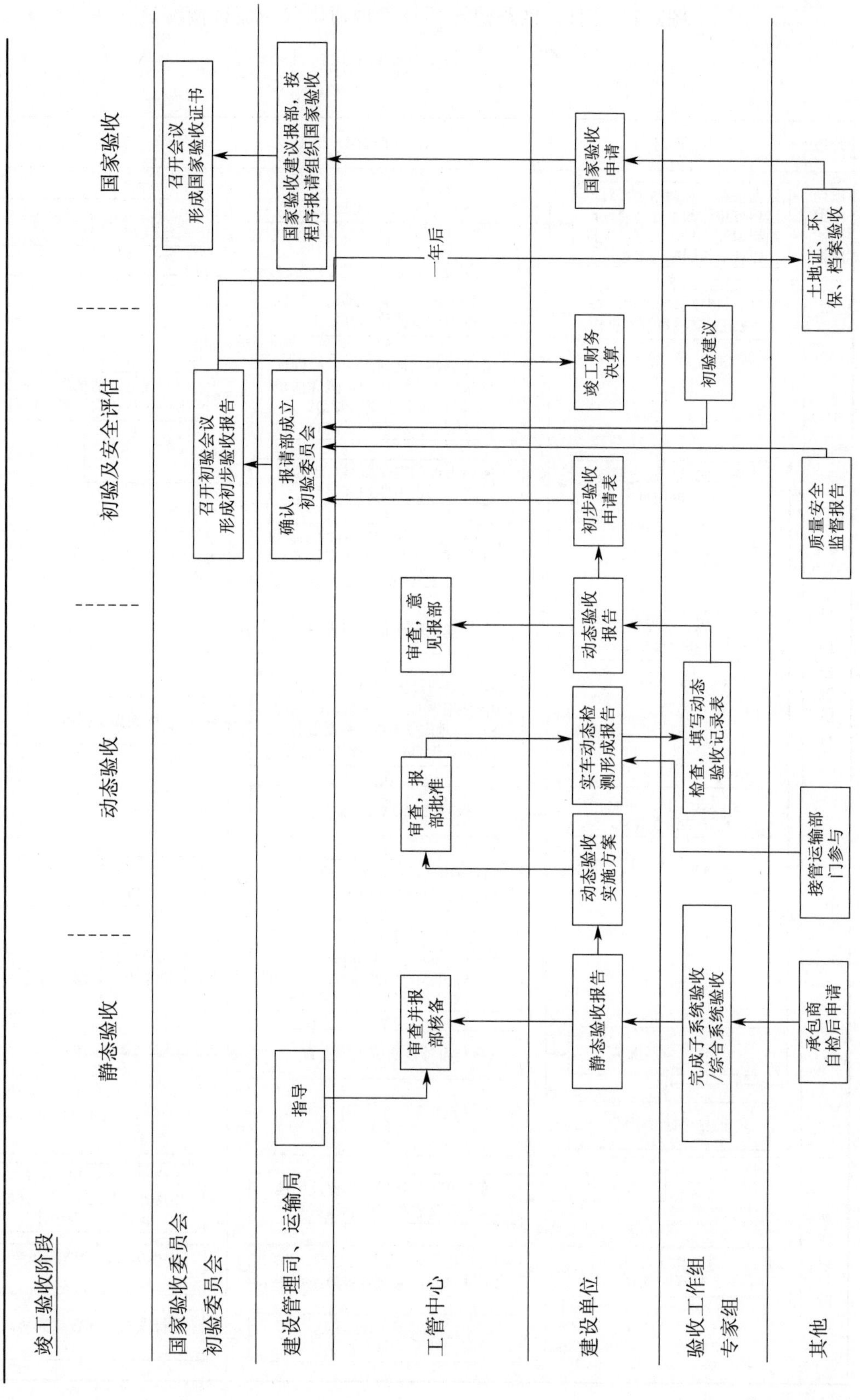

图3-10 例1 铁路建设项目管理通用参考流程摘编

一、前期工作

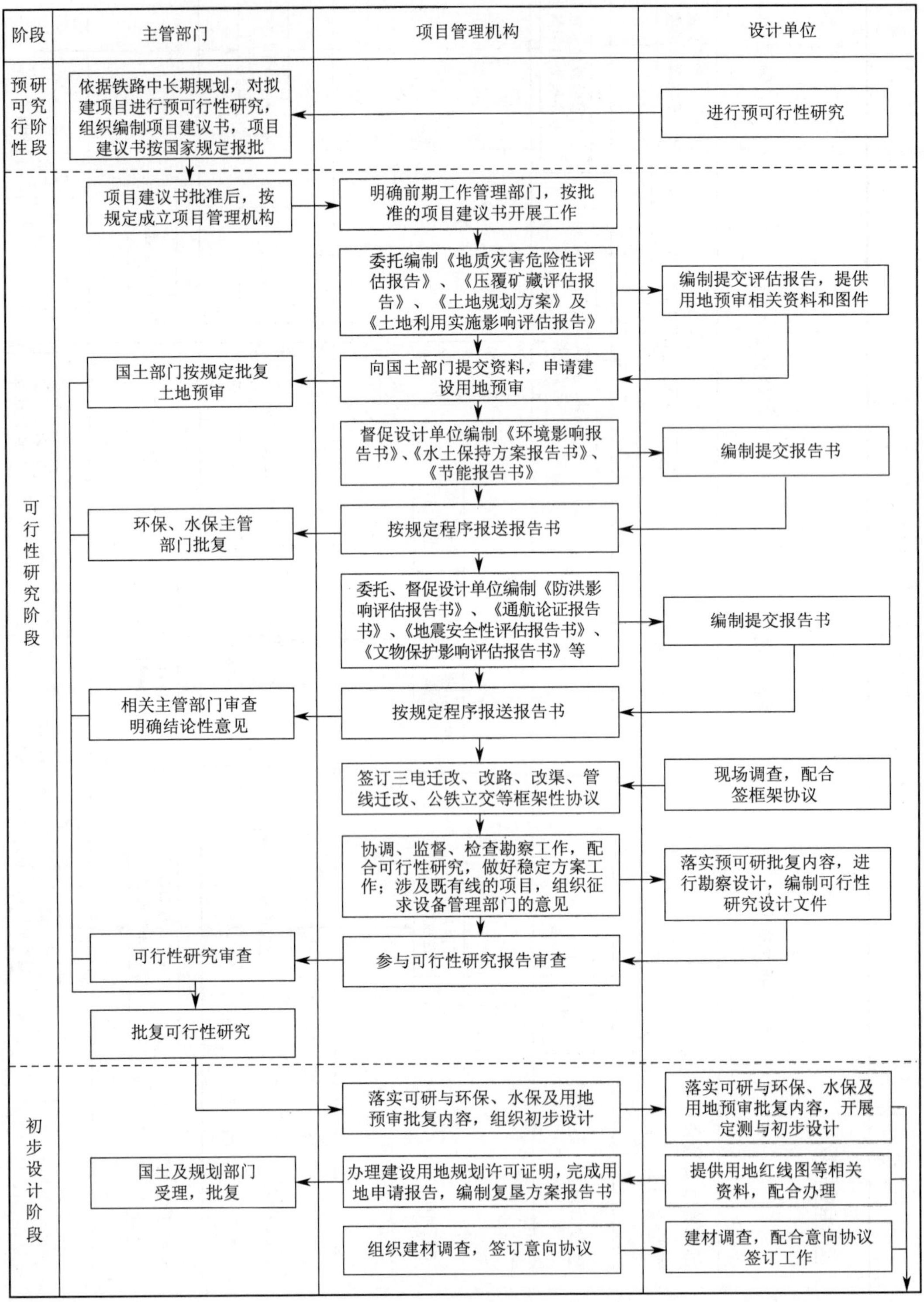

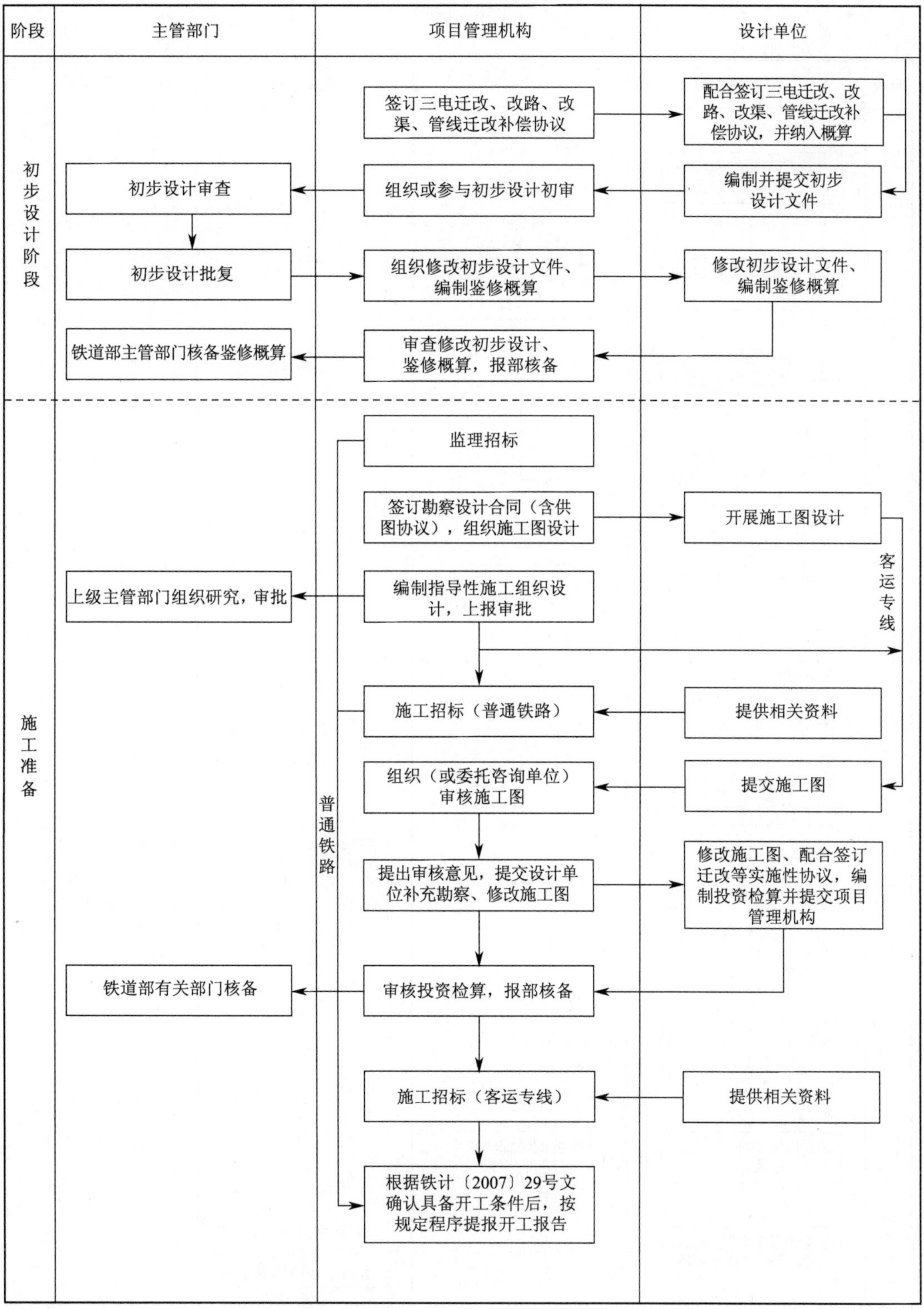
阶段
主管部门
项目管理机构
设计单位
初步设计阶段
签订三电迁改、改路、改渠、管线迁改补偿协议
配合签订三电迁改、改路、改渠、管线迁改补偿协议，并纳入概算
初步设计审查
组织或参与初步设计初审
编制并提交初步设计文件
初步设计批复
组织修改初步设计文件、编制鉴修概算
修改初步设计文件、编制鉴修概算
铁道部主管部门核备鉴修概算
审查修改初步设计、鉴修概算，报部核备
施工准备
监理招标
签订勘察设计合同（含供图协议），组织施工图设计
开展施工图设计
客运专线
上级主管部门组织研究，审批
编制指导性施工组织设计，上报审批
施工招标（普通铁路）
提供相关资料
组织（或委托咨询单位）审核施工图
提交施工图
普通铁路
提出审核意见，提交设计单位补充勘察、修改施工图
修改施工图、配合签订迁改等实施性协议，编制投资检算并提交项目管理机构
铁道部有关部门核备
审核投资检算，报部核备
施工招标（客运专线）
提供相关资料
根据铁计〔2007〕29号文确认具备开工条件后，按规定程序提报开工报告

二、环境保护

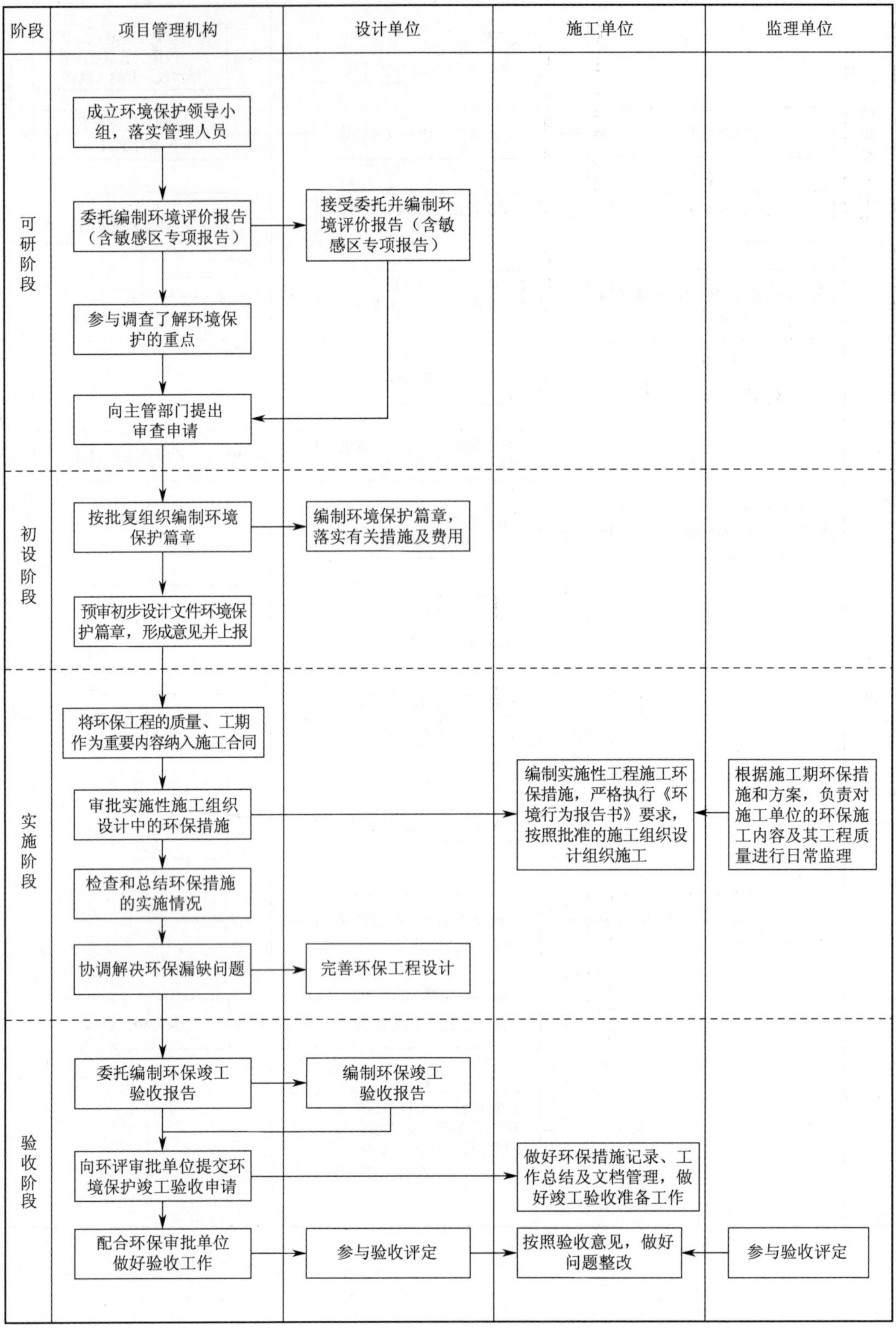
阶段
项目管理机构
设计单位
施工单位
监理单位
可研阶段
成立环境保护领导小组，落实管理人员
委托编制环境评价报告（含敏感区专项报告）
接受委托并编制环境评价报告（含敏感区专项报告）
参与调查了解环境保护的重点
向主管部门提出审查申请
初设阶段
按批复组织编制环境保护篇章
编制环境保护篇章，落实有关措施及费用
预审初步设计文件环境保护篇章，形成意见并上报
实施阶段
将环保工程的质量、工期作为重要内容纳入施工合同
审批实施性施工组织设计中的环保措施
编制实施性工程施工环保措施，严格执行《环境行为报告书》要求，按照批准的施工组织设计组织施工
根据施工期环保措施和方案，负责对施工单位的环保施工内容及其工程质量进行日常监理
检查和总结环保措施的实施情况
协调解决环保漏缺问题
完善环保工程设计
验收阶段
委托编制环保竣工验收报告
编制环保竣工验收报告
向环评审批单位提交环境保护竣工验收申请
做好环保措施记录、工作总结及文档管理，做好竣工验收准备工作
配合环保审批单位做好验收工作
参与验收评定
按照验收意见，做好问题整改
参与验收评定

三、施工组织设计

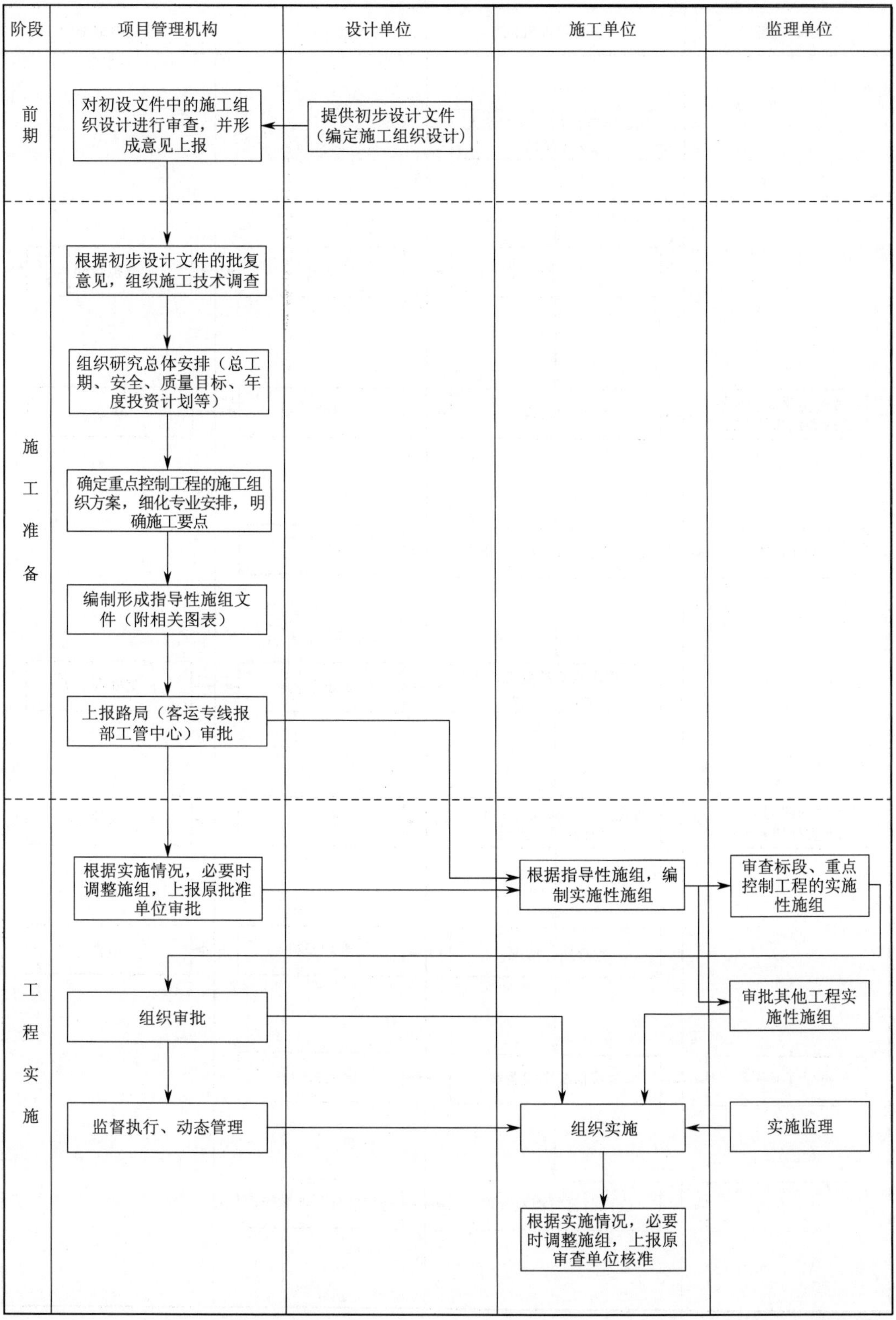
阶段
项目管理机构
设计单位
施工单位
监理单位
前期
对初设文件中的施工组织设计进行审查，并形成意见上报
提供初步设计文件（编定施工组织设计）
施工准备
根据初步设计文件的批复意见，组织施工技术调查
组织研究总体安排（总工期、安全、质量目标、年度投资计划等）
确定重点控制工程的施工组织方案，细化专业安排，明确施工要点
编制形成指导性施组文件（附相关图表）
上报路局（客运专线报部工管中心）审批
工程实施
根据实施情况，必要时调整施组，上报原批准单位审批
根据指导性施组，编制实施性施组
审查标段、重点控制工程的实施性施组
审批其他工程实施性施组
组织审批
监督执行、动态管理
组织实施
实施监理
根据实施情况，必要时调整施组，上报原审查单位核准

四、合同

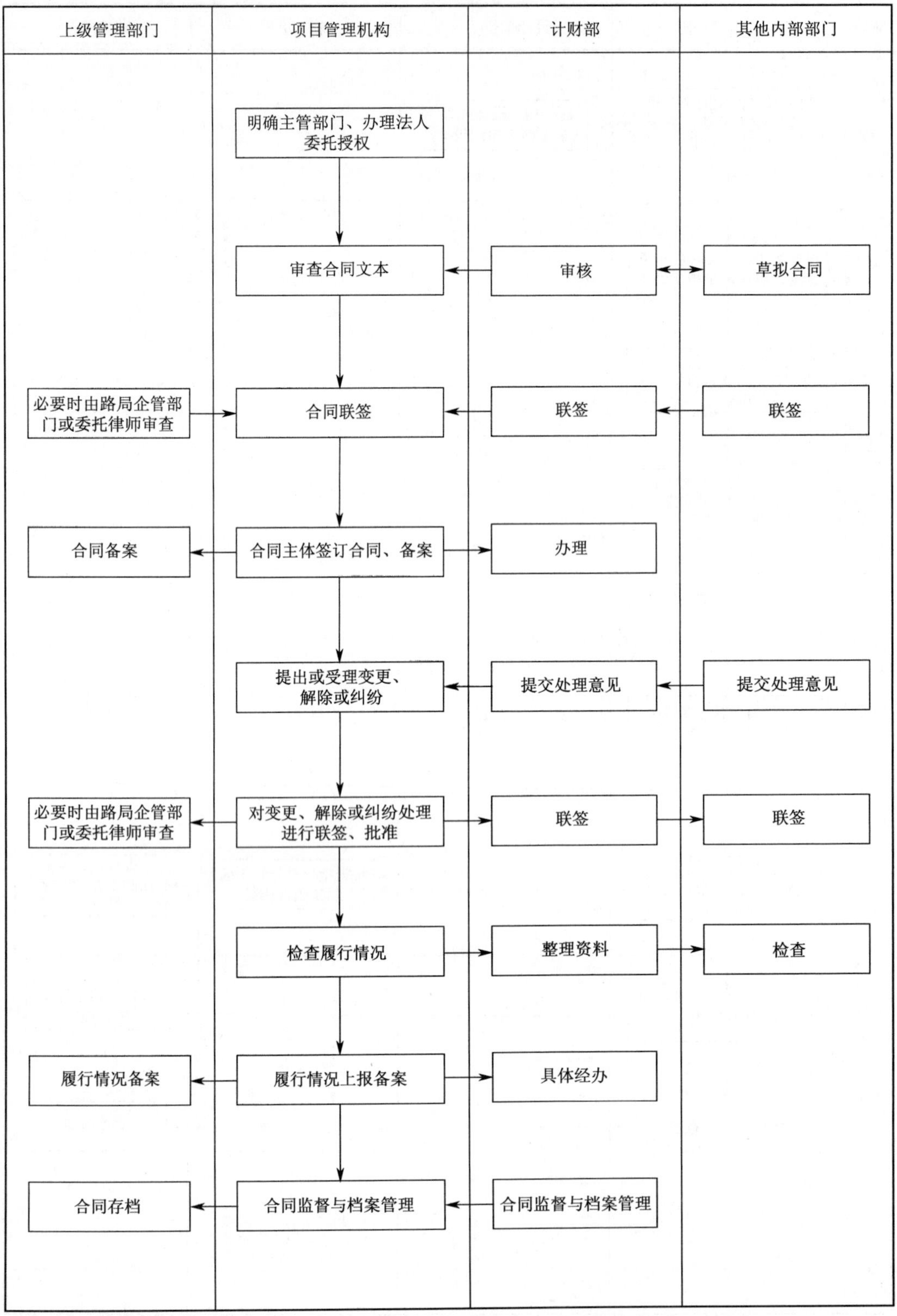
上级管理部门
项目管理机构
计财部
其他内部部门
明确主管部门、办理法人委托授权
审查合同文本
审核
草拟合同
必要时由路局企管部门或委托律师审查
合同联签
联签
联签
合同备案
合同主体签订合同、备案
办理
提出或受理变更、解除或纠纷
提交处理意见
提交处理意见
必要时由路局企管部门或委托律师审查
对变更、解除或纠纷处理进行联签、批准
联签
联签
检查履行情况
整理资料
检查
履行情况备案
履行情况上报备案
具体经办
合同存档
合同监督与档案管理
合同监督与档案管理

五、勘察设计

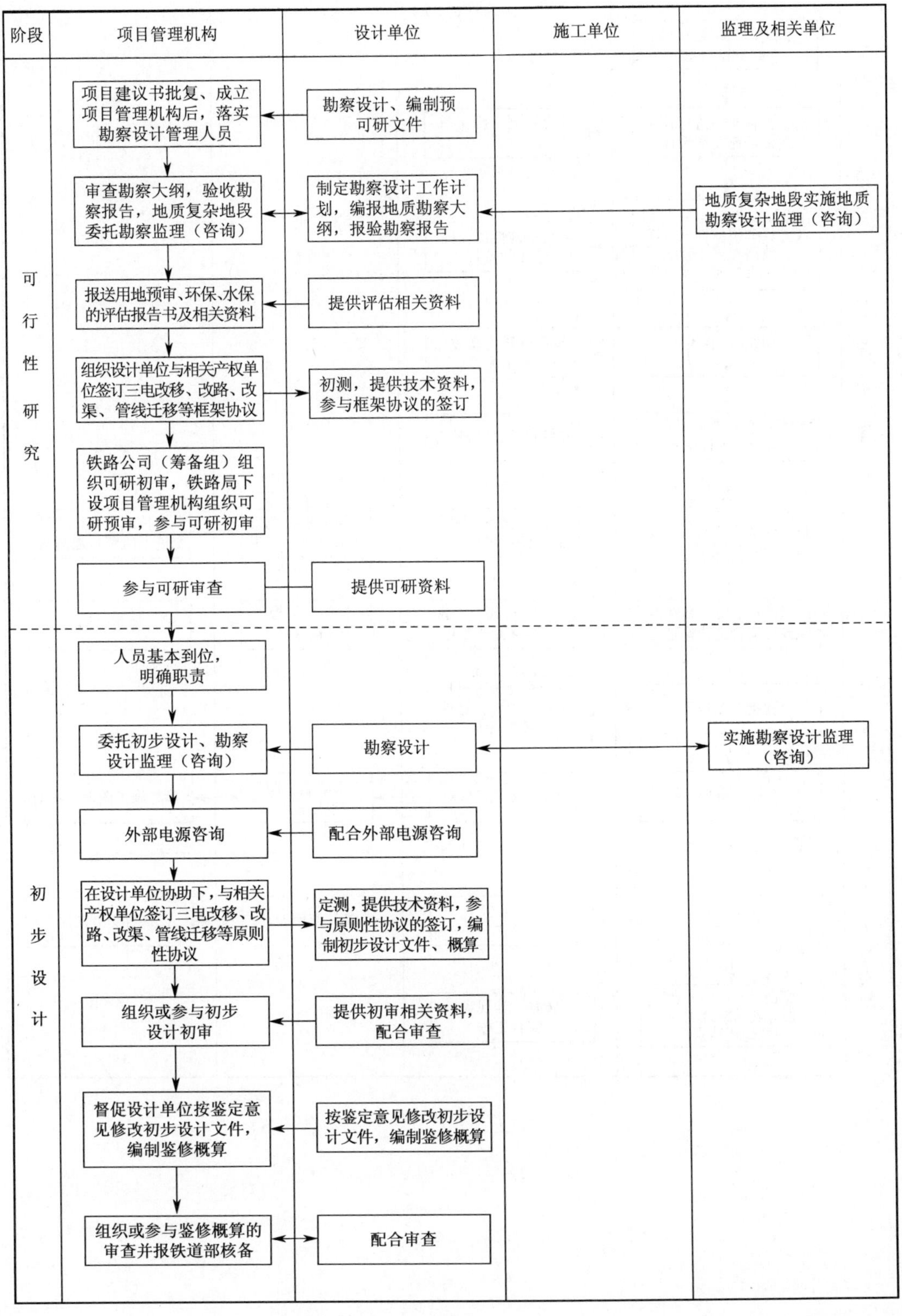
阶段
项目管理机构
设计单位
施工单位
监理及相关单位
可行性研究
项目建议书批复、成立项目管理机构后，落实勘察设计管理人员
勘察设计、编制预可研文件
审查勘察大纲，验收勘察报告，地质复杂地段委托勘察监理（咨询）
制定勘察设计工作计划，编报地质勘察大纲，报验勘察报告
地质复杂地段实施地质勘察设计监理（咨询）
报送用地预审、环保、水保的评估报告书及相关资料
提供评估相关资料
组织设计单位与相关产权单位签订三电改移、改路、改渠、管线迁移等框架协议
初测，提供技术资料，参与框架协议的签订
铁路公司（筹备组）组织可研初审，铁路局下设项目管理机构组织可研预审，参与可研初审
参与可研审查
提供可研资料
初步设计
人员基本到位，明确职责
委托初步设计、勘察设计监理（咨询）
勘察设计
实施勘察设计监理（咨询）
外部电源咨询
配合外部电源咨询
在设计单位协助下，与相关产权单位签订三电改移、改路、改渠、管线迁移等原则性协议
定测，提供技术资料，参与原则性协议的签订，编制初步设计文件、概算
组织或参与初步设计初审
提供初审相关资料，配合审查
督促设计单位按鉴定意见修改初步设计文件，编制鉴修概算
按鉴定意见修改初步设计文件，编制鉴修概算
组织或参与鉴修概算的审查并报铁道部核备
配合审查

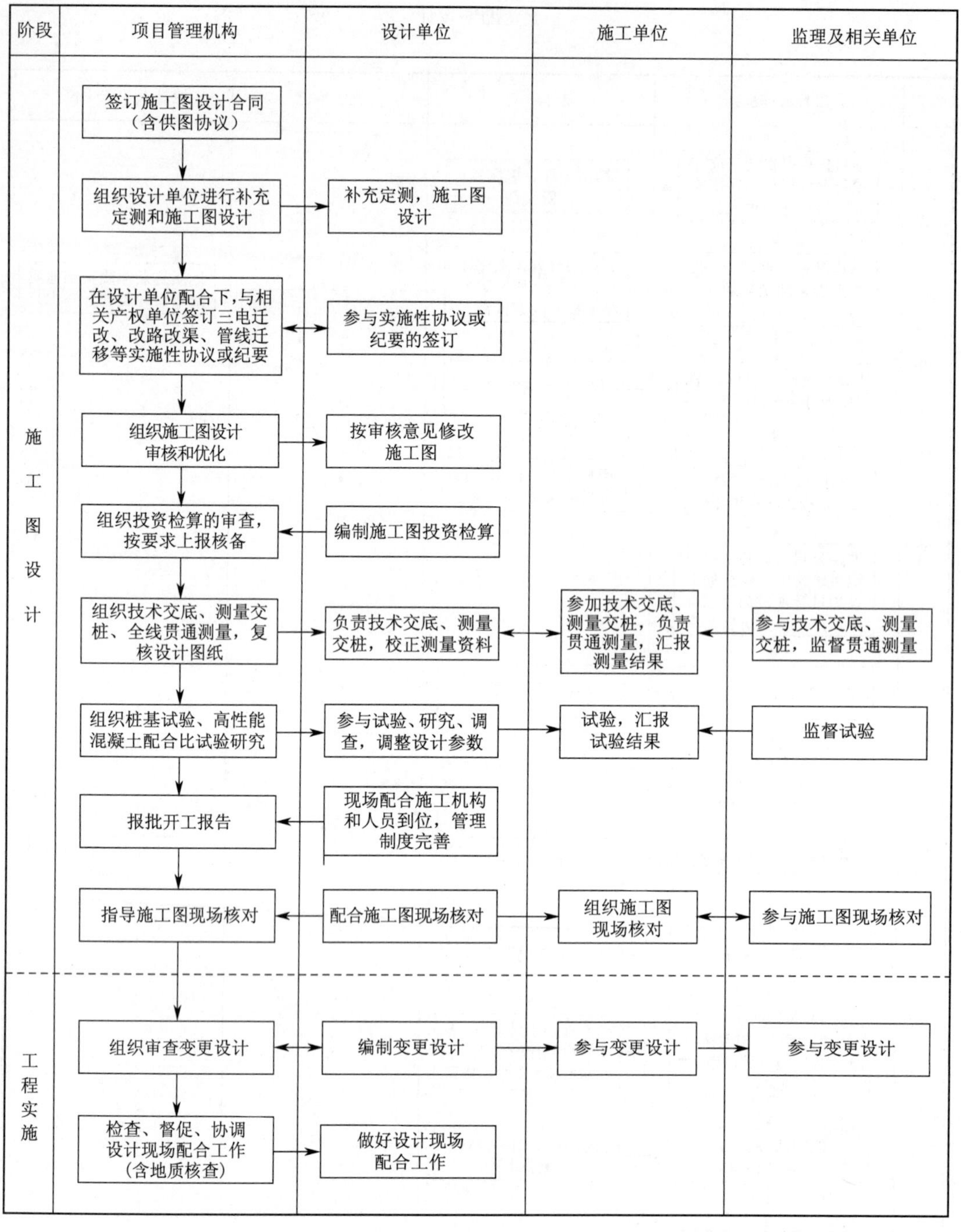
阶段
项目管理机构
设计单位
施工单位
监理及相关单位
施工图设计
签订施工图设计合同（含供图协议）
组织设计单位进行补充定测和施工图设计
补充定测，施工图设计
在设计单位配合下，与相关产权单位签订三电迁改、改路改渠、管线迁移等实施性协议或纪要
参与实施性协议或纪要的签订
组织施工图设计审核和优化
按审核意见修改施工图
组织投资检算的审查，按要求上报核备
编制施工图投资检算
组织技术交底、测量交桩、全线贯通测量，复核设计图纸
负责技术交底、测量交桩，校正测量资料
参加技术交底、测量交桩，负责贯通测量，汇报测量结果
参与技术交底、测量交桩，监督贯通测量
组织桩基试验、高性能混凝土配合比试验研究
参与试验、研究、调查，调整设计参数
试验，汇报试验结果
监督试验
报批开工报告
现场配合施工机构和人员到位，管理制度完善
指导施工图现场核对
配合施工图现场核对
组织施工图现场核对
参与施工图现场核对
工程实施
组织审查变更设计
编制变更设计
参与变更设计
参与变更设计
检查、督促、协调设计现场配合工作（含地质核查）
做好设计现场配合工作

六、质量

阶段	工作内容	项目管理机构	设计单位	施工单位	监理单位	备注
建设前期	质量体系	成立质量管理机构，制定管理细则，建立质量控制体系				
建设前期	质量目标	质量工作领导小组研究决定本项目的质量控制目标				
建设前期	设计质量	组织设计文件的咨询、审核，确保设计质量	分解质量目标，组织设计			
建设前期	设计质量	组织或参与设计审查，提出完善质量目标的意见	按审查意见修改			
建设前期	质量保证体系	建立参建各方的质量保证体系，包括资源配置、管理制度、质量控制重点和通病防治等	建立设计质量保证体系	建立质量自控体系	建立质量监控体系	
建设前期	质量管理组织	成立质量管理领导小组，组长单位	成员单位	成员单位	成员单位	
建设前期	办法和制度	制定质量管理制度和创优规划	建立相应的质量管理设计制度	细化分解质量目标，编制本单位质量管理办法和创优规划	细化分解质量目标，编制本单位质量管理办法和创优规划	
施工准备	施工组织设计	编制指导性施工组织设计时，包含质量保证措施，对参建单位的质量管理要求，包括质量管理制度要求和质量管理人员配置要求等	参与审查实施性施工组织设计	编制实施性施工组织设计时，包含细化的质量保证措施、质量管理制度要求、质量管理人员配置等	审查实施性施工组织设计，并上报审查意见	
施工准备	质量监督手续	依据《铁路建设工程质量安全监督管理办法》办理质量监督手续	依据合同和投标文件，提供有关资料	依据合同和投标文件，提供有关资料	依据合同和投标文件，提供有关资料	
施工准备	开工报告	报批项目开工报告，按规定审查或审批标段、重点工程及单位工程开工报告		做好开工准备工作并上报开工报告，报监理审查	上报审查意见或按授权批复开工	
施工准备	施工图核对	组织施工图核对，落实质量措施（包括“四新”技术应用）	参加核查，提出意见或建议，根据核查意见修改	参加核查，提出意见或建议	参加核查，提出意见或建议	包括项目管理机构组织的咨询审查
施工准备	质量培训	参加或组织有关工程建设管理和技术培训，取得相应资格	参加或组织质量培训，取得相应资格	参加或组织质量培训，取得相应资格	参加或组织质量培训，取得相应资格	

阶段	工作内容	项目管理机构	设计单位	施工单位	监理单位	备注
施工准备	技术交底	组织对施工单位的技术交底，检查施工单位对作业层的技术交底	参加对施工单位的技术交底	组织对作业层的技术交底，并留有交底记录	参加对施工单位的技术交底，检查施工单位对作业层的技术交底情况	
工程实施	质量措施的落实	组织对照标准、设计文件等进行检查	配合检查，重点对照设计文件，及时补充原设计未考虑或考虑不周而存在的质量隐患设计	对照标准、设计文件组织实施，反馈设计未考虑或考虑不周而存在的质量隐患，并采取防范措施	对照标准、设计文件等进行监控，及时反映设计未考虑或考虑不周而存在的质量隐患	
	进场材料	组织甲供材料的供应，监督甲控料和施工自购料是否满足要求	参加项目管理机构组织的检查	规范管理进场材料，及时做好试验检验工作	检查出厂证明、质量保证书、合格证等，平行抽检、平行检验，见证试验	
	隐蔽工程	组织对照标准、设计文件进行检查		对照标准、设计文件组织实施，留有文字记录、影像资料，填写相应检验批	检查施工准备，旁站施工过程，做好记录和签证	
	第三方检测	经上级主管部门批准后，可委托第三方对施工、监理单位的检验试验工作进行抽检和验证		做好现场检测准备工作，填写好基础表格，组织整改	做好对施工检测的见证检测，督促施工单位整改，做好监理的试验整改	第三方检测单位应及时反馈检测结果，出具检测报告,留存额外样品，以备产生争议时进行复验
	重大施工技术方案的实施	组织对重大施工技术方案的审查，履行程序审批或上报审批	参与审查，配合检查落实	编制重大技术方案，履行内部审批程序，按批准后的方案完善施工组织（包括作业指导书）并实施	参与审查，制定专项监理细则，监督重大施工技术方案的实施	项目管理机构依据应制定重大施工方案技术管理办法及工作程序
	内业资料	做好项目管理机构的内业资料，检查施工单位各类内业资料的及时性、正确性和完备性	做好设计的内业资料，配合检查施工单位各类内业资料的及时性、正确性、完备性	做好材料检验、过程评定、隐蔽工程、竣工验收、文件管理等内业资料的整理工作	做好监理内部的内业资料，检查施工单位各类内业资料的及时性、正确性、完备性	各方应及时签证有关内业资料
	质量会议以及质量的分析和评估	定期召开质量领导小组会议，分析、评估质量体系及工作状况，提出阶段性的质量工作计划、控制重点和措施	参加质量领导小组会议和有关会议，配合监督各项质量措施的落实	参加质量领导小组会议，组织本标段的质量会议，落实各项质量措施	参加质量领导小组会议，把质量管理纳入监理组织的会议内容，监控各项质量措施的落实	分析质量保证体系是否有效运转是质量工作的基础
	质量事故报告、调查、处理	按相关规定要求上报，组织或配合事故调查，处理善后工作	配合事故调查，处理善后工作	按相关规定要求上报，并应严格保护事故现场,采取有效措施抢救人员和财产，配合事故调查，处理善后工作	按相关要求上报，配合事故调查，处理善后工作	

阶段	工作内容	项目管理机构	设计单位	施工单位	监理单位	备注
竣工验收及保修阶段	单位工程验收	组织验收	参加验收，及时归档验收资料	做好现场准备，填写好基础表格，组织整改，及时归档验收资料	参加验收，监督整改，及时归档验收资料	
	竣工验收	组织静态验收、动态验收，向部报送验收申请表，做好验收工作	参加验收	完成自检，向项目管理机构申请子系统（专业）验收	参加验收	
	工程移交	配合接管单位组织移交（包括竣工资料）	移交（包括竣工资料）	移交工程和竣工资料	移交（包括竣工资料）	
	工程保修	依据质量缺陷、保修项目、范围内容和责任划分，确定工程保修	按质量缺陷责任的界定与划分，承担相应的经济赔偿	进行保修；按质量缺陷责任的界定与划分，承担相应的经济赔偿	保修监理；按质量缺陷责任的界定与划分，承担相应的经济赔偿	

七、投资控制

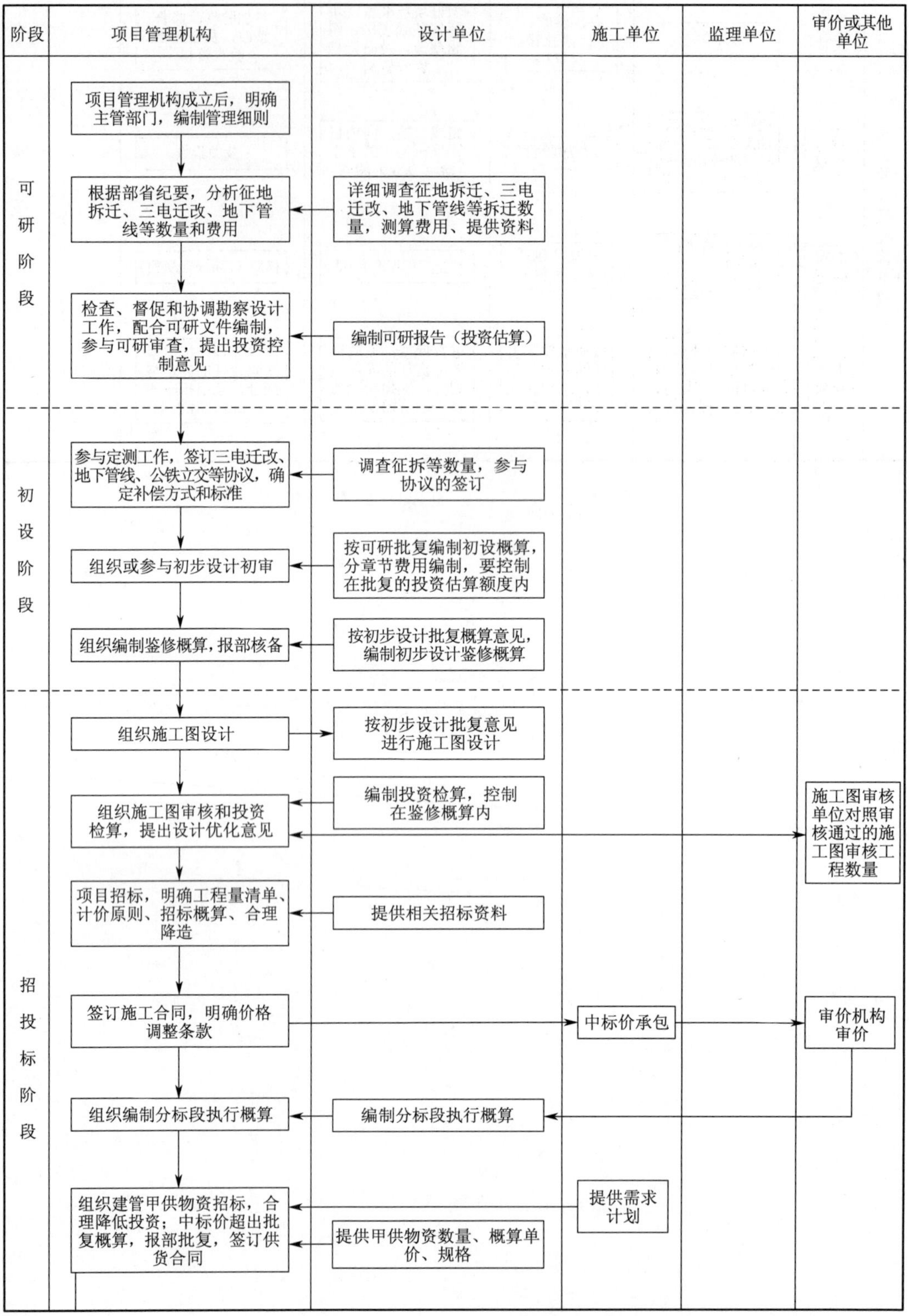
阶段
项目管理机构
设计单位
施工单位
监理单位
审价或其他单位
可研阶段
项目管理机构成立后，明确主管部门，编制管理细则
根据部省纪要，分析征地拆迁、三电迁改、地下管线等数量和费用
详细调查征地拆迁、三电迁改、地下管线等拆迁数量，测算费用、提供资料
检查、督促和协调勘察设计工作，配合可研文件编制，参与可研审查，提出投资控制意见
编制可研报告（投资估算）
初设阶段
参与定测工作，签订三电迁改、地下管线、公铁立交等协议，确定补偿方式和标准
调查征拆等数量，参与协议的签订
组织或参与初步设计初审
按可研批复编制初设概算，分章节费用编制，要控制在批复的投资估算额度内
组织编制鉴修概算，报部核备
按初步设计批复概算意见，编制初步设计鉴修概算
招投标阶段
组织施工图设计
按初步设计批复意见进行施工图设计
组织施工图审核和投资检算，提出设计优化意见
编制投资检算，控制在鉴修概算内
施工图审核单位对照审核通过的施工图审核工程数量
项目招标，明确工程量清单、计价原则、招标概算、合理降造
提供相关招标资料
签订施工合同，明确价格调整条款
中标价承包
审价机构审价
组织编制分标段执行概算
编制分标段执行概算
组织建管甲供物资招标，合理降低投资；中标价超出批复概算，报部批复，签订供货合同
提供需求计划
提供甲供物资数量、概算单价、规格

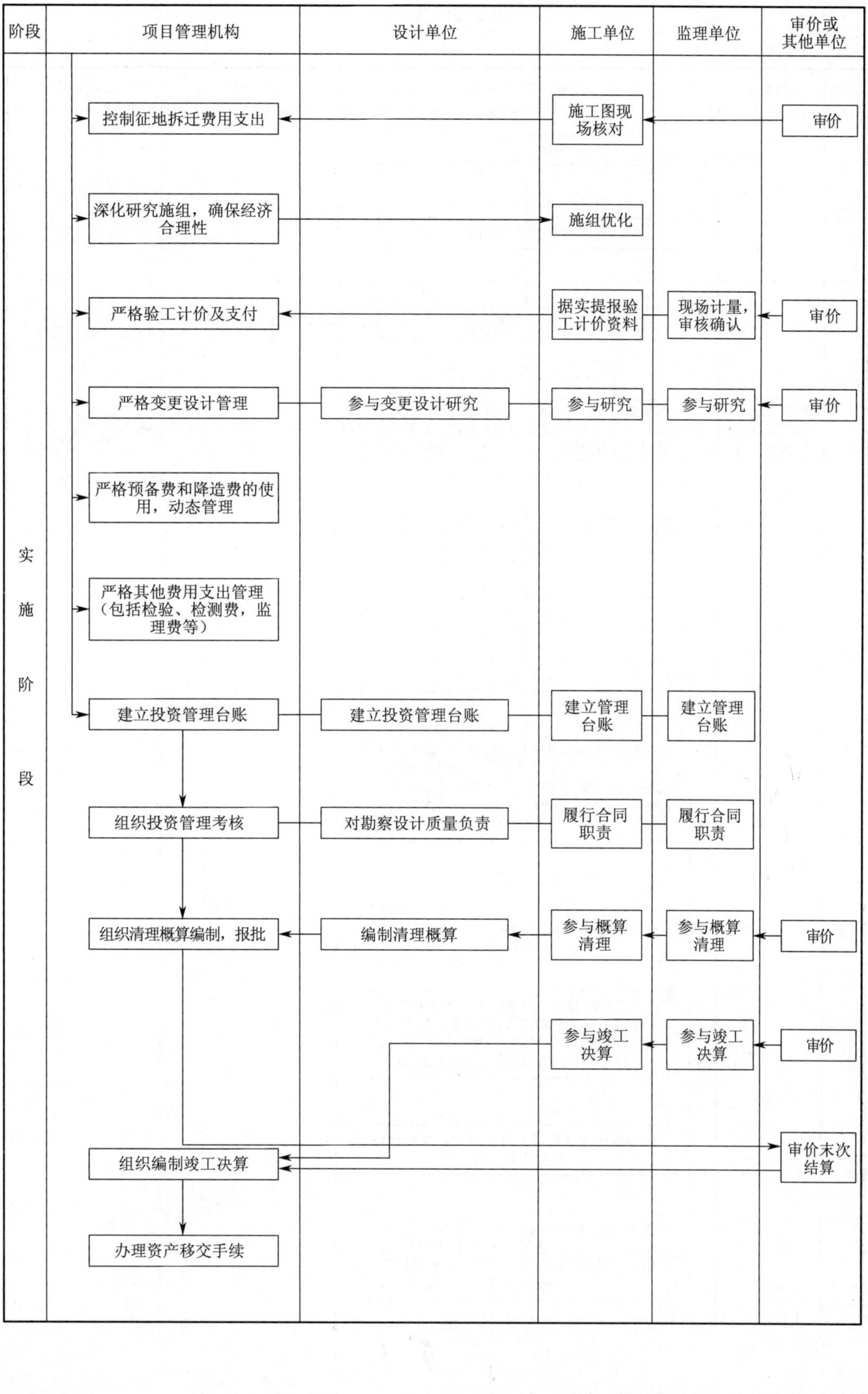
阶段
项目管理机构
设计单位
施工单位
监理单位
审价或其他单位
实施阶段
控制征地拆迁费用支出
施工图现场核对
审价
深化研究施组，确保经济合理性
施组优化
严格验工计价及支付
据实提报验工计价资料
现场计量，审核确认
审价
严格变更设计管理
参与变更设计研究
参与研究
参与研究
审价
严格预备费和降造费的使用，动态管理
严格其他费用支出管理（包括检验、检测费，监理费等）
建立投资管理台账
建立投资管理台账
建立管理台账
建立管理台账
组织投资管理考核
对勘察设计质量负责
履行合同职责
履行合同职责
组织清理概算编制，报批
编制清理概算
参与概算清理
参与概算清理
审价
参与竣工决算
参与竣工决算
审价
审价末次结算
组织编制竣工决算
办理资产移交手续

八、财　务

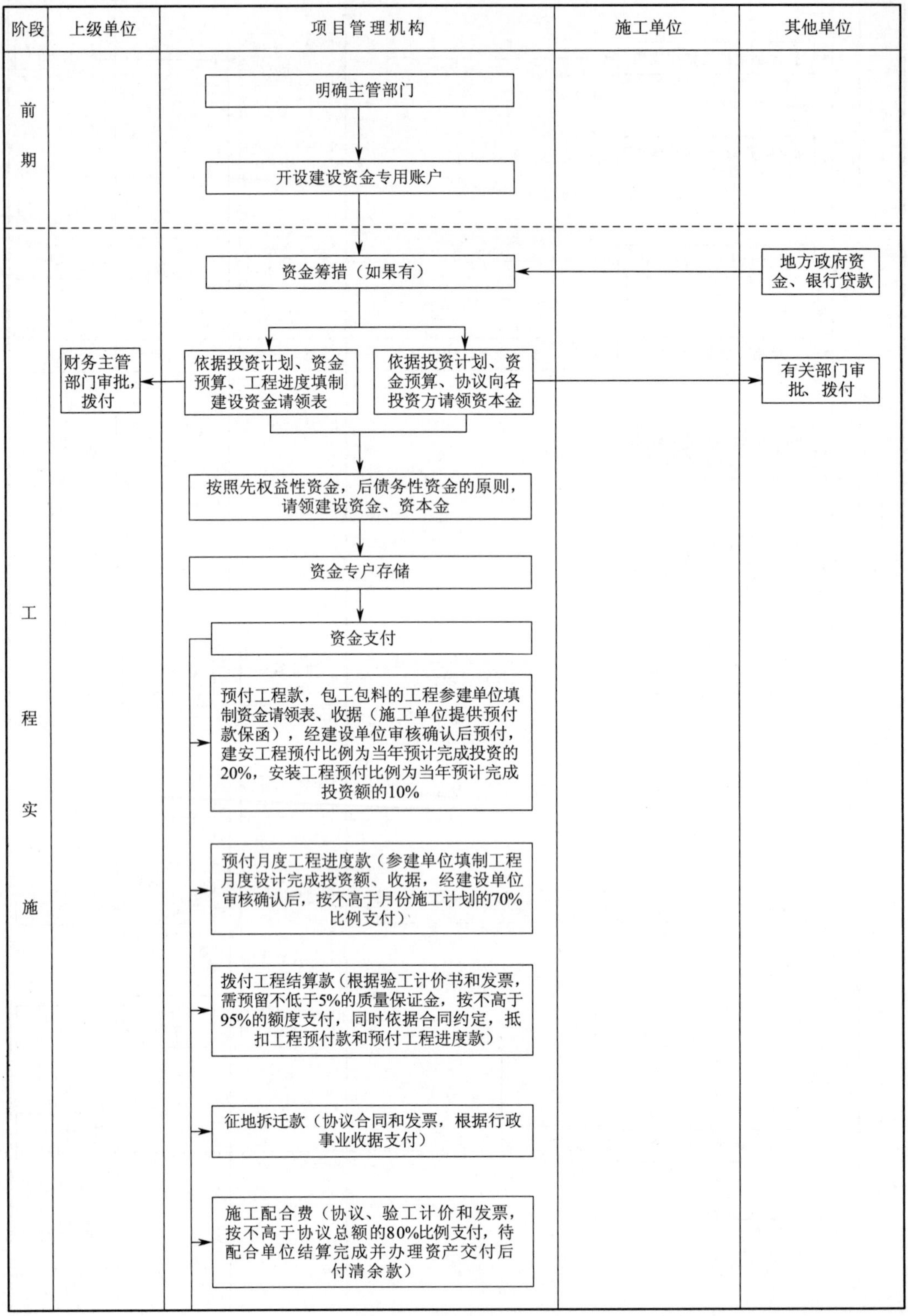

阶段
上级单位
项目管理机构
施工单位
其他单位
前期
明确主管部门
开设建设资金专用账户
资金筹措（如果有）
地方政府资金、银行贷款
财务主管部门审批，拨付
依据投资计划、资金预算、工程进度填制建设资金请领表
依据投资计划、资金预算、协议向各投资方请领资本金
有关部门审批、拨付
按照先权益性资金，后债务性资金的原则，请领建设资金、资本金
资金专户存储
资金支付
工程实施
预付工程款，包工包料的工程参建单位填制资金请领表、收据（施工单位提供预付款保函），经建设单位审核确认后预付，建安工程预付比例为当年预计完成投资的20%，安装工程预付比例为当年预计完成投资额的10%
预付月度工程进度款（参建单位填制工程月度设计完成投资额、收据，经建设单位审核确认后，按不高于月份施工计划的70%比例支付）
拨付工程结算款（根据验工计价书和发票，需预留不低于5%的质量保证金，按不高于95%的额度支付，同时依据合同约定，抵扣工程预付款和预付工程进度款）
征地拆迁款（协议合同和发票，根据行政事业收据支付）
施工配合费（协议、验工计价和发票，按不高于协议总额的80%比例支付，待配合单位结算完成并办理资产交付后付清余款）

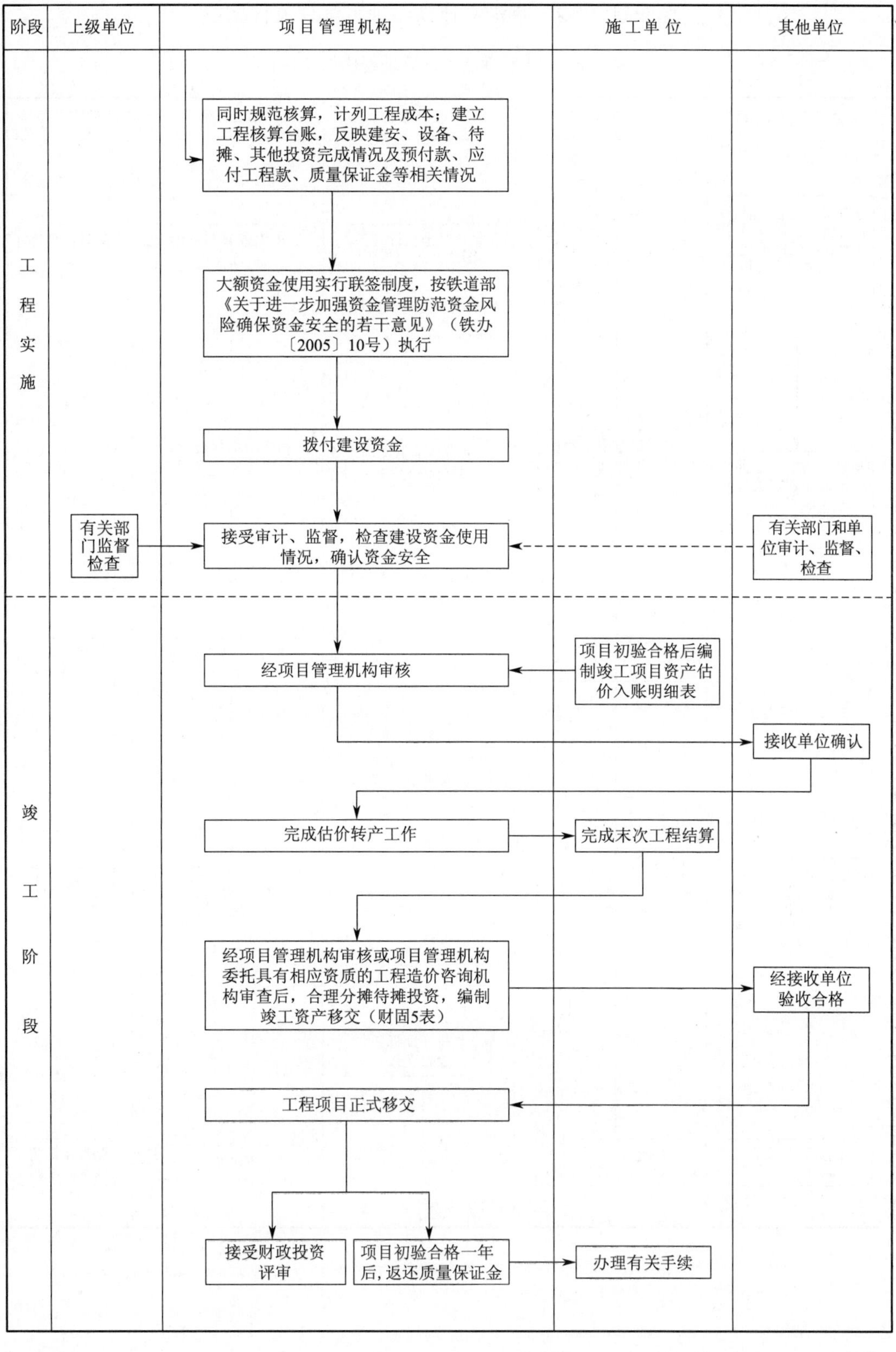

阶段
上级单位
项目管理机构
施工单位
其他单位
工程实施
同时规范核算，计列工程成本；建立工程核算台账，反映建安、设备、待摊、其他投资完成情况及预付款、应付工程款、质量保证金等相关情况
大额资金使用实行联签制度，按铁道部《关于进一步加强资金管理防范资金风险确保资金安全的若干意见》（铁办〔2005〕10号）执行
拨付建设资金
有关部门监督检查
接受审计、监督，检查建设资金使用情况，确认资金安全
有关部门和单位审计、监督、检查
竣工阶段
经项目管理机构审核
项目初验合格后编制竣工项目资产估价入账明细表
接收单位确认
完成估价转产工作
完成末次工程结算
经项目管理机构审核或项目管理机构委托具有相应资质的工程造价咨询机构审查后，合理分摊待摊投资，编制竣工资产移交（财固5表）
经接收单位验收合格
工程项目正式移交
接受财政投资评审
项目初验合格一年后，返还质量保证金
办理有关手续

图3-11　例2　京沪高速铁路项目管理流程摘编

一、征地拆迁内部管理程序框图

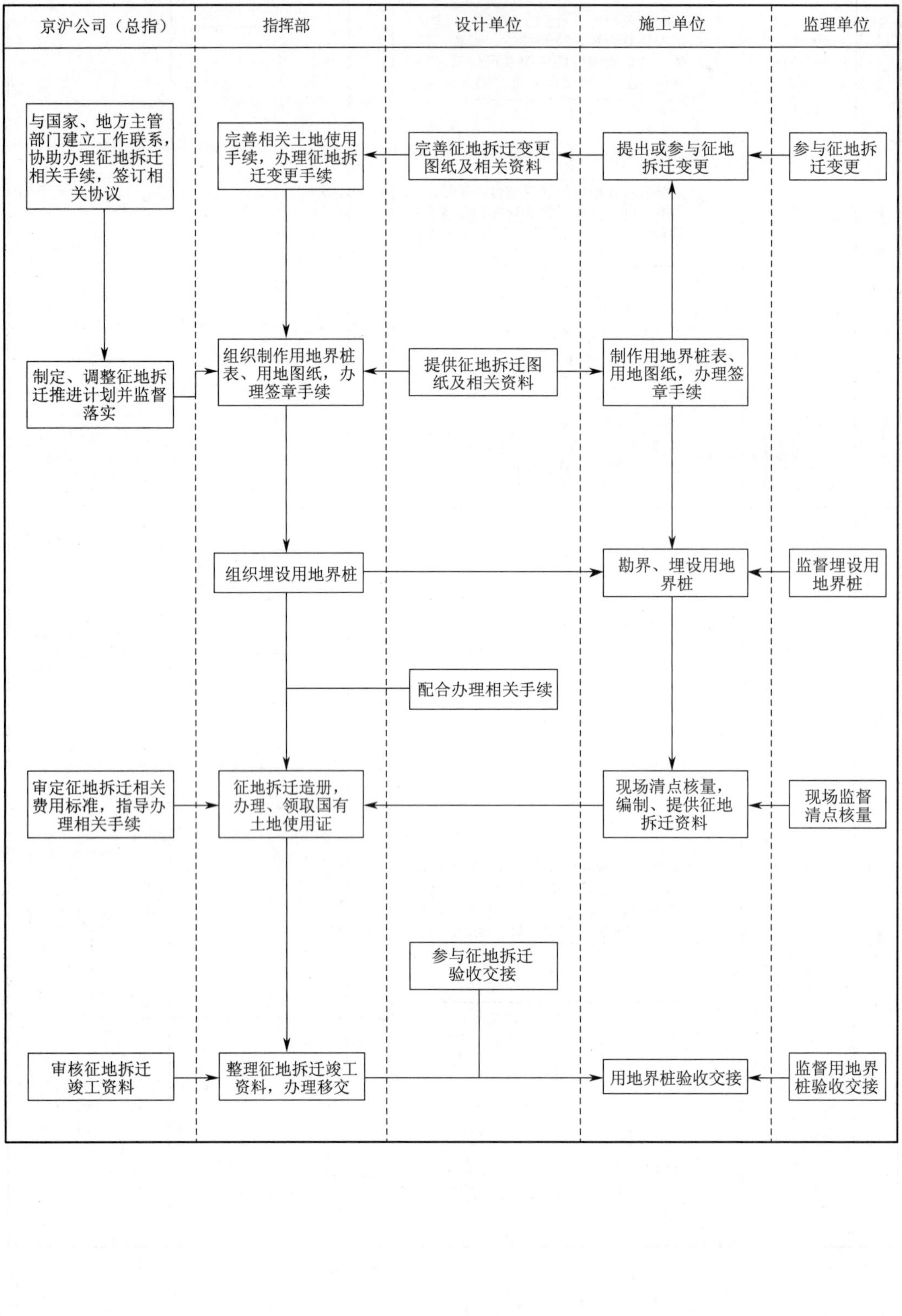

二、施工组织设计

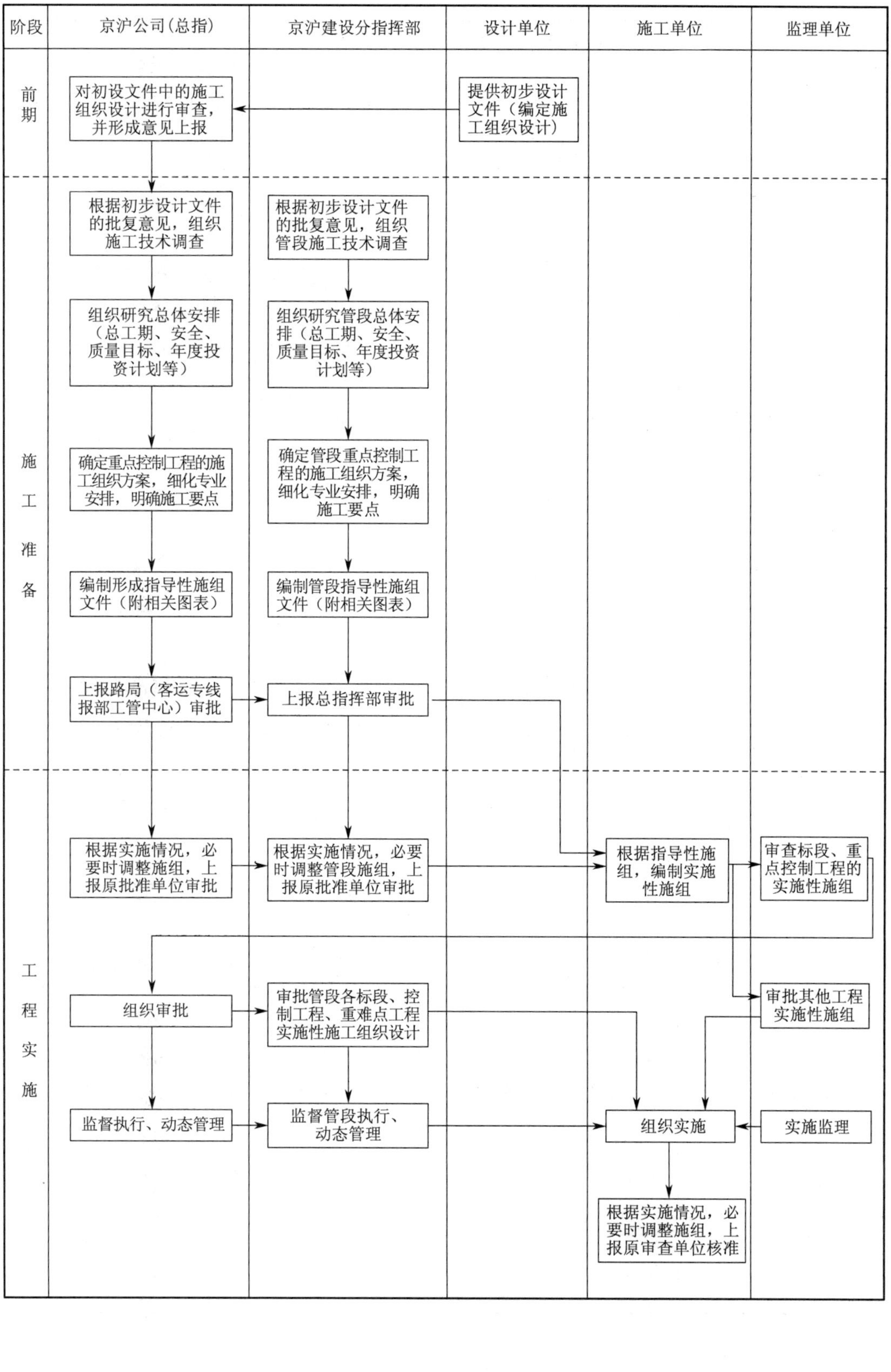
阶段
京沪公司(总指)
京沪建设分指挥部
设计单位
施工单位
监理单位
前期
对初设文件中的施工组织设计进行审查，并形成意见上报
提供初步设计文件（编定施工组织设计）
施工准备
根据初步设计文件的批复意见，组织施工技术调查
根据初步设计文件的批复意见，组织管段施工技术调查
组织研究总体安排（总工期、安全、质量目标、年度投资计划等）
组织研究管段总体安排（总工期、安全、质量目标、年度投资计划等）
确定重点控制工程的施工组织方案，细化专业安排，明确施工要点
确定管段重点控制工程的施工组织方案，细化专业安排，明确施工要点
编制形成指导性施组文件（附相关图表）
编制管段指导性施组文件（附相关图表）
上报路局（客运专线报部工管中心）审批
上报总指挥部审批
工程实施
根据实施情况，必要时调整施组，上报原批准单位审批
根据实施情况，必要时调整管段施组，上报原批准单位审批
根据指导性施组，编制实施性施组
审查标段、重点控制工程的实施性施组
组织审批
审批管段各标段、控制工程、重难点工程实施性施工组织设计
审批其他工程实施性施组
监督执行、动态管理
监督管段执行、动态管理
组织实施
实施监理
根据实施情况，必要时调整施组，上报原审查单位核准

三、合同管理流程

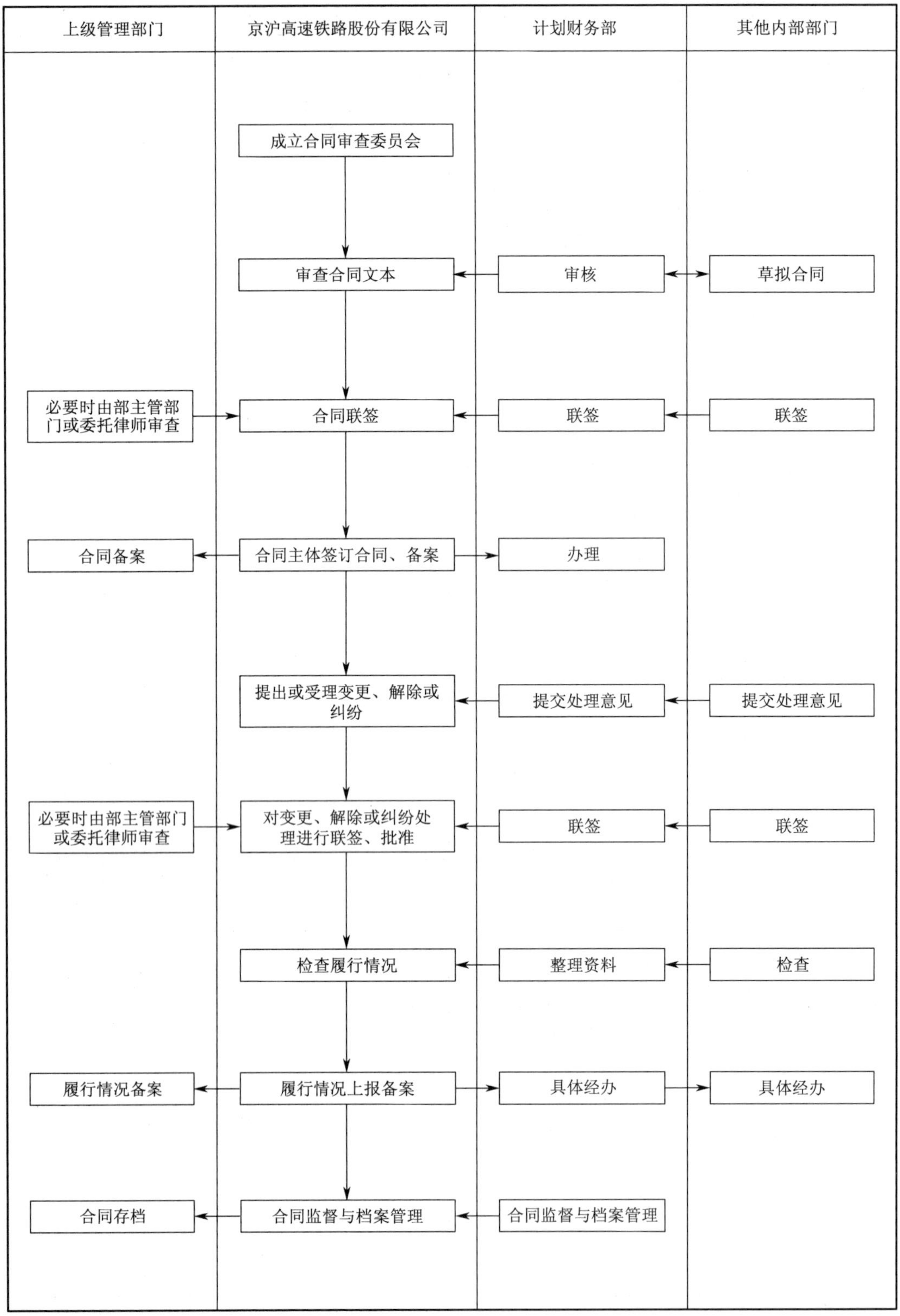
上级管理部门
京沪高速铁路股份有限公司
计划财务部
其他内部部门
成立合同审查委员会
审查合同文本
审核
草拟合同
必要时由部主管部门或委托律师审查
合同联签
联签
联签
合同备案
合同主体签订合同、备案
办理
提出或受理变更、解除或纠纷
提交处理意见
提交处理意见
必要时由部主管部门或委托律师审查
对变更、解除或纠纷处理进行联签、批准
联签
联签
检查履行情况
整理资料
检查
履行情况备案
履行情况上报备案
具体经办
具体经办
合同存档
合同监督与档案管理
合同监督与档案管理

四、开工报告审批

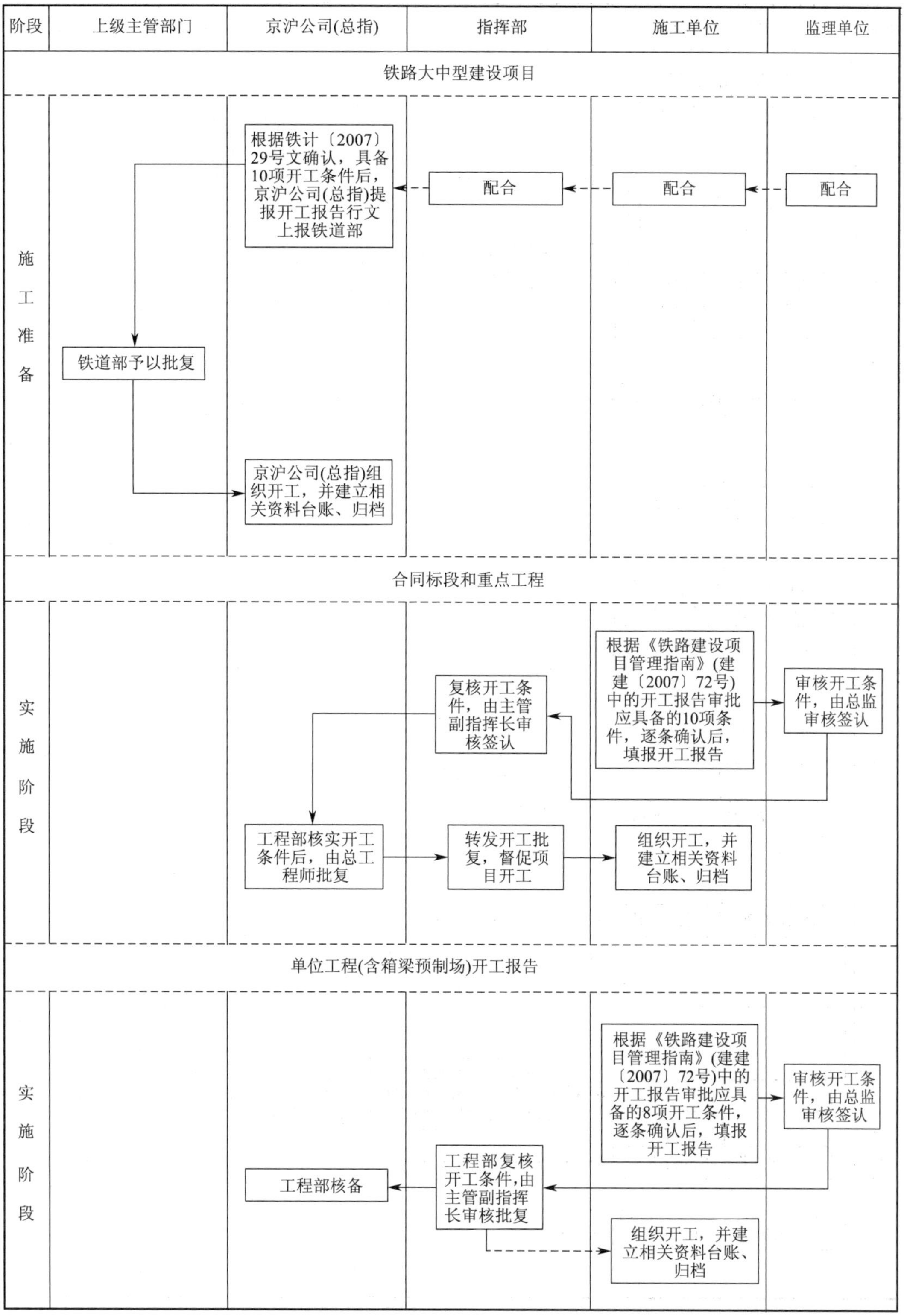
阶段
上级主管部门
京沪公司(总指)
指挥部
施工单位
监理单位
铁路大中型建设项目
施工准备
根据铁计〔2007〕29号文确认，具备10项开工条件后，京沪公司(总指)提报开工报告行文上报铁道部
配合
配合
配合
铁道部予以批复
京沪公司(总指)组织开工，并建立相关资料台账、归档
合同标段和重点工程
实施阶段
根据《铁路建设项目管理指南》(建建〔2007〕72号)中的开工报告审批应具备的10项条件，逐条确认后，填报开工报告
审核开工条件，由总监审核签认
复核开工条件，由主管副指挥长审核签认
工程部核实开工条件后，由总工程师批复
转发开工批复，督促项目开工
组织开工，并建立相关资料台账、归档
单位工程(含箱梁预制场)开工报告
实施阶段
根据《铁路建设项目管理指南》(建建〔2007〕72号)中的开工报告审批应具备的8项开工条件，逐条确认后，填报开工报告
审核开工条件，由总监审核签认
工程部核备
工程部复核开工条件，由主管副指挥长审核批复
组织开工，并建立相关资料台账、归档

五、验工计价

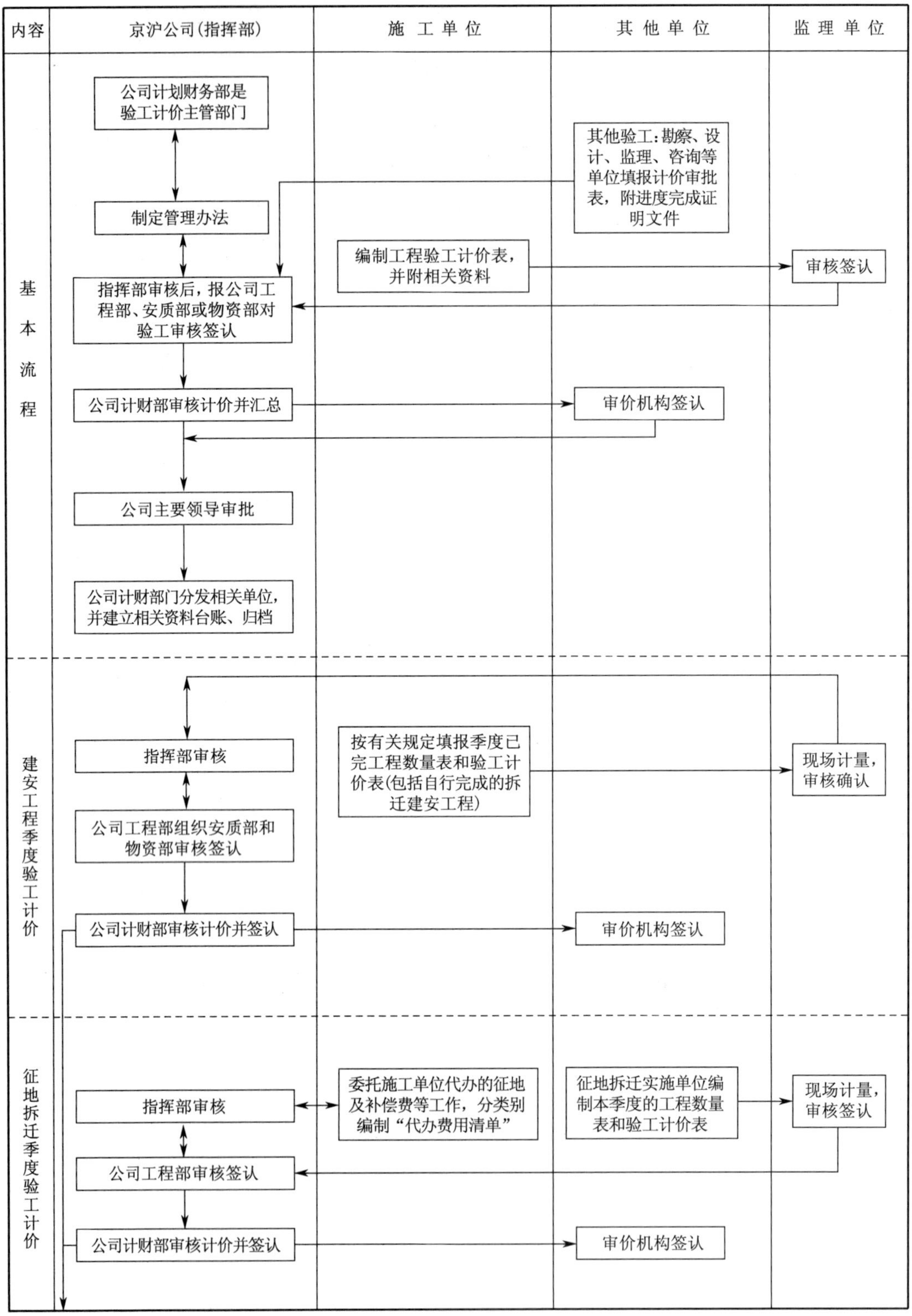
内容
京沪公司(指挥部)
施 工 单 位
其 他 单 位
监 理 单 位
基本流程
公司计划财务部是验工计价主管部门
制定管理办法
其他验工：勘察、设计、监理、咨询等单位填报计价审批表，附进度完成证明文件
编制工程验工计价表，并附相关资料
审核签认
指挥部审核后，报公司工程部、安质部或物资部对验工审核签认
公司计财部审核计价并汇总
审价机构签认
公司主要领导审批
公司计财部门分发相关单位，并建立相关资料台账、归档
建安工程季度验工计价
指挥部审核
按有关规定填报季度已完工程数量表和验工计价表(包括自行完成的拆迁建安工程)
现场计量，审核确认
公司工程部组织安质部和物资部审核签认
公司计财部审核计价并签认
审价机构签认
征地拆迁季度验工计价
指挥部审核
委托施工单位代办的征地及补偿费等工作，分类别编制“代办费用清单”
征地拆迁实施单位编制本季度的工程数量表和验工计价表
现场计量，审核签认
公司工程部审核签认
公司计财部审核计价并签认
审价机构签认

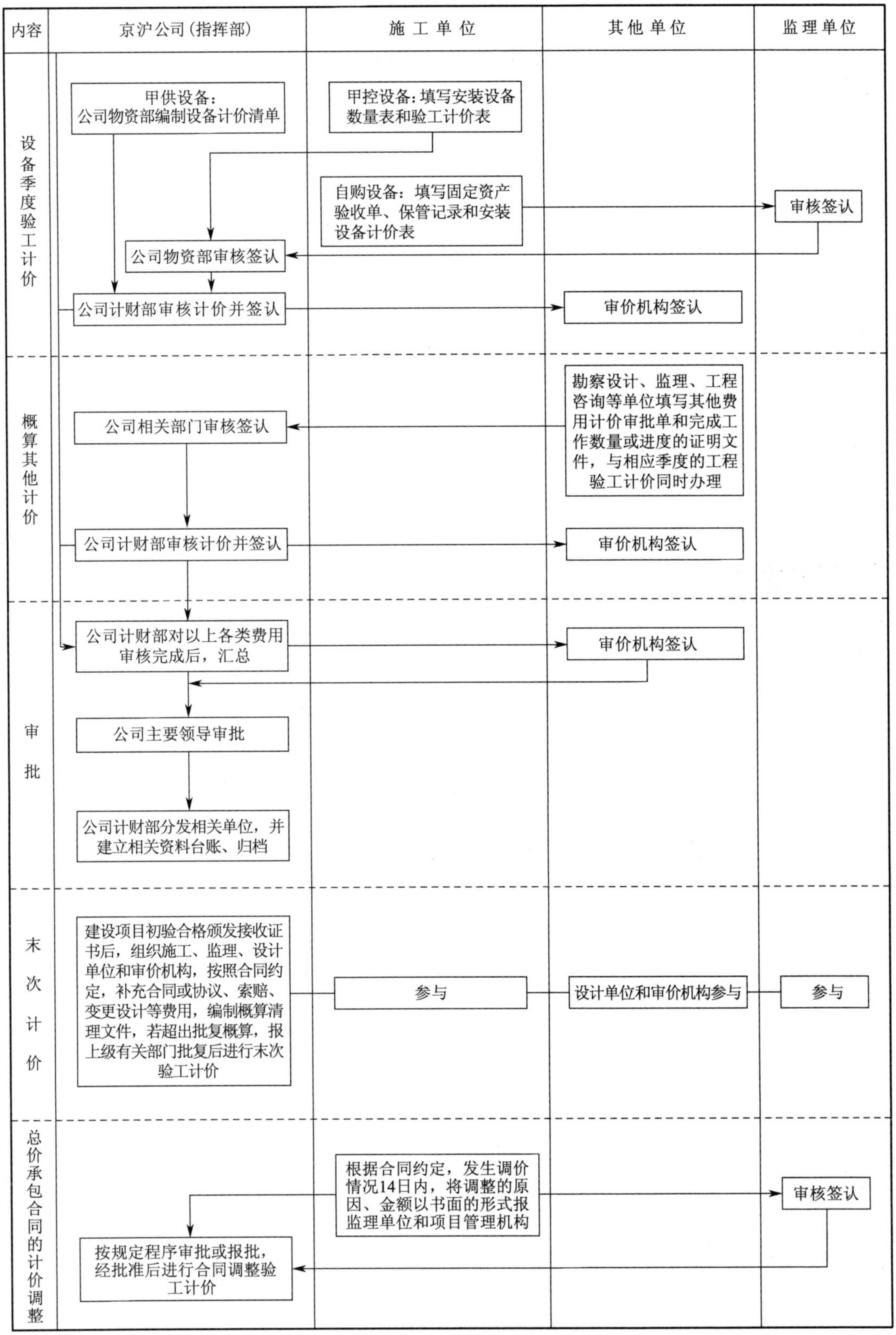

内容
京沪公司(指挥部)
施 工 单 位
其 他 单 位
监 理 单 位
设备季度验工计价
甲供设备：公司物资部编制设备计价清单
甲控设备：填写安装设备数量表和验工计价表
自购设备：填写固定资产验收单、保管记录和安装设备计价表
审核签认
公司物资部审核签认
公司计财部审核计价并签认
审价机构签认
概算其他计价
勘察设计、监理、工程咨询等单位填写其他费用计价审批单和完成工作数量或进度的证明文件，与相应季度的工程验工计价同时办理
公司相关部门审核签认
公司计财部审核计价并签认
审价机构签认
审批
公司计财部对以上各类费用审核完成后，汇总
审价机构签认
公司主要领导审批
公司计财部分发相关单位，并建立相关资料台账、归档
末次计价
建设项目初验合格颁发接收证书后，组织施工、监理、设计单位和审价机构，按照合同约定，补充合同或协议、索赔、变更设计等费用，编制概算清理文件，若超出批复概算，报上级有关部门批复后进行末次验工计价
参与
设计单位和审价机构参与
参与
总价承包合同的计价调整
根据合同约定，发生调价情况14日内，将调整的原因、金额以书面的形式报监理单位和项目管理机构
审核签认
按规定程序审批或报批，经批准后进行合同调整验工计价

六、变更设计

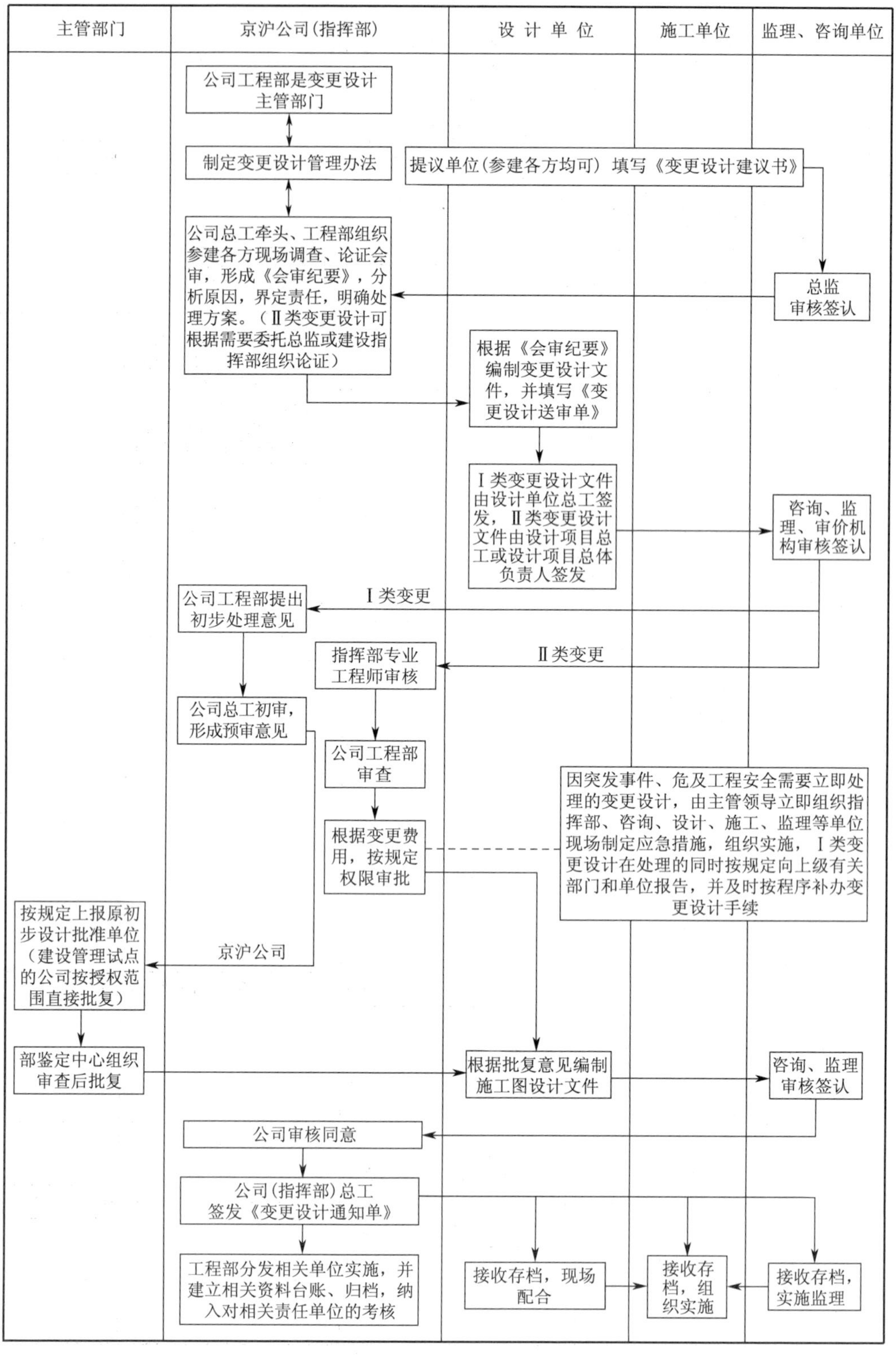
主管部门
京沪公司(指挥部)
设 计 单 位
施工单位
监理、咨询单位
公司工程部是变更设计主管部门
制定变更设计管理办法
提议单位(参建各方均可) 填写《变更设计建议书》
公司总工牵头、工程部组织参建各方现场调查、论证会审，形成《会审纪要》，分析原因，界定责任，明确处理方案。(Ⅱ类变更设计可根据需要委托总监或建设指挥部组织论证)
总监审核签认
根据《会审纪要》编制变更设计文件，并填写《变更设计送审单》
Ⅰ类变更设计文件由设计单位总工签发，Ⅱ类变更设计文件由设计项目总工或设计项目总体负责人签发
咨询、监理、审价机构审核签认
Ⅰ类变更
公司工程部提出初步处理意见
Ⅱ类变更
指挥部专业工程师审核
公司总工初审，形成预审意见
公司工程部审查
根据变更费用，按规定权限审批
因突发事件、危及工程安全需要立即处理的变更设计，由主管领导立即组织指挥部、咨询、设计、施工、监理等单位现场制定应急措施，组织实施，Ⅰ类变更设计在处理的同时按规定向上级有关部门和单位报告，并及时按程序补办变更设计手续
按规定上报原初步设计批准单位(建设管理试点的公司按授权范围直接批复)
京沪公司
部鉴定中心组织审查后批复
根据批复意见编制施工图设计文件
咨询、监理审核签认
公司审核同意
公司(指挥部)总工签发《变更设计通知单》
工程部分发相关单位实施，并建立相关资料台账、归档，纳入对相关责任单位的考核
接收存档，现场配合
接收存档，组织实施
接收存档，实施监理

七、质量管理

阶段	工作内容	京沪公司(总指)	指挥部	设计单位	施工单位	监理单位	备注
建设前期	质量体系	成立质量管理机构，制定管理办法，建立质量控制体系	成立质量管理机构，执行并细化管理办法，建立质量控制体系				
建设前期	质量目标	质量工作领导小组研究决定本项目的质量控制目标	质量工作领导小组执行并细化京沪高速铁路建设的质量控制目标				
建设前期	设计质量	组织设计文件的咨询、审核，确保设计质量	配合总指进行设计文件的咨询、审核，确保设计质量	分解质量目标，组织设计			（咨询单位）审查设计单位质量体系，审查设计质量
建设前期	设计质量	组织或参与设计审查，提出完善质量目标的意见	组织或参与管段设计审查，提出完善质量目标的意见	按审查意见修改			
建设前期	质量保证体系	建立参建各方的质量保证体系，包括资源配置、管理制度、质量控制重点和通病防治等	建立管段内参建各方的质量保证体系，包括资源配置、管理制度、质量控制重点和通病防治等	建立设计质量保证体系	建立质量自控体系	建立质量监控体系	质量保证体系应按程序，经指挥长签字发布，定期分析完善
建设前期	质量管理组织	成立质量管理工作领导小组，组长单位	成立管段质量管理工作领导小组，组长单位	成员单位	成员单位	成员单位	
建设前期	办法和制度	制定质量管理制度和创优规划	执行并细化质量管理制度	建立相应的设计质量管理制度	细化分解质量目标，编制施工质量管理办法	细化分解质量目标，编制监理实施细则	
施工准备	施工组织设计	编制指导性施工组织设计时，包含质量保证措施，对参建单位的质量管理要求，包括质量管理制度要求和质量管理人员配置要求等	执行指导性施工组织设计，组织审查标段实施性施工组织设计		编制实施性施工组织设计时，包含细化的质量保证措施、质量管理制度要求、质量管理人员配置等	审查实施性施工组织设计，并上报审查意见	
施工准备	质量监督手续	依据《铁路建设工程质量安全监督管理办法》办理质量监督手续	落实质量监督检查手续	依据合同和投标文件，提供有关资料	依据合同和投标文件，提供有关资料	依据合同和投标文件，提供有关资料	
施工准备	开工报告	报批项目开工报告，按规定审查或审批标段、重点工程及单位工程开工报告	审核、报批标段开工报告，按规定审批单位工程开工报告		做好开工准备工作并上报开工报告，报监理审查	上报审查意见或按授权批复开工	
施工准备	施工图核对	组织施工图核对，落实质量措施（包括“四新”技术应用）	组织标段施工图核对，落实质量措施（包括“四新”技术应用）	参加核查，提出意见或建议，根据图纸审核意见修改设计	参加核查，提出意见或建议	参加核查，提出意见或建议	包括京沪公司（总指）组织的咨询审查
施工准备	质量培训	参加或组织有关工程建设管理和技术培训，取得相应资格	参加有关工程建设管理和技术培训，取得相应资格	参加或组织质量培训，取得相应资格	参加或组织质量培训，取得相应资格	参加或组织质量培训，取得相应资格	

阶段	工作内容	京沪公司(总指)	指挥部	设计单位	施工单位	监理单位	备注
施工准备	技术交底	组织对施工单位的技术交底，检查施工单位对作业层的技术交底	组织管段内对施工单位的技术交底，检查施工单位对作业层的技术交底	参加对施工单位的技术交底	参加设计技术交底，组织对作业层的技术交底，并留有交底记录	参加对施工单位的技术交底，检查施工单位对作业层的技术交底情况	
工程实施	质量措施的落实	组织对照标准、设计文件等进行检查	组织对照标准、设计文件等对管段内进行检查	配合检查，重点对照设计文件，及时补充原设计未考虑或考虑不周而存在的质量隐患设计	对照标准、设计文件组织实施，反馈设计未考虑或考虑不周而存在的质量隐患，并采取防范措施	对照标准、设计文件等进行监控，及时反映设计未考虑或考虑不周而存在的质量隐患	
	进场材料	组织甲供材料的供应，监督甲控料和施工自购料是否满足要求	协调甲供材料的供应，监督甲控料和施工自购料是否满足要求并及时上报情况	参加项目管理机构组织的检查	规范管理进场材料，及时做好试验检验工作	检查出厂证明、质量保证书、合格证等，平行抽检、平行检验，见证试验	
	隐蔽工程	组织对照标准、设计文件进行检查	组织对照标准、设计文件进行检查		对照标准、设计文件组织实施，留有文字记录、影像资料，填写相应检验批	检查施工准备，旁站施工过程，做好记录和签证	第三方检测单位应及时反馈检测结果，出具检测报告，留存额外样品，以备产生争议时进行复验
	第三方检测	经上级主管部门批准后，可委托第三方对施工、监理单位的检验试验工作进行抽检和验证	检查和督促第三方对施工、监理单位的检验试验工作进行抽检和验证		做好现场检测准备工作，填写好基础表格，组织整改	做好对施工检测的见证检测，督促施工单位整改，做好监理的试验整改	
	重大施工技术方案的实施	组织对重大施工技术方案的审查，履行程序审批或上报审批	组织对管段内重大施工技术方案的审查，履行程序审批或上报审批	参与审查，配合检查落实	编制重大技术方案，履行内部审批程序，按批准后的方案完善施工组织（包括作业指导书）并实施	参与审查，制定专项监理细则，监督重大施工技术方案的实施	京沪公司(总指)应制定重大施工方案技术管理办法及工作程序
	内业资料	做好项目管理机构的内业资料，检查施工单位各类内业资料的及时性、正确性和完备性	做好指挥部的内业资料，检查施工单位各类内业资料的及时性、正确性和完备性	做好设计的内业资料，配合检查施工单位各类内业资料的及时性、正确性、完备性	做好材料检验、过程评定、隐蔽工程、竣工验收、文件管理等内业资料的整理工作	做好监理内部的内业资料，检查施工单位各类内业资料的及时性、正确性、完备性	各方应及时签证有关内业资料
	质量会议以及质量的分析和评估	定期召开质量领导小组会议，分析、评估质量体系及工作状况，提出阶段性的质量工作计划、控制重点和措施	定期召开管段内质量领导小组会议，分析、评估质量体系及工作状况，提出阶段性的质量工作计划、控制重点和措施	参加质量领导小组会议和有关会议，配合监督各项质量措施的落实	参加质量领导小组会议，组织本标段的质量会议，落实各项质量措施	参加质量领导小组会议，把质量管理纳入监理组织的会议内容，监控各项质量措施的落实	分析质量保证体系是否有效运转是质量工作的基础
	质量事故报告、调查、处理	按相关规定要求上报，组织或配合事故调查，处理善后工作	按相关规定要求上报，组织或配合事故调查，处理善后工作	配合事故调查，处理善后工作	按相关规定要求上报，并应严格保护事故现场，采取有效措施抢救人员和财产，配合事故调查，处理善后工作	按相关要求上报，配合事故调查，处理善后工作	

阶段	工作内容	京沪公司(总指)	指挥部	设计单位	施工单位	监理单位	备注
竣工验收及保修阶段	单位工程验收	组织验收	组织验收	参加验收,及时归档验收资料	做好现场准备,填写好基础表格,组织整改,及时归档验收资料	参加验收,监督整改,及时归档验收资料	
	竣工验收	组织静态验收、动态验收,向部报送验收申请表,做好验收工作	参加静态验收、动态验收,向部报送验收申请表,做好验收工作	参加验收	完成自检,向京沪公司(总指)申请子系统(专业)验收	参加验收	
	工程移交	配合接管单位组织移交(包括竣工资料)	配合总指组织移交(包括竣工资料)	移交(包括竣工资料)	移交工程和竣工资料	移交(包括竣工资料)	
	工程保修	依据质量缺陷、保修项目、范围内容和责任划分,确定工程保修		按质量缺陷责任的界定与划分,承担相应的经济赔偿	进行保修;按质量缺陷责任的界定与划分,承担相应的经济赔偿	保修监理;按质量缺陷责任的界定与划分,承担相应的经济赔偿	

第四章　人员配备

人员配备标准化是铁路建设项目标准化管理的重要内涵，它既是标准化管理的主要任务之一，又是标准化管理体系正常运转的基础和保证。人员配备标准化的核心是落实责任，提高素质，主要包括两个方面工作：一是规范岗位设置。即对各类、各级管理机构及其内部岗位设置作出统一规范，明确工作内容、职责权限、管理界面，形成责权明晰、协调运转、科学高效的岗位责任体系。二是明确素质标准。对各类各级岗位人员任职资格条件，以及人员选配、任职、培训等作出统一规定或要求。适应开展标准化管理的需求，建设单位(包括铁路客运专线公司和铁路局所属工程项目建设指挥部，也可统称为铁路建设项目管理机构)应按铁道部相关规定要求，规范、合理地确定内部机构和岗位设置方案，严格按照规定的素质标准配备人员，同时，加强对参建单位人员配备的规范和指导，对参建单位的岗位设置和人员配备的相关统一要求，须纳入合同和管理制度进行“刚性”约束，严格履约检查考核，各参建单位更换现场负责人须按规定经建设单位批准。本章将对铁路建设项目建设、施工、设计、监理单位机构设置和人员配备有关统一要求作出简要阐述。至于施工一线作业人员配备有关问题，将在第五章结合用工管理专门介绍。

第一节　建设单位人员配备

建设单位管理力量强弱是决定项目管理水平的关键因素。要搞好项目管理，建设单位应配备具有一定铁路建设管理经验和专业知识的领导班子、中层干部和工作人员。对此，铁道部专门制定了有关文件，对建设单位的机构设置、人员配备的数量和专业技术任职资格条件等作出明确规定。

一、机构设置

建设单位领导班子一般控制在 5 人以内，其中有正职即主要领导(指总经理或指挥长)1 人，副职即分管领导(指副总经理、总工程师或副指挥长、总工程师，有些项目还设总会计师)4 人。建设单位内设机构一般有综合部、计划财务部、工程管理部、安全质量部、物资设备部 5 个部门。其中：综合部主要负责文秘宣传、行政事务管理、人事、劳资、党群等工作；计划财务部主要负责计划统计、财务管理、工程招标、投资控制、合同管理、工程计价等工作；工程管理部主要负责施工组织、技术管理、设计管理、环保管理、工程调度、工程验工、对外协调等工作，工程管理部内设征地拆迁和对外协调办公室，一般由 1 名副部长兼任办公室主任；安全质量部主要负责工程质量、施工安全管理等工作；物资设备部主要负责甲供物资设备管理和施工单位自购物资设备监督等工作。根据工作需要，建设单位可按照有关规定设置现场（段落）指挥部（一般以驻地或管界来命名以示区别，例如京沪高速铁路建设苏州指挥部），主要负责管辖区域内建设项目的组织实施、建设协调和现场管理工作，其人员在项目管理机构总编制人数内调剂解决。

建设单位人员编制，根据工程项目投资规模大小、难易程度高低以及沿线外部条件优劣等情况，按照精干、高效的原则确定。投资 100 亿元及以下的项目，一般不超过 20 人；投资 100 亿元以上至 300 亿元的项目，一般不超过 30 人；投资 300 亿元以上至 800 亿元的项目，一般不超过 40 人；投资 800 亿元以上的项目，一般不超过 50 人；一个建设单位同时管理两个以上项目时，酌情增加人员。针对一些项目的特殊情况，铁道部根据实际特批再增加少量人员岗位，专门用于加强安全质量、征地拆迁等工作力量。建设单位有权在不突破前述机构设置模式和总定员前提下，根据项目实际情况研究确定内设机构编制具体设置方案，其中专职安全质量管理人员不得低于总编制数的 20%。以总编制 50 人建设单位为例，其机构设置和人员编制如图 4-1 所示。

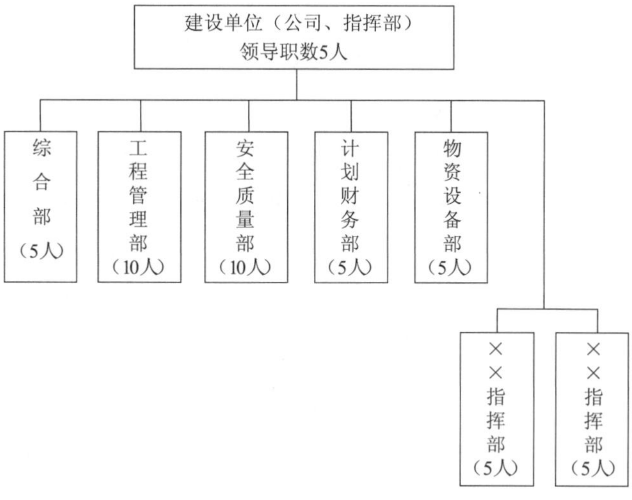

图 4-1　建设单位机构示意图

二、主要岗位任职条件

除了一些共性的基本要求如具有履行岗位职责所必需的政治理论水平和政策水平；具有履行岗位职责所必需的组织领导能力、文化水平；事业心和责任感强，政绩突出、群众公认；具有良好的政治素养，品行端正，遵纪守法，勤政务实，廉洁奉公等以外，铁路建设项目各类主要管理岗位人员在任职资格方面，还有如下统一的“硬性指标”。

1. 建设单位领导班子成员必备任职条件

(1)建设单位主要领导应具有中级及以上专业技术任职资格，5 年以上管理工作经历，2 年以上铁路建设管理工作经验。

客运专线项目和投资大于 50 亿元(含)普速铁路项目的建设单位主要负责人应具有高级专业技术任职资格。

(2)建设单位分管生产领导(副职)应具有高级专业技术任职资格，有分管或从事建设项目相应管理工作的经验，具有 3 年以上建设项目管理工作经验。

(3)建设单位分管质量安全领导(副职)应具有高级专业技术任职资格，有分管或从事建设项目相应管理工作的经验，具有 5 年以上建设项目管理工作经验。

(4)建设单位总工程师应具有较为丰富的建设项目技术管理经验，具有工程系列高级专业技术任职资格，从事铁路建设工作 10 年以上，并具有长期从事过铁路大中型建设项目技术管理工作经历。

(5)建设单位应设置财务主管，财务主管人员必须具备会计师及以上专业技术任职资格，从事过大中型建设项目财务管理工作 3 年以上。

2. 建设单位部门负责人必备任职条件

(1)综合部门负责人应具有大专以上学历，具有一定的行政管理及组织、人事、劳资等工作经验，写作能力和综合协调能力较强。

(2)其他业务部门负责人应具有本部门主要专业的高级专业技术任职资格，从事铁路工程建设管理工作 8 年以上，有一定的分管或从事相应工作的经验。

3. 建设单位主要业务人员任职条件

(1)工程技术人员。路基、桥梁、隧道、电气化、信号等主要专业技术人员应具有工程系列中级及以上专业技术任职资格，客运专线和投资 20 亿元以上普通铁路各主要专业至少有 1 人具有高级专业技术资格。

(2)安全质量管理人员。一般应具有中级及以上专业技术任职资格，其中至少有 1 人具有高级专业技术任职资格；从事铁路大中型建设项目安全质量管理工作 5 年以上。安全管理人员应具有安全管理资格证书。

(3)造价管理人员。具有工程经济、工程技术中级及以上专业技术任职资格,从事铁路大中型建设项目管理工作5年以上;投资20亿元以上的项目至少应有1名具有注册造价工程师资格或从事工程造价工作5年以上的专职工程经济人员。

(4)财务管理人员。所有财会人员必须具备会计从业资格,其中从事过铁路大中型建设项目财务管理工作3年以上的人员应达到二分之一以上。财务稽核人员应当具备助理会计师以上专业技术任职资格。

(5)物资设备管理人员。具有中级及以上专业技术任职资格,从事铁路大中型建设项目物资设备管理3年以上。

(6)建设单位可配备少量的具有初级专业技术任职资格的工程技术人员从事辅助性工作,人员数量不得超过建设单位人员数的20%。

第二节 施工单位人员配备

一、施工管理模式

根据工程规模和特点,铁路施工单位普遍采用以下两种管理模式:

1."项目经理部—作业队"两级管理模式。对于工程量相对集中、管理跨度不大的施工标段或某些较大的单体工程(独立的桥隧、房建工程等)一般采用"项目经理部—作业队"管理模式。即:由中标的集团公司(即工程局)优选一个专业化能力较强的子公司负责施工管理,组建项目经理部,代表集团公司履行工程建设施工合同;作业队由子公司根据工程特点和实际需要,在本单位内部优选专业对口、独立施工作业能力强的专业化作业队和架子队上场,由项目经理部直接管理。特殊情况下,也可安排其他子公司的个别专业化作业队承担部分施工任务,归项目经理部统一管理。

2."项目经理部—项目分部(工区、工作组)—作业队"三级管理模式。近年来,一些高铁项目实行了大标段招标,很多施工标段管区特别长、投资数量非常大、工程类型复杂、技术含量高、外部干扰多,需要上场的作业队数量多、分布广,指挥协调难度大,在这种情况下一般由中标的集团公司组建项目经理部,代表集团公司履行施工合同,并将具体作业任务分解为若干个段落,由集团公司下属不同的子公司承担施工。上场的子公司均在现场设立相应管理机构来组织管理本公司派出的作业队,这些现场管理机构作为项目经理部下设的一个项目分部(工区)对待,服从项目经理部统一领导和管理,但实行独立核算。在其他一些工程量、投资量和管理跨度相对较大、有多个子公司同时上场，采用两级管理模式管不过来，必需派出一定力量分驻现场发挥组织协调作用但又不必要专门增设项目分部（工区）的标段上，项目经理部可根据实际需要，在施工现场设立若干个工作组，代表项目经理部组织协调指定区段内若干个作业队做好施工组织、质量安全控制、职工队伍管理等工作。工作组主要起协调作用，不作为一级核算单位，完成施工任务的主体责任仍然由作业队承担。工作组负责人可由子公司领导干部或子公司所推荐的其他干部担任，但应首先对项目经理部负责，服从项目经理领导。

二、机构设置

1. 项目经理部

施工单位项目经理部一般都设有项目经理、副经理、总工程师和安全总监，有的还根据需要设置总经济师和总会计师。项目经理部内设机构在三级管理模式下，一般有"五部、一室" 即"工程技术部、安全质量部、计划财务部、物资设备部、综合部、中心试验室"，而在采用两级管理模式时，还应包括测量队，即"五部、一室、一队"（如图 4-2 所示）。其中：工程技术部主要负责图纸审核和技术交底、施工方案编制和预控、作业标准制定和实施、现场技术管理和测量试验；安全质量部主要负责建立安全质量自控体系、编制质量安全专项预案、组织安全质量培训、规范过程管理控制、落实安全质量目标；计划财务部主要负责合同履约审查、工程进度控制、验工计价、责任成本管理和资金财务管理；物资设备部主要负责工程材料数量控制、物资设备招标采购、工程材料调剂供应、物资设备现场管理和成本核算；综合部主要负责管理制度审查、岗位履职考核、综合协调管理、协助征地拆迁和对外联系协调、党务思想政治工作等；中心试验室主要负责工程材料、试件、构件、半成品和现场主要试验检验；测量队主要负责施工过程中的测量、放线、复测等工作。

2. 项目分部（工区、工作组）

项目分部（工区）主要负责人员有经理、副经理、安全总监和总工程师。一般下设"五室、一队"，即：施工技术室、安全质量室、计划财务室、物资设备室、工地试验室、测量队（如图 4-3 所示）。其中：施工技术室主要负责现场技术交底、施工方案控制、作业标准落实、现场技术管理；安全质量室主要负责安全质量体系运行、专项预控方案落实、施工作业人员培训、作业过程控制、现场检查督促；计划财务室主要负责工程进度控制、工区验工计价、责任成本核算和资金财务管理；物资设备室主要负责甲供材料调控、当地材料供应、物资设备现场管理和成本核算；工地试验室主要负责现场材料、试件、构件、半成品和现场试验检验；测量队主要负责现场施工放样和测量控制。

工作组一般设 3～5 人，分管指导 5 个以下作业队施工，其内部分工由组长确定。

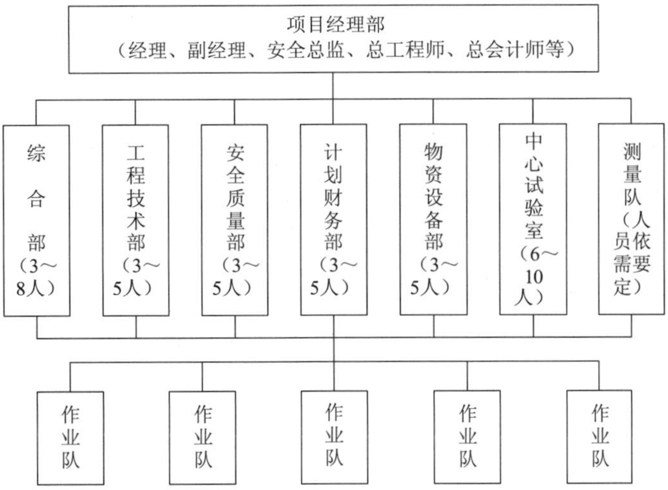

图 4-2　施工单位项目经理部机构示意图

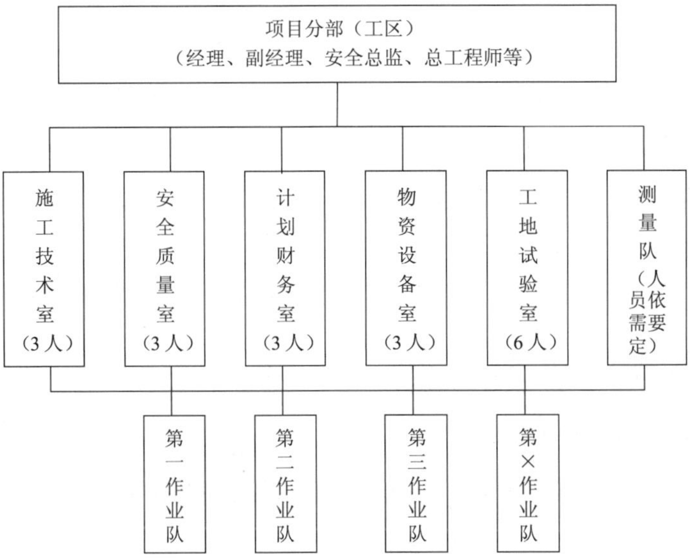

图 4-3　施工单位项目分部（工区）机构示意图

3. 作业队

作业队数量根据工程施工需要设置。一般分为施工单位自有建制作业队和劳务分包队伍。自有建制作业队分为两种：一种是以企业职工为主、劳务工为辅的“实体”作业队；另一种是以少量职工带劳务即以“架子队”模式组建的作业队。目前后一种模式在施工一线占多数，其组织结构和人员配备要求将在第五章中专门作出介绍。劳务分包队伍是指有劳务分包资质的企业与施工单位以劳务分包形式承担项目非主体工程施工或专业工序作业任务的工程队。

三、主要管理人员岗位职责

项目经理全面负责履行工程建设承包合同，组织指挥和协调管理工程项目施工生产活动，合理配置生产要素，实施对工程质量、安全、工期、环保、文明施工等工作的有效管理，确保实现项目管理责任目标。

项目副经理按照分工分别对施工组织设计、安全质量、重大技术措施、资源调配、工程进度等重点工作进行组织、指导和协调，协助项目经理全面实现项目管理责任目标。

总工程师主要负责项目的技术管理工作，组织科技攻关，主持编制实施性施工组织设计和作业指导书，审核施工计划、验工计价，负责技术标准、质量手册、安全制度等的编制与指导、落实和监督检查，组织施工技术总结和竣工文件编制移交工作。

安全总监主要负责组织制定安全规章制度和操作规程，以及安全施工措施、安全事故应急救援预案；对项目部的安全生产工作进行检查指导；组织进行安全教育、安全考核评比工作。

总会计师主要负责项目部财务管理、资金管理和成本核算工作，组织建立项目部成本控制体系、会计核算和财务资金管理体系，组织实施指挥部财务收支核算与管理，监督检查财务管理制度执行情况，落实项目经济责任制。

四、主要管理人员必备任职条件

项目经理(或常务副经理)：应具有与建设单位要求相符的相应等级建造师资格证书；具有与建设单位要求相符的专业技术职务任职资格；具有5年以上从事施工管理工作以及担任过1～2个其他项目领导班子副职以上职务的经历。

项目副经理、总工程师：应具有与建设单位统一规定和工程项目主要施工技术要求相一致的专业技术职务任职资格；具有5年以上从事施工管理工作以及担任过1～2个其他项目管理机构部门正职以上职务的经历。

安全总监：应取得《建筑施工企业专职安全生产管理人员安全生产考核合格证书》(即C类合格证)；同时具有5年以上从事建设项目安全管理、施工组织或技术管理工作经历。

工程技术部、安全质量部、计划财务部、设备物资部、综合管理部、试验室和测量队负责人应具有担任过1～2个项目同类专业业务骨干的工作经历。技术人员一般应具有大学专科以上文化程度和中级以上专业技术职务任职资格。

第三节　设计单位人员配备

由于勘察设计工作时间跨度大、工作涉及面广，勘察设计企业在项目勘测、设计、现场设计配合等阶段，参与同一个项目的人员变化往往很大。其所设立的项目指挥部(项目部)只有项目负责人和现场配合人员属于固定岗位，勘测、设计人员是隶属于勘察设计企业内部各生产单位(包括处、室、所、分院等)的，根据工作需要分期分批参与勘测、设计工作。

一、勘测工作机构设置和人员配备

勘测工作一般每百公里配备管理及技术人员约20～30人，测量、试验工人约20人，勘探工人配置数量依据工作量而定，一般每台班配备3～5人(如图4-4所示)。

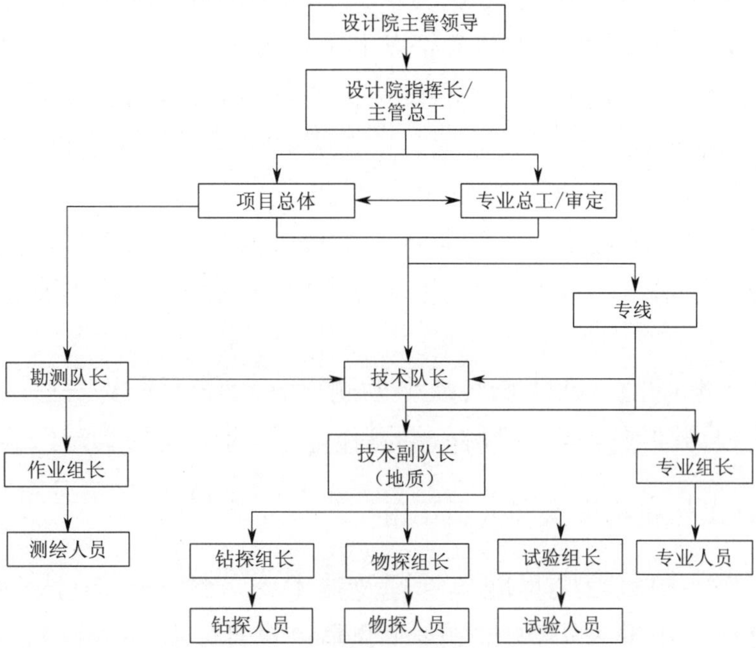

图4-4　勘测工作机构示意图

勘测工作主要岗位人员素质、能力要求如下：

1. 设计项目指挥长：具有较强的生产组织、协调能力；具备所承担项目相适应的生产知识和管理能力；具有本科及以上学历、中级及以上技术职务任职资格。

2. 设计院主管总工：具有高水平的技术把关和决策能力、较强的组织领导能力；能组织审定勘测设计各阶段的技术方案和文件；能协调设计院各单位、各专业之间的工作关系，提高勘测设计团队效率；熟悉铁道部设计文件审批程序，能与铁道部设计文件审查部门、建设单位、地方政府及相关单位协调、沟通在技术标准、重大方案、重大技术问题等方面的关系；熟悉建设项目总体技术质量管理及勘测设计各阶段文件组成内容；一般具有 2 年及以上的专业处/分院总工程师或项目总工程师任职经历。

3. 项目总体：具有较高的专业技术水平和较丰富的实际工作经验；主持过铁路建设项目本专业范围内的可研、初设、设计、施工图各阶段工作，或者主持过城市轨道交通项目本专业可研、初步设计全过程；具有协调各专业工种之间和单位之间的技术业务关系的能力；具有大学本科及以上学历，一般具有 3 年以上工程师任职资历。

4. 专业总工/审定：具有较强的专业技术质量把关能力，能编写本单位及专业技术发展规划；主持过本专业的重大、复杂项目及其各阶段勘察、设计工作；具有大学本科及以上学历和 3 年以上工程师技术工作经历。

5. 专线：具有 2 年及以上勘测设计工作经历，曾参加过 2 项或以上长大干线、复杂枢纽或城市轨道交通项目的主要勘测设计，熟悉勘测设计生产流程、专业衔接和有关的规程、规范。

6. 技术队长(副队长)：一般应具有工程师及以上技术职称，并担任过专业组长的技术工作经历，熟悉掌握线路或枢纽勘测，有较丰富的勘测设计经验。

7. 勘探(测)队长(副队长)：从事勘测设计工作 5 年及以上，熟悉勘测内外业工作流程，并胜任测绘或勘探、勘测作业；具有一定的管理经验。

二、设计工作机构设置和人员配备

设计工作一般每百公里配备管理及技术人员约 30～50 人(如图 4-5 所示)，根据设计工作量大小作出安排和调整。设计工作主要岗位包括项目指挥长、设计院主管总工、项总/总体、专业总工/审定、专线等，其素质、能力要求与勘测工作重点岗位类同。

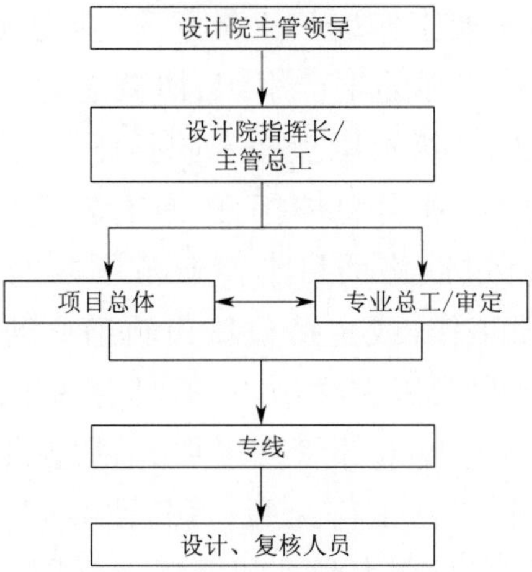

图 4-5　设计工作机构示意图

三、现场设计配合机构设置和人员配备

现场设计配合机构设置方案，由建设单位与勘察设计单位根据项目情况商定，一般每百公里配备管理及技术人员 15～25 人（如图 4-6 所示），根据工作量大小作出安排和调整。其驻设地点应尽量与建设单位或其段落指挥部设置匹配。

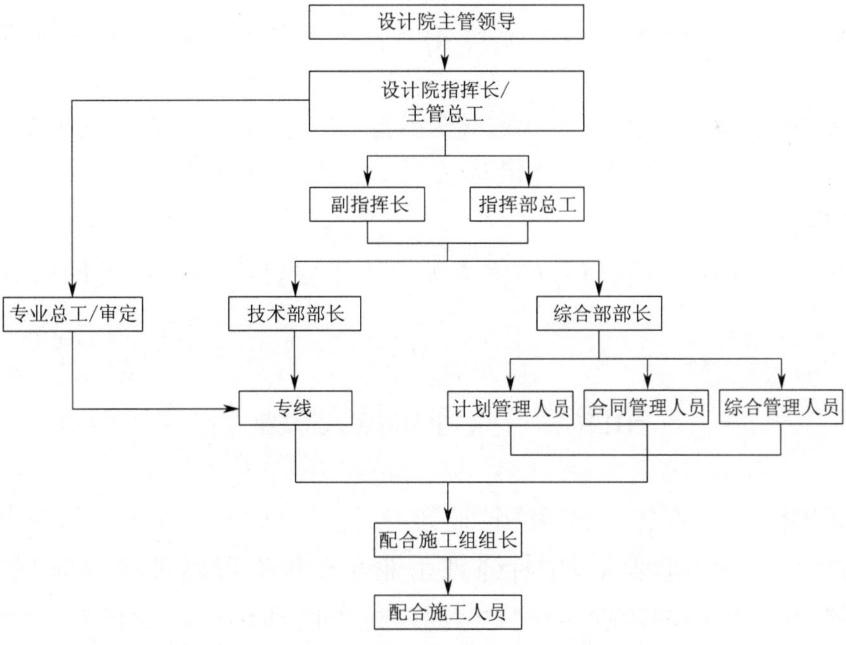

图 4-6　现场设计配合机构示意图

现场设计配合机构主要工作岗位人员素质、能力要求如下：

1. 项目指挥长：具有较强的生产组织、协调能力；一般具有本科及以上学历、副处级以上行政级别、中级及以上技术职务任职资格。

2. 指挥部总工：一般由项目总体担任，具有较高的专业技术水平和较丰富的实际工作经验，主持过铁路项目本专业范围内的可研、初设、设计、施工图、设计配合施工各阶段工作，或主持过城市轨道交通项目本专业可研、初步设计全过程；具有大学本科及以上学历，一般具有 3 年以上工程师任职资历。

3. 技术部部长：具备与技术部管理需要相适应的知识和管理能力；具有较高的专业技术水平和较丰富工作经验；具备研究解决综合性技术问题及专业间技术接口问题的能力；具有大学本科及以上学历，一般具有 2 年以上工程师任职资历。

4. 综合部部长：具备与综合部管理需要相适应的知识和管理能力，一般具有较强的计划决策能力和组织协调能力；能够胜任计划调度和后勤管理工作；具有本科及以上学历、工程师及以上技术职务任职资格。

5. 专业总工/审定：具有较强的专业技术和质量把关能力；能负责长大干线或重大勘测设计项目的技术或质量把关，及时解决单位内重大技术质量问题和施工中变更设计问题。能审查和组织审查本专业的设计文件、设计标准、业务建设、技术总结和科研成果；主持过本专业的重大、复杂项目及其各阶段勘察、设计工作；具有大学本科及以上学历和 3 年以上工程师技术工作经历。

6. 专线：具有 2 年及以上工作经历，曾参加过 2 项以上长大干线、复杂枢纽或城市轨道交通项目的主要勘测设计，熟悉勘测设计生产流程、专业衔接和有关的规程、规范。

7. 配合施工组长：能够具体负责配合施工设计组的技术管理和日常管理工作。

第四节　监理单位人员配备

监理单位机构设置一般采用“监理项目部—监理组”两级管理模式（如图 4-7所示）。每个监理标段中标监理企业在现场设置监理项目部，并实施总监负责制，对标段内的监理工作负总责。每个监理标段至少设置 1 个中心试验室。现场每 30～40 公里设一个监理组（分站），监理组设组长（分站长）、副组长（副分站长）各 1 名，按照监理组管段工程特点配置路基专业监理工程师、桥梁专业监理工程师、测量专业监理工程师、隧道专业监理工程师、“四电”监理工程师、安全监理工程师、环保监理工程师、合同管理监理工程师等相关专业监理工程师。各类专业监理人员的进场顺序和数量可根据施工单位施工组织方案进行安排，以满足施工现场监理工作需要为原则。原则上，现场监理人员普速单线项目按每公里 0.3～0.5 人配备，双线再增加 20%；客运专线项目一般按每公里不少于 0.9 人配备，且需保证人员结构和专业特点能符合下列要求：

(1)每个标段的监理项目部设置总监 1 人、副总监不少于 2 人(其中明确分管安全、质量管理负责人各 1 人)，每个监理组设组长 1 人，其他岗位和专业人员数量由监理项目部按照《铁路建设工程监理规范》有关要求，根据工程监理工作需要合理确定。

(2)在施工过程中，保证开工工点现场监理人员配置满足以下要求：桥梁桩基每公里不少于 1.5 人，其他部位每公里不少于 1 人；预制梁场、轨道板预制场、铺轨场每个不少于 3 人；路基每公里不少于 1 人；隧道开挖和衬砌每个作业面不少于 1 人；混凝土拌和站试验监理每个不少于 1 人；安全监理每个监理组不少于 2 人；环保监理每个标段不少于 2 人；信息系统管理员每个监理项目部和监理组各不少于 1 人；接口专业监理及其他专业监理人员应满足施工监理和相应工作的需要。

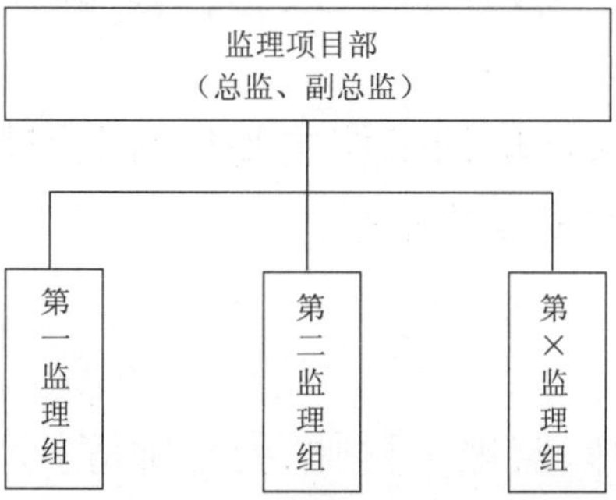

图 4-7　监理项目部机构示意图

监理单位主要工作岗位人员必备的任职资格要求如下：

总监理工程师：年龄不宜超过 55 岁，应具有高级技术职称，持有国家注册监理工程师和铁路总监理工程师岗位培训合格证书，有 10 年以上类似工程监理经历。

副总监理工程师：年龄不宜超过 55 岁，应具有高级技术职称，持有国家注册监理工程师和铁路总监理工程师岗位培训合格证书，有 8 年以上监理工作经历。

监理组长:应具有中级及以上技术职称,持有国家注册监理工程师或铁路总监理工程师岗位培训合格证书,有铁路客运专线咨询或监理工作经历或5年及以上铁路工程监理工作经历。

工程专业监理工程师:应具有中级及以上技术职称,具有省部级或国家监理工程师资格证书,且有5年及以上类似监理工作经历。

测量监理工程师:应具有中级及以上技术职称,具有测量专业资格证书,经监理培训合格,且有5年以上工程测量工作经历。

安全监理工程师:年龄不超过50岁,应具有中级及以上技术职称,具有全国注册安全工程师或省部级安全岗位培训或监理培训的合格证或从事安全监理3年以上。

环保监理工程师:应具有中级及以上技术职称,具备环评资质,且从事环保工作3年以上。

监理员:应具有初级及以上技术职称,经监理培训合格,且有3年以上现场监理工作经验。

检测试验员:应具有初级及以上技术职称,具有省部级试验检测培训合格证,且有3年以上现场检测工作经验。

第五节 人员培训

铁路建设管理各类人员培训工作主要包括上岗培训和岗位继续教育,目的是提高建设管理队伍的专业化水平。

一、上岗培训

除国家规定的建造师、监理工程师、会计师等执业资格证书外,只要在铁路建设项目有关岗位工作的,上岗前都必须进行相应的管理和技术培训。上岗培训分层分类开展,力求做到专业全覆盖、人员全覆盖,其组织主体除铁道部主管部门外,还包括建设单位、施工和监理企业。从2004年开始,铁道部采取集中和分片集中培训方式,先后举办建设管理高级培训、建设管理综合培训、专业管理岗位培训93期,培训建设单位管理人员8 032名(其中高级班6期,培训378人),培训内容包括铁路建设的法律法规、建设程序、建设标准体系、铁路建设前期工作、征地拆迁、合同管理、环保水保管理、勘察设计管理、施工组织管理、施工技术管理、质量安全管理、物资管理、验工计价与投资控制、竣工验收等。这些人员经过培训并考试合格后走上建设管理岗位，有效提升了建设管理队伍人员规模和专业素质。各建设单位按照铁道部统一要求，根据项目实际特点，组织开展了一系列的管理规章制度，高速铁路工程的新技术、新标准、新工艺，铁路营业线施工安全及其他特殊要求的上岗培训。培训对象包括建设单位技术管理人员、施工单位技术管理人员、监理单位人员以及施工现场的相关专业技术人员等。这些培训对于开展项目标准化管理起到了打基础的作用。施工单位将项目管理人员的教育培训作为提高项目综合管理水平的重要途径，坚持全员、全过程学习培训和先培训后上岗、边提高边达标的原则，通过集中办班与现场培训相结合、理论学习与实际操作相结合的方式，分层次、分专业、分阶段、分岗位开展教育培训。培训对象包括：项目经理部和分部（工区）负责人、专业技术人员，专业队、架子队管理人员及上场的所有企业员工和劳务工。针对不同层次的职责分工和专业要求，采取多种方式的教育培训。项目经理、总工程师、安全总监和特殊岗位技术人员一般采取送外培训的方式，如参加国家层面的建造师培训和安全“三类”人员培训、业主和建设单位统一组织的专业知识培训、指定培训机构组织的继续教育等。计划、财务、物资等业务人员一般采取企业集中培训的方式，开展与现场管理有关的成本核算、劳动定额、劳动力管理、法律知识、合同管理等方面的教育。工程技术人员、专业技能人员一般采取集中培训和现场培训相结合的方式，组织开展施工技术、工艺、规范和验收标准的培训学习。同时，依托农民工夜校和农民工培训基地，对农民工开展职业技能、施工技术、安全规范、质量标准、权益保障等全方位的教育培训。通过严格细致的培训使项目各级人员充分掌握项目标准化管理的基本知识，掌握本岗位工作所包含的管理内容及要求，使架子队建设、现场管理与过程控制、标准化作业得到全面提高。铁路工程监理人员必须统一参加铁道部指定中国铁路建设协会举办的业务培训，经考核合格后才能在铁路建设项目上执业。2008 年～2012 年共计培训合格铁路工程监理工程师 10 890 人，监理员 7 269 人。除此以外，监理人员还必须参加建设单位组织的现场培训和监理企业自己举办的上岗培训、现场培训。这些培训的主要内容包括铁路建设管理规章制度、铁路工程新技术新工艺、铁路工程监理工作规范和其他相关标准化规定、职业道德和工作纪律等。

二、岗位教育

在满足当前铁路建设管理需要的同时，为适应未来铁路发展需要，积极鼓励各方开展铁路建设领域人才的培养工作。铁道部制定人才培训计划，实施了一系列的激励政策，主要方式是送国外培养和国内大学、研究机构培养，通过培养力争形成项目负责人、技术负责人源源不断、中层管理人员层出不穷、专业技术管理人员应有尽有的人才格局。各铁路公司、铁路局按照铁道部要求，坚持全员培训与重点锻炼相结合、服务既有与培养储备相结合，创新培训培养方式。对一些具备领导潜质、德才兼备、缺乏工程现场经历的优秀人才，有计划地选拔到一些大型工程项目担任指挥长、副指挥长、指挥长助理等职务；对一些缺乏机关层面管理经历的优秀人才，交流到铁路局业务管理处，给任务、压担子、促成长，使其在工作实践中全面锻炼、稳步提升。通过激励机制，选拔出一批铁道部青年科技拔尖人才、路局学科带头人、路局中青年科技人才、省市级科技精英人才等。上海局专门组织编著了包括指挥长、总工、安质部长、计财部长、工程部长和桥梁、隧道、线路、房建、四电、预算专业工程师在内的13个岗位工作指南，主要内容包括岗位职责、任职条件、工作内容与方法、应当掌握的专业知识等，对于做好建设队伍培训，指导日常工作起到了直接、有效、积极的帮助作用，成为备受广大建设管理人员肯定和欢迎的培训教材。与此同时，各参建企业也都按照国家有关要求和本企业人才发展规划，组织实施了各种形式的岗位教育，这些工作为其干好铁路工程能够起到积极的保证作用。

总的看来，当前我国铁路正处于一个技术创新、管理创新的“蜂聚”效应集中显现的黄金时期，只有大力加强建设管理人员教育培训，才能帮助他们适应新技术、新标准、新工艺、新装备和新的管理模式要求，造就一支全面适应大规模、高标准铁路建设需要的建设管理人才队伍。这项工作事关大规模、高标准铁路建设成败大局，事关参建企业根本利益和长远发展，务必以战略的眼光持之以恒地抓紧抓好。

第五章　用 工 管 理

一线作业队是施工生产的直接责任主体，是完成施工任务的基本力量。标准化管理能不能贯彻到施工现场，标准化作业能不能取得实效，最终取决于一线作业队的综合素质和执行力、创造力。近 20 年来，铁路施工企业（指集团公司，即过去的工程局）劳动用工方式和劳动组织形式发生了较大变化，在一线大量使用劳务工（农民工）逐步盛行，原有的基层组织——工程队逐步减少甚至消亡。当前，在铁路建设项目上，施工一线作业队伍基本上是以劳务工为主体，施工企业正式员工所占比例很少。管好用好劳务工，既是施工企业队伍管理工作的重要任务，又是铁路建设项目标准化管理的重点工作。本章将着重介绍一种规范劳务用工的有效管理模式——“架子队”。其他诸如职工思想政治工作、劳动纪律、教育考核、日常管理等问题，国内已有大量的、成熟的理论和方法，这里就不再赘述。

第一节　架子队的概念

一、历史渊源

架子队模式的起源，最早可追溯到抗战胜利后我党领导的人民军队进军东北这一特殊历史时期。当时党中央专门部署从各大解放区抽调两万名干部组成了 100 个“架子团”。这些架子团的基层组织为“架子连”，“架子连”的连长、指导员、排长、班长、党小组长由抽调的干部担任，普通战士则来自所收编的当地武装力量。新中国成立后，铁道兵在一些重点工程建设中沿用了这种模式，比如 20 世纪 70 年代初活跃在襄渝线建设工地的“三线学生兵连”，等等。20 世纪 80 年代，铁道兵集体改工后，一些原属铁道兵的工程局为补充一线施工力量，继续采用这种模式。同一时期，国内其他大型建筑企业也曾采用了把劳务工混编到建制工程队的做法，但是没有提出类似“架子队”的统一称谓。

改革开放以后特别是 20 世纪 90 年代以来，国有企业用工体制改革逐步推开。一方面，原有的全民所有制用工体制逐步转化为全员劳动合同制，施工企业正式职工全部转化为劳动合同制员工，并停止招收全民所有制正式职工；另一方面，随着农民工进城务工大潮的兴起，企业劳动用工社会化、市场化逐步成为潮流，各大建筑企业除管理、技术干部继续以大学生分配、复员军人安置等方式补充外，在施工一线以临时用工的形式大量使用劳务工。到本世纪初，在铁路建设项目上施工单位基本不再有正式职工在施工一线充当劳动力，原来作为一级基层建制的工程队逐步名存实亡直到最后取消。与这一历史进程相伴的是，项目法施工逐步全面推行，打破了过去传统的“工程局—处—段—队”的行政体制，改为由企业派出项目经理部直接管理作业队来承担施工任务。由于施工企业自有工程队普遍存在人力不足、人员逐步老化、劳动能力下降、基本工资较高、人员调配麻烦等问题，而社会上的民工队具有劳动能力强、使用成本低、管理简单、召用和解聘灵活性大等优势，加上“包工头”这个特殊群体强大的“公关”能力，分包工程逐步成为一种主流做法，以包代管问题日益突出。一是现场管理失控。由于使用了包工队，在一线作业的劳务工与施工企业项目经理部缺乏正常的管理关系，造成施工现场管理层与作业层脱节，现场管理严重依赖于包工头，越是到施工关键时刻，就越容易被包工头所要挟，不少施工单位不得已为之吞下苦果。多年来，因经济合同纠纷引发的冲突时有发生，不但给施工单位造成经济损失，而且给工程进展和队伍稳定造成影响，有的甚至引起国内外媒体广泛关注，造成严重社会影响。在缺乏监督的情况下，某些包工队片面追求经济利益，蓄意偷工减料，不按规范作业，造成种种质量、安全隐患，有些甚至酿成事故。二是大、小包工头之间层层转包，导致在现场实际承担施工任务的小民工队和普通劳务工利益得不到保证，缺乏干好工程的内在动力。同时，由于民工工资由包工头发放，经常出现包工头克扣、恶意拖欠和不支付民工工资的情况，引发劳资纠纷甚至群体事件，施工企业对此难以掌控。三是在分包工程过程中，滋生了很多腐败问题。四是造成施工企业专业技能人才断链，严重削弱了专业施工能力。这些问题的存在，严重影响了铁路建设项目工程质量、安全和进度，成为一个严重的行业性、社会性问题。针对以上问题，在铁道部主导下，铁路建设系统采取了一系列措施持续打击非法分包转包工程、以包代管、偷工减料问题，也收到了积极的成效。但是，这些问题总是屡禁不止、屡治屡犯，一直难以根除。面对这种形势，一方面是包工队危害大、影响坏，坚决不能用；另一方面是施工企业要有规模经营，而自有劳动力不够用，必须大量使用劳务工，这是一对亟需解决的矛盾，迫切需要有一种两全其美的解决办法。作者长期在铁路建设系统担任各级领导干部，对此进行了深入的思考、研究和探索，深知要从源头上、根本上解决这些问题，必须从规范施工企业用工行为入手，合理引导施工企业以正确的方式管理劳务工。借鉴历史的经验，结合当前现状，自认为采用“架子队”模式是一种行之有效的治本之策。2005 年 6 月，作者在胶新铁路建设现场会讲话中向全体铁路施工企业正式发出了推行“架子队”模式的号召。其后又亲自主持制订实施了几个配套的管理办法，并一直指导中国中铁股份公司等单位进行试点、普及和提高。经过几年的实践，这项工作已取得明显的成效，铁路施工企业普遍尝到了甜头，很多单位不仅在铁路上采用“架子队”模式，而且在其施工的其他工程上也在推广普及“架子队”。

二、基本模式

简单地说，架子队就是一种以正式职工(指与企业正式签订劳动合同的员工，以下同)为管理和技术骨干来组织管理劳务工从事施工作业的组织形式。架子队的组织结构分为管控层和作业层。管控层亦即所谓的“架子”，包括架子队队部管理人员和派驻工班的领工员，由公司(在本章内指工程局集团公司下属的子公司，亦即过去的工程处)正式职工组成。架子队作业层即其下设的作业工班，一般每个架子队工班总数不宜超过 5 个。

(一)管 控 层

按照铁道部的统一规定，架子队应至少设队长、技术主管、技术员、质检员、安全员、测量员、试验员、材料员、领工员和工班长等岗位(如图 5-1 所示)，在实际工作中不少施工单位还增设了党支部书记、经济核算员等，这样一般架子队管控层定员能够达到 15～20 人。施工单位应在其标准化管理体系文件中，对本单位架子队主要管理岗位设置方案以及相应职责、任职条件作出明确规定。

架子队管控层人员的来源：一是从公司内部抽调合格的员工到架子队工作并保持相对固定。二是从每年接收的大中专毕业生和复员军人中进行选拔，经过强化培训后派到架子队工作。三是从本单位离退休人员以及社会上具有专业技术管理能力的人员中选聘，但与这些人员签订劳动合同的期限一般应晚于项目完工时间。四是从一线劳务工中录用一批有经验、有能力的优秀人员，依法签订劳动合同，作为工班长和作业骨干使用。有些企业为此专门制定实施了招录优秀劳务工的政策，将这些录用人员作为企业人力资源纳入正常管理，建成一支总数 2 000～3 000名的技能人才队伍，以此作为企业长远发展的重要依靠，这样既有效解决了同时承担多个项目组建架子队的需要，又有利于保持企业专业化作业水平。

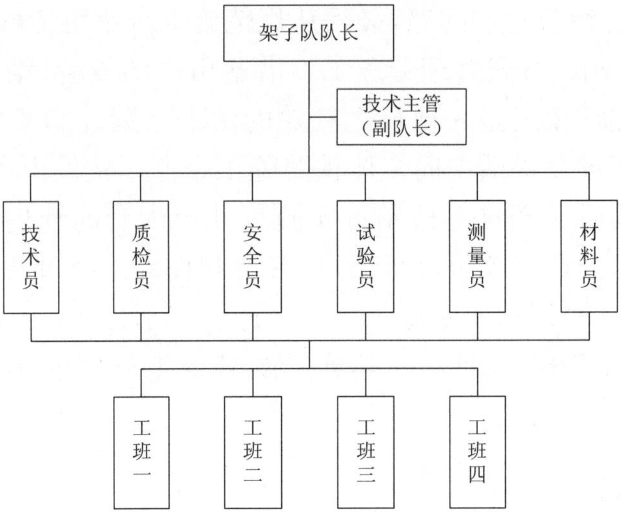

图 5-1　架子队组织结构示意图

（二）工　　班

工班是架子队作业层的基本单元，一般可分为自建型工班和劳务型工班两种类型。

1. 自建型工班

自建型工班是由公司直接组建的工班，以企业正式职工为骨干并混编部分劳务工，可以承担专业工序作业任务，一般人数不超过 40 人，承担的工序不超过 2 个。自建型工班是一种“模块化”的作业单元，根据工作需要，可以灵活调配，编入不同架子队。自建型工班的工班长和作业骨干由公司正式职工担任，这些正式职工由企业负责调配，日常考核、收入分配等事务则由架子队管理。自建型工班一般应作为常设建制，纳入公司基层组织序列实行常态管理，保持骨干人员稳定，至于其中的普通劳务工则可根据施工任务需要适时增减。自建型工班中的劳务工由项目经理部或架子队按企业规定的程序，根据施工需要选配。劳务工一般由社会上的劳务公司或与公司有合作关系的地方政府劳务基地提供，有条件的公司应尽量建立自己的劳务基地。目前，大多数施工企业对劳务工管理采取的是“用人与用工分离”的做法，即劳务工与劳务公司是劳动合同关系，架子队与劳务公司是劳务输出关系，劳务人员与架子队不存在直接的劳动合同，但在架子队与劳务公司的合同中明确了管理关系、劳动条件、劳动报酬等内容。另外，也有架子队以签订劳务合同的形式使用一些零散劳务工，但是一般属于临时用工，合同期限只有几个月，内容仅限于提供劳务。自建型工班一般有固定的专业化方向，而且专业性越强的工班如铺轨架梁、四电作业、设备安装等工班，正式职工比例越高。自建型工班的优势在于人员稳定，归属感强，作业技能较高，组织纪律性较强，能够服从命令听指挥，保证各项规章制度在现场得到落实，因此，自建型工班是架子队最有战斗力的基层单元，也是一个企业专业技术包括核心技术的可靠载体。从某种意义上讲，一个架子队中自建型工班的数量，就代表着这个架子队的专业化水平；一个公司中自建型工班的数量，能够反映出其专业化施工程度。

2. 劳务型工班

劳务型工班也就是常说的小劳务队，一般人数在 50 人以内，可以独立承担常规工程的工序作业。劳务型工班具有“一次性”特点，待其所承担的劳务工程完工后，不再列入项目下辖的架子队工班序列。为便于随时招用，很多公司都会与一定数量的小劳务队建立长期合作关系。劳务型工班的组建，实际上是对小劳务队的选用过程，主要方式有两种：一是由劳务公司以劳务派遣或劳务分包的形式整建制输入，列入架子队工班序列管理，其负责人由劳务公司指定，按照工班长对待，接受架子队日常管理；二是由自然人牵头组建的小劳务队，与项目经理部或架子队直接建立劳务用工关系并整体纳入架子队。这种劳务工班常常也会挂靠在劳务公司，但劳务公司对他们基本上是只收费、不管理，真正负责的还是牵头的自然人。

组建劳务型工班是施工企业在自建型工班有限的情况下，扩充作业层的一种现实的选择，这也是当前规范劳务用工的重点。为加强对劳务型工班的管理，目前施工企业普遍规定架子队必须对每个劳务型工班派出领工员跟班作业；对劳务型工班实行工费加小料的工序劳务分包；严格审核劳务工工资分配情况，采取有效方式确保将工资直接发放到劳务工手中。由于历史的原因，很多施工企业大量存在搞“大包”（指包工包料）或变相“大包”工程的包工队，现场作业实际上由包工头来负责组织，项目经理部对包工队的现场作业不能实施有效的直接管理。施工企业组建劳务型工班，就是要抛开包工头，直接与这些小劳务队建立劳务分包关系，夺回施工现场生产管理的主动权。一方面，要通过谈判、仲裁等方式，依法合规地将包工队清出，另一方面，对原来跟随包工头分包现场作业任务的小劳务队中符合条件的经过改造后予以留用，编入项目经理部架子队工班序列实施有效管理。改造的方式主要有以下几种：

1. 混编，即以职工带民工的方式重组工班，由公司派入骨干（如工班长、领工员、安全员等）来加强管理；

2. 拆分，即将劳务队按专业工序拆分后纳入不同工班管理；

3. 培育，即鼓励职工即公司作业骨干人员，在保留劳动关系的情况下，带领劳务工班进行工费承包。

从基本模式来看，架子队的优势非常明显：一是由架子队直接管民工，消除了包工头这个祸害多端的中间环节，把现场掌控和队伍管理的主动权夺回自己手中；二是消除了层层分包转包，既有利于降低成本支出，又有利于保障劳务工收入；三是有利于充实和稳定一线作业骨干，保证一线作业队伍的专业化水平。以上这些，对于规范现场作业行为，提升人员专业素质，能够发挥源头性保证作用，有利于从根本上提升施工一线标准作业水平。有鉴于此，施工企业应将架子队作为劳务用工的主要方式。当然，对一些专业性很强的工程作业如钢结构安装、房屋装修、地质预报等，也不反对或排除专业分包，但是发包单位应按规定对分包工程实施严格管理和监控。

三、常见类型

在公司内部，架子队一般可分为临时性架子队和常设架子队两类。临时性架子队由项目经理部在现场组建，以劳务型工班为主体，工程完工后解散，其中的劳务工按合同约定予以遣散，正式职工由企业另行安置，或者机构暂时不动，对人员进行培训待后转场。常设架子队是以公司一级基层组织形式存在，纳入企业建制序列，其管理层和所下设的自建型工班保持长期稳定。常设架子队受公司指令上场承担指定项目施工任务，在施工期间由项目经理部负责日常管理。常设型架子队分为以下两类(如图 5-2 所示)：

1. 专业队。专业队由一个编制稳定的管控层和 2～3 个自建型工班组成，可以独立承担桥梁、隧道等专业工程施工。专业队在配属项目经理部施工时，可根据需要增补一定数量的普通劳务工或再组建若干个劳务型工班以增强施工实力。

2. 专业公司。专业公司是由公司成立的内部专业化生产与服务机构，比如混凝土公司、机械公司、钢结构公司、试验检测公司、预制厂等等，其人员主体为正式职工，劳务工用量很少而且基本是采用混编方式。专业公司在承担项目经理部委托的专业工程施工，或者为项目经理部所属架子队提供专业化服务时，一般会在现场设立相应的站、厂、室、队等分支机构，这些分支机构可以纳入项目经理部下设的架子队管理序列。

常设架子队是公司专业化施工的骨干，因此，在安排项目施工时，应以常设架子队作为基本力量，在常设架子队不够的情况下，再由项目经理部根据需要组建临时架子队。公司应当按照系统化、专业化、常态化原则，加强常设架子队全面建设。所谓系统化，就是企业应综合考虑本企业的经营战略、资质范围等因素，对专业队建设应作系统筹划，专业队的门类、数量应当覆盖施工生产主要领域并突出企业的专业优势；所谓专业化，就是每个专业队都必须有稳定的专业方向，能够独立承担桥梁、隧道、路基、铺架等专业工程现场作业；所谓常态化，就是公司对所设置的专业队在组织建制上应保持相对固定，在人事、社保等日常管理上实现常态化。

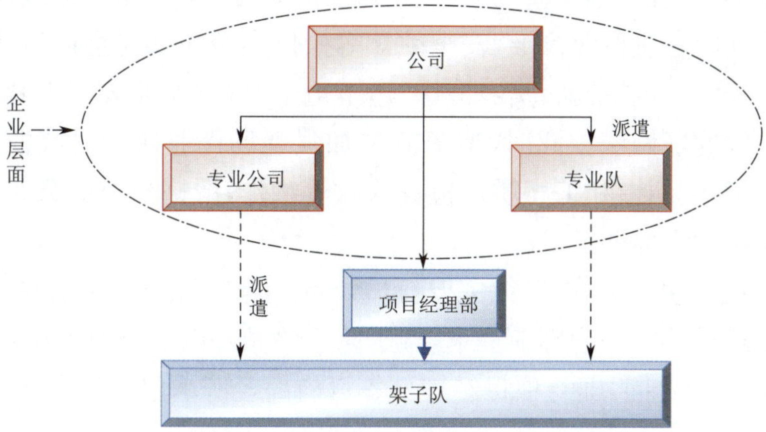

图 5-2　公司架子队组织关系示意图

第二节　架子队的管理

一、架子队自身管理

“麻雀虽小，五脏俱全”。架子队作为最基层的一级组织，虽然人员不多，但既要管好队伍，又要管好工程，二者缺一不可，不可偏废。

在队伍管理方面，架子队与施工企业过去的工程队基本相同，但又有新的特点，那就是对职工与劳务工实行混合管理。这种混合管理体现为“五同”即“同吃，同住，同劳动，同学习，同报酬”。实践证明，这“五同”是搞好队伍管理的关键，“五同”做到位了，队伍管理的主要矛盾就解决了。同吃，解决的是劳务工伙食标准低，食堂条件差的问题；同住，解决的是劳务工居住条件差，卫生条件差，生活用品杂乱不统一的问题；同劳动，解决的是全靠劳务工干活，正式职工只当“监工”甚至连工地也不上的问题；同学习，解决的是劳务工基础知识差，专业技术不强，学习机会少，得不到及时培训提高的问题；同报酬，解决的是收入分配不公平和工资发放不及时的问题。把以上这些问题解决好，劳务工的归属感就会增强，架子队内部关系就会融洽，思想情绪就会稳定，队伍就好管、好带了。

在工程管理方面，架子队应抓好四项指标（指质量、安全、进度、成本指标）和六项要素（指人员、物资、机具、技术、资金、工班管理）。与过去工程队相比，不同之处主要体现质量、成本和工班管理三个方面，这三个方面也是架子队工程管理的重点所在。

——在质量管理上，主要是针对劳务工素质良莠不齐的状况，切实加强业务培训。培训内容以作业标准、安全须知等操作岗位应知应会内容为主。培训方式有集中培训、以老带新、实习锻炼、边干边学、编发作业要点卡片等等，这些都是富有成效的好做法。同时，架子队要加强现场作业质量自我监控，做好作业过程跟班指导、纠错和工序质量检查验收等工作，严格规范劳务工作业行为，保证作业质量达到标准。

——在成本管理上，在坚持主要机械设备、主要工程材料、主要技术工作和资金由项目经理部统一管理前提下，架子队主要做好以下五项工作：

1. 签好两个合同，即与项目经理部签订内部经济承包责任合同和与班组签订计件承包合同；

2. 做好两个成本管理，即责任成本管理（根据两个合同分析责任成本）、目标成本管理（结合实际情况分析目标成本）；

3. 坚持两项考核，即每月坚持做好材料统计核算，对主要材料节超和除班组所应承担以外的其他辅助材料节超（如电费、电料、周转材料等）进行考核；

4. 开好一个会议，即每月召开经济活动分析会议，分析成本原因，制定改进措施；

5. 及时兑现承诺，即每月及时兑现班组计件承包合同、材料节超奖罚考核结果。

——在工班管理上，一是要主动管理，落实对工班的承包责任制，帮助工班建立各类台账，分析盈亏原因，制定合理工序流程，提高工班生产效率和创效能力；二是要深入管理，帮助工班分析不同条件下的施工要求，熟悉规范规程，明确操控重点，提高工班生产技能；三是要透明管理，建立完善的工班考核奖惩制度，帮助工班制定劳务工最关心的分配方案，做到分配公正公开，从经济利益上提高每一个劳务工的积极性。

例 1：山西中南部铁路通道某项目经理部隧道一队开挖工班（自建型工班）2012 年 5 月份管理情况概述。

1. 人员情况：出勤人员合计 35 人，其中工班管理人员 4 人（含工班长），开挖组 19 人，喷锚组 9 人，仰拱组 3 人。

2. 完成任务情况：完成开挖 133 m，计 42 个循环；喷锚支护 133 m；仰拱 127 m。

3. 工资计算方式：副班长 2 人、带班人员 1 人、开挖组 19 人，基本工资按完成 30 个循环计算；进度奖按当月完成的超循环数计提，每超一循环按 160 元计算，本月实际超循环数为 12 个循环。喷锚组 9 人，仰拱组 3 人，也按前述标准计发基本工资。班长 1 人，按全班工人合计平均工资的 1.5 倍计算基本工资，其责任考核奖依据当月完成月度计划情况，按 100 元/循环进行兑现。

4. 工班考核奖：当月完成 42 个循环，奖励开挖工班 9 030 元，其中奖励班长 870 元，班组其他 34 人每人 240 元。当月掌子面光爆效果较好，对表现突出的进行奖励：奖励班长 1 050 元，7 名现场领工员和作业组长每人 200 元，开挖组 5 名工人每人 50 元。

5. 班组成本核算：当月本班验工计价 494 965 元，扣除机具和材料款 158 487元，当月实际支付工费 238 555 元，节余 97 923 元。

二、项目经理部对架子队的管理

项目经理部(或项目分部、工区，以下同)对架子队的管理主要包括以下五个方面职能：规划架子队设置、监督工班设置与管理、完善经济承包、实施工作考核、加强现场管理，如图 5-3 所示。这里着重介绍前四项，现场管理相关内容在本书第八章中介绍。

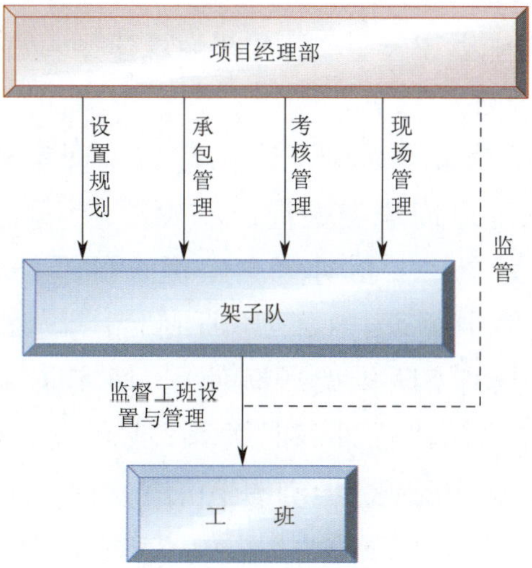

图 5-3　项目经理部对架子队管理关系示意图

(一)设置规划

项目经理部应根据项目的特点,按照施组需求,合理规划架子队数量、专业和进出场时间,并按规划对架子队进行配置。在这方面应注意三点:一是合理划分任务。一般每个架子队管段长度不宜超过 3 km,承建的单位工程不超过 2 个,工程投资总额不宜超过 1.5 亿元。二是注重专业配置。所有桥、隧、路基以及机械设备施工、混凝土供应、钢结构加工等都应由专业化架子队承担。三是尽力节约成本。大力优化施工组织,合理有序安排架子队进出场,努力减少停工窝工时间。合理掌握劳务型工班的配备,实行自建型工班与劳务型工班有机结合,尽量利用社会资源,根据施工进程和工序转换需要及时调整劳务工数量。

例 2:全长 14 km 的壁板坡隧道是沪昆铁路客运专线云南段最长的隧道,也是全线控制性工程。该隧道集岩溶、涌水、坍方、高地应力、岩爆、瓦斯等地质灾害,安全风险高,施工组织难度大。某项目经理部承担该隧道进口段以及其他相关工程施工任务,管段长度 17.05 km,工程投资约 16.5 亿元。在项目经理部统一规划下,共设置了 6 支架子队,每个架子队管段长度平均为 2.84 km,任务量平均约1.5亿元。这 6 支架子队均为专业队,分别为隧道一队、隧道二队、隧道三队,桥梁一队、桥梁二队和路基队,共计下设 24 个工班,其中自建型 13 个、劳务型 11 个。项目经理部依照施工组织设计方案,于 2010 年 9 月先安排其中 5 支架子队进场施工,到 2012 年 3 月再安排另外 1 支架子队进场施工。为加强施工保障工作,由 6 个专业化分公司(包括混凝土分公司、设备租赁分公司、试验分公司、测量分公司、钢结构分公司、物资分公司)在现场设立站点提供专业服务管理,这些站点共内设 12 个班组,全部为自建型。如图 5-4 所示。

(二)工班设置与管理

项目经理部应对所辖架子队的工班构建与管理实施有效监管,重点有两个方面:一是对架子队工班构建类型提出明确要求,重点工程,特别是长大隧道必须以自建型工班为主。二是对劳务工班来源严格审查把关。采取企业统一招用、公开竞争、集中评审、内部“注册”储备等方式,择优选定一批有实力、听招呼、讲信誉的小民工队供架子队使用,切实防止个别人说了算、暗箱操作等问题。对那些企图靠“背景”和“关系”或者以其他以不正当手段进入架子队的劳务队伍,更要从源头上严加防范。

(三)经济承包

项目经理部对架子队应采取工费承包和机械、材料费消耗指标包干的方式,其中有两种情况,一种是工程量能够确定的,按照市场单价将该项工程承包给架子队;另一种是工程量不能确定的,将每项工序的单价细化,按每月验工数量扣除其成本的方式承包。同时项目经理部要指导架子队对工班进行承包,对自建工班实行工费计件承包,对劳务型工班实行单工序工费加小料及小型料具承包。

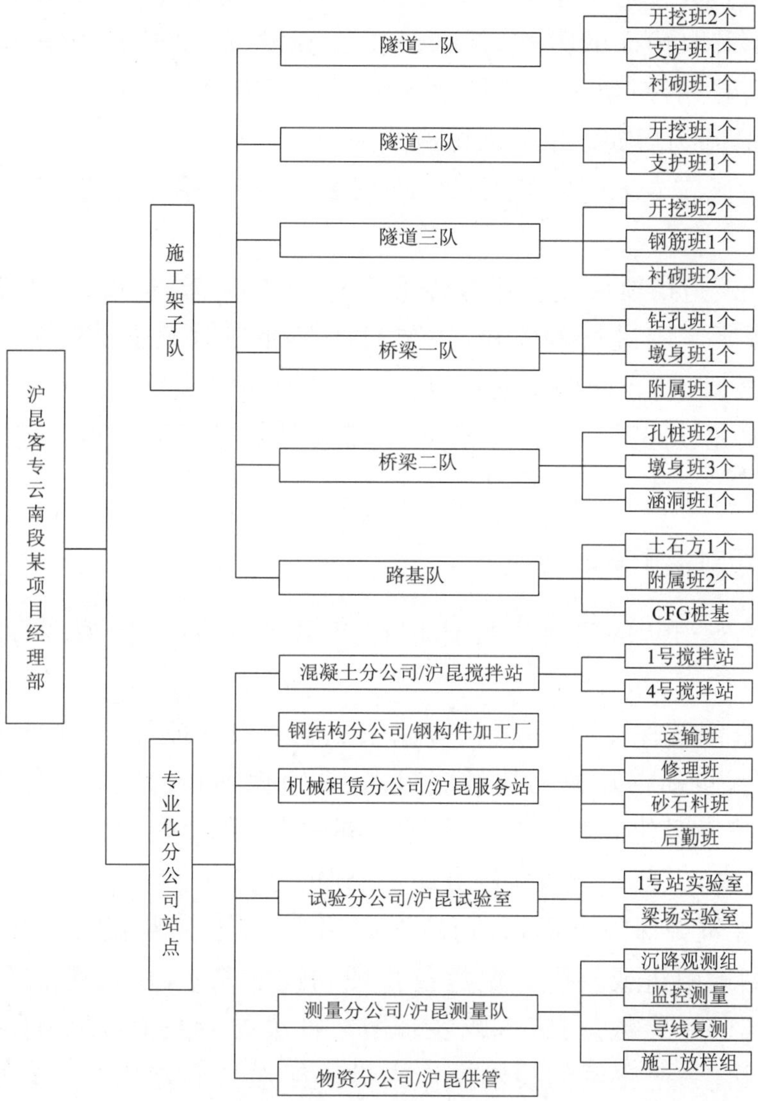

图5-4　沪昆客专云南段某项目经理部组织结构示意图

(四)项目经理部对架子队的考核管理

项目经理部负责对架子队的考核管理工作,考核管理包括承包考核、专项考核两个方面。

承包考核即按照项目经理部与架子队签订的承包合同,每月对架子队盘点结算，每季给架子队兑现。在承包和考核时要注重两个方面：一是承包指标要有合理性，即架子队的承包单价应与市场行情相符，而不能简单套用投标单价，同时还要根据市场的变化和现场的实际情况对承包单价进行动态调整，不能让架子队承担因市场变化带来的成本风险；二是承包考核要根据不同阶段采取不同的兑现方式。在刚进场和工程收尾时，架子队产值较低，项目经理部要采取预支的方式，保证员工工资发放，亏损部分先作挂账处理。而在施工高峰期，对架子队考核后一般不宜全额分发，应预留一部分用于弥补前期亏损，并为后期以丰补歉留有余地。

例 3：沪昆客专云南段某项目经理部 2012 年 4 季度对架子队承包考核见表 5-1。

专项考核是指项目经理部对架子队的安全、质量、进度、技术工作及文明施工等工作所专门进行的考核，主要目的是加强对架子队施工过程中的指导、监督和管理，防止回到过去对包工队以包代管的老路上。

例 4：赣龙铁路某项目经理部 2012 年对所属架子队隧道开挖质量专项考核见表 5-2。

三、公司对架子队的管理

公司对架子队的管理主要体现在组织保障、资源保障、制度保障三个方面。

首先，在组织保障方面，公司应以架子队建设为抓手，对企业内部管理体制进行整合，重新构建自己的基层组织，系统规划和构建专业作业队和专业化公司，并按一级建制组织进行管理。同时，加强政策引导，统一工作标准，加大推动力度，保证架子队建设健康、顺利推进。

其次，在资源保障方面，公司应做好以下工作：一是做好人力资源保证。每年有计划地引进或招聘一定数量管理和技术人才，补充到架子队，同时从技工学校招聘一定数量技工，或者录用一批优秀劳务工，以保证专业作业队或专业公司有一定比例的技术操作人员。加强与地方政府劳务基地和各类劳务公司的合作，稳定、可靠地为架子队输送合格劳务人员。建立分类定期培训制度，有计划地对架子队的管控人员和技术骨干进行强化培训和继续教育。二是做好设备保证。隧道施工、混凝土、测量试验等专业设备应成龙配套地集中配置在专业队或专业公司，为专业化、工厂化生产提供基础条件。有计划地增加设备投入，项目施工所需的主要施工设备尤其是关键设备应为自有设备。

表 5-1　沪昆客专云南段某项目经理部 2012 年 4 季度架子队承包考核情况表（单位：元）

序号	架子队名称	责任成本结算			扣款项目									盈亏（“—”为亏）
		验工结算	材料价差	合计	材料费	机械费	水电费	工资及间接费	劳务班组结算	临建摊销	其他	奖励考核基金	合计	
1	隧道一队	11 726 613	10 956	11 737 569	7 384 388	1 291 386	450 882	2 427 196	0	129 333		58 688	11 683 185	54 384
2	隧道二队	10 654 887	264 402	10 919 289	5 553 469	2 844 087	445 506	2 078 106	0	73 335		54 596	10 994 503	—75 214
3	隧道三队	13 527 552	89 982	13 617 534	7 505 121	1 942 027	1 181 724	2 859 372	0	70 692		68 088	13 558 936	58 598
4	桥梁一队	10 881 309	70 695	10 952 004	6 666 638	628 569	367 155	2 560 071	626 037	233 754		54 760	11 082 224	—130 220
5	桥梁二队	14 741 562	256 881	14 998 443	9 706 375	494 715	165 000	2 926 707	1 404 810	168 870		74 992	14 866 477	131 966
6	路基队	11 463 900	131 706	11 595 606	6 468 601	1 244 155	90 000	512 199	3 258 399	168 870		57 978	11 742 224	—146 618
7	测量分公司	360 039	0	360 039	29 091	0	1 822	297 723	0	0		7 201	328 636	31 403
8	试验分公司	475 803	0	475 803	9 252	0	3 448	412 357	0	0		9 516	425 057	50 746
9	混凝土分公司	16 661 301	—127 908	16 533 393	12 391 554	2 024 551	152 985	1 722 346	0	36 963		9 768	16 328 399	204 994
10	机械租赁分公司	6 447 378	0	6 447 378	2 074 333	3 088 331	28 500	1 458 768	0	0		46 833	6 649 932	—202 554
11	钢结构分公司	524 040	0	524 040	174 075	32 562	47 880	248 806	0	0		2 620	503 323	20 717
合计		97 464 384	696 714	98 161 098	57 962 897	13 590 383	2 934 902	17 503 651	5 289 246	881 817		445 040	98 162 896	—1 798

表 5-2　赣龙铁路某项目经理部 2012 年 4 季度架子队承包考核情况表(单位:元)

序号	架子队名称	责任成本收入				责任成本支出							本季盈亏兑现		
		季累下达责任成本计划指标	责任成本验工收入	价差调整及其他收入	合计	材料费	机械费	水电费	管理费	劳务班组结算款	临建摊销	合计	应兑现盈亏	实际兑现盈亏	累计结余
1	隧道一队	11 256 445	11 726 613	110 956	11 837 569	7 384 388	1 291 386	450 882	560 227	1 866 969	129 333	11 683 185	154 384	123 507	100 567
2	隧道二队	10 624 386	10 854 887	164 402	11 019 289	5 553 469	2 844 087	445 506	514 044	1 564 062	73 335	10 994 503	24 786	19 829	−46 409
3	隧道三队	13 664 633	13 527 552	89 982	13 617 534	7 505 121	1 942 027	1 181 724	522 873	2 336 499	70 692	13 558 936	58 598	46 878	256 610
4	桥梁一队	11 023 643	10 881 309	170 695	11 052 004	6 666 638	628 569	367 155	626 460	2 559 648	233 754	11 082 224	−30 220	−30 220	981
5	桥梁二队	14 636 575	14 741 562	156 881	14 898 443	9 706 375	494 715	165 000	670 011	3 661 506	168 870	14 866 477	31 966	25 573	374 843
6	路基队	11 834 649	11 463 900	231 706	11 695 606	6 468 601	1 244 155	90 000	512 199	3 258 399	168 870	11 742 224	−46 618	−46 618	−97 223
7	测量分公司	369 600	360 039		360 039	29 091		1 822	297 723			328 636	31 403	25 122	82 398
8	试验分公司	472 900	475 803		475 803	9 252		3 448	412 357			425 057	50 746	40 597	112 649
9	混凝土分公司	16 493 385	16 661 301	−127 908	16 533 393	12 391 554	2 024 551	152 985	1 722 346		36 963	16 328 399	204 994	163 995	221 593
10	机械租赁分公司	6 577 327	6 497 378	111 923	6 609 301	2 074 333	3 083 331	28 500	1 458 768			6 649 932	−40 631	−40 631	393 864
11	钢结构分公司	544 386	524 040		524 040	174 075	32 562	47 880	248 806			503 323	20 717	16 574	48 302
合计		97 497 929	97 714 384	908 637	98 623 021	57 962 897	13 590 383	2 934 902	7 545 814	15 247 083	881 817	98 162 896	460 125	324 777	1 613 175

注:1. 季累下达责任成本计划指标=内部工费承包综合单价×下达的季度施工计划工程量+(料、机、水电等消耗和管理费支出包干指标合计数)。
2. 责任成本验工收入=内部工费承包综合单价×季度实际完成工程量+(料、机、水电等实际消耗和管理费实际支出合计数)−(料、机、水电等消耗和管理费支出包干指标合计数)。
3. 价差调整及其他收入包含因市场波动引起的材料价差、合同明确的合同外客观因素引起的不可预见成本增加两部分。
4. 实际兑现盈亏的原则:根据架子队本季度盈亏情况,对盈利作业队兑现盈余的 80%,剩余 20%列入节余用于以丰补歉;对亏损架子队按规定实施处罚。

最后，在制度保障方面，要明确企业、项目经理部和架子队之间的管理关系和经济关系。在管理关系上，明确项目经理部是生产经营的责任主体，对架子队进行正常管理。同时，明确界定架子队的管理内容，架子队作为一级建制组织，是一级经济责任主体，一级成本核算单位，承担可控成本范围内的盈亏责任。公司授权项目经理部与架子队、架子队与作业工班签订承包或劳务分包合同，形成内部经济合同关系。公司应明确架子队的责权利，赋予架子队相应的管理权力，比如人员配置调整建议权、作业工班验工计价及支付权、作业人员工资分配权、现场监管及奖罚权，等等。为调动一线干部积极性，目前多数铁路施工企业都规定架子队的队长、党支部书记、技术主管行政职级原则上比照公司机关部门正职或项目分部（工区）副经理职的待遇，绩效工资与所在架子队的经济责任承包挂钩。公司应制定架子队管理标准、劳务工班引进标准、劳务工骨干录用标准、架子队考核评价标准等，还要抓好架子队领导班子的日常和终期考核及廉政建设，把架子队的评比评先纳入到企业组织范畴。

在推行架子队管理过程中，很多施工企业探索总结了一些好的经验和做法。如中铁五局集团公司总结的在架子队建设中全面坚持“一个架构、两重角色、三条红线、四级职能、五个特点、六个渠道”的工作原则，取得了良好成效。**一个架构**，即架子队“管控层—作业工班”的组织架构。管控层由企业管理人员和技术人员组成。作业工班分为自建型和劳务型。自建型工班由职工和劳务公司派遣的劳务工组成。劳务型工班由劳务队伍改造后组成。**两重角色**，即架子队是企业的一级建制组织，同时分派到项目经理部作为其下辖的作业队。**三条红线**，即架子队必须是企业的一级建制组织，主要管理人员必须是企业正式职工，主要设备必须由企业掌控使用。**四级职能**，即充分发挥集团公司本部、公司、项目经理部、架子队四级组织的职能作用。集团公司本部发挥统一领导作用，重点是组织推动、典型示范和政策支持；公司发挥主责作用，重点是组织构建建制、建立承包机制、配备相关资源；项目经理部发挥具体实施和管理作用；架子队发挥基础保障作用，重点是实施标准化作业、加强成本控制和自身建设。**五个特点**，即架子队应具有“专、稳、全、强、活”五个特点。专，即专业化，按专业特点构建架子队；稳，即常建制，作业队和专业分公司的组织建制相对稳定；全，即全覆盖，架子队种类覆盖施工生产的主要领域；强，即能力强，人员的素质和数量满足生产和管理要求；活，即机制活，通过实施内部责任承包机制，队伍充满活力。**六个渠道**，即架子队人员来源主要有六个渠道，包括：培训一批管控和作业人员，录用一批优秀劳务工，下派一批管理和技术人员，招收一批大中专院校毕业生，招聘一批社会的专业技术管理人员，联建一批劳务基地和劳务公司。

四、建设、监理单位对架子队的管理

建设单位应高度重视推架子队工作，将其列为标准化管理的基础工作来抓紧抓好。一是要把施工单位是否实行架子队管理作为工程招投标的一个必要条件，在签订施工合同时，把对架子队设置与管理的相关要求纳入合同条款。在开工后应及时组织开展履约专项检查，对架子队设置管理情况进行定期考核评比，实施奖罚，将架子队设置与管理情况纳入对施工企业信用评价内容。二是对架子队的设置、人员配置、管理能力、工班构建等事宜制定统一的标准，用以指导和监督施工单位做好工作。三是对施工单位架子队日常管理进行经常抽查，重点是检查“五同”要求落实情况，尤其是要把是否按时、足额兑现劳务工工资，作为事关建设队伍稳定和社会稳定，事关建设项目形象，事关建设目标全面实现的头等大事来认真对待。通过近些年来的不懈努力，铁路建设项目建设单位的认识在不断提高，不再认为推行架子队仅仅是施工企业的事，而把它作为建设项目的事，作为建设单位自己的事来主动去抓好，在实践中涌现出了一些好的经验和做法。比如，上海铁路局在宁杭客运专线建设中，积极推行“9521”的架子队管理模式，取得了较好成效。所谓“9521”架子队管理模式，即落实 9 大员基本配置（指队长、技术主管、技术员、质检员、安全员、试验员、材料员、领工员和工班长，并根据需要设立测量员岗位）；建立 5 项基本管理制度（培训管理制度、岗位管理制度、安全管理制度、质量管理制度、分配考核制度）；严肃 2 项纪律（正式职工跟班作业纪律和工资直接发放到劳务人员的纪律）；绘制 1 张目标任务展开表（指各施工单位针对所承担的工程内容，按照年度施工组织安排，统筹谋划施工任务，重点围绕架子队组织架构及目标任务展开，按照“计划——实施——控制——总结”四个环节，绘制架子队组织和使用计划展开表）。

监理单位应积极配合建设单位督促施工单位做好架子队管理，结合履约检查、开工报告审批、首件认可等工作的开展，对施工单位架子队建设相关情况进行检查，并在施工过程中对架子队负责人、工班长和管理骨干人员配备和履职情况进行检查督促。

实践证明，架子队管理模式是一种有效而可行的施工生产组织形式，也是一种较为理想的劳动用工管理模式。很多施工企业通过推行架子队管理模式，从根本上解决了工程质量、安全、进度、效益等方面的突出问题，企业施工能力、管理水平和社会信誉度大幅提升，取得了较好效果，其中最为明显的是改进和加强了对施工现场的管控。但是，架子队模式自身特点决定了它也具有一定的局限性，并非所有企业、所有工程项目都必须使用。其不宜使用的情况有两种：一是以高技术含量工作为主的建筑安装公司，比如动车检修设备安装工作属于高技术作业，其安装人员均须为高学历、高技能人才，这种作业决不能以架子队模式组织劳务工来承担。二是刚刚组建不久的施工企业，由于承担的施工任务较少，依靠自有员工基本能够完成，不需要大量使用劳务工，这种情况下也不必搞架子队管理。因此，推行架子队管理模式，应因地制宜，不可一窝蜂、一刀切，一切应以实现对人员和现场作业有效管控为主要目的。只要能达到这个目的，对任何模式、方法，都可以像架子队模式这样进行探讨和实践。

第六章 “四化”支撑

机械化、专业化、工厂化、信息化是现代化生产的重要标志和有力保证，对于确保质量安全，提高生产效率，提升管理绩效和创造力意义至关重大。与工业生产的生产条件稳定、作业环境可控等情况相比，铁路建设项目施工点多线长，自然环境、社会环境千差万别，应用推广“四化”面临的难度要大很多。为此，既要遵循一般原则，又要突出自身特色；既要坚定不移强力推动，尽量提高普及程度，又要立足实际量力而行，不断进行优化调整，最终目的是尽最大可能地提高使用效能。

第一节 机 械 化

在实施铁路建设项目标准化管理过程中，充分发挥机械化的作用，对于适应规模施工，应用先进技术，优化资源配置，规范作业流程，提高施工效率，减轻劳动强度，确保质量安全，具有极其重要的意义。为此，应重点从三个方面入手：一是努力提高机械化施工程度；二是认真抓好机械化施工作业线的标准化配置；三是狠抓机械设备现场作业的标准化管理。铁路建设项目各个管理层面、参建各方都应围绕这三个方面各尽其责、各展所长。首先，在铁道部层面，主要是从政策方面多加引导和支持。一是制订发布路基、桥梁、隧道、四电等专业工程机械化施工设备配置指导意见，提出明确的机械设备配备原则、标准、指标等。在铁道部评审发布的很多工法中，都对机械配置作出了统一设计，这些也能为一线机械化施工提供指导依据。二是按照机械化施工的要求，制订或修订相关的概预算定额，这样就能为机械化施工提供源头性支持。三是在制订或修订相关设计规范时，将符合条件的工程通过调整设计结构的方式，使其实现机械化施工，比如将路基骨架护坡中的浆砌片石工程调整为混凝土工程，桥梁桩基中的人工挖孔桩改为钻孔桩，等等。其次，建设单位应当按照铁道部有关指导意见，结合项目特点、工期目标要求等因素，以合同约定、制度约束、经济激励等有效形式，对本项目乃至不同标段的机械化施工相关问题提出具体要求，特别是在编制指导性施工组织设计时，应当专门对机械化施工作出具体规划，尽可能提升机械化生产程度，其中对一些高风险、高精度作业如运架梁、铺轨、隧道初支喷射混凝土、隧道应急钻孔等关键设备选型和配置应当作出明确要求。比如沪昆铁路客运专线湖南公司对各标段重点关键设备配置作出了如下具体要求：隧道工程开挖初支喷射混凝土采用湿喷工艺，必须配置湿喷机；长大隧道主要工作面采用混凝土喷射机械手、液压仰拱栈桥，防水板自动铺设台车（台架），全线隧道二衬混凝土统一采用整体衬砌台车；桥梁工程钻孔桩钢筋笼应采用滚焊机制作工艺，墩台身模板统一采用无拉筋定型组合钢模，另外还要配置箱梁穿过隧道运架一体机；路基工程 CFG 桩施工选配长螺旋桩基设备，桩头截桩采用切割工艺，等等，如图 6-1～图 6-4 所示。正是由于这些要求得到较好落实，有效保证了施工一线标准化作业的质量和效率。其三，勘察设计单位要充分掌握全行业机械化施工水平状况，按照优先实行机械化施工的原则，科学合理选择施工方案，尽最大可能采用机械化施工，尽最大可能使用先进设备。最后，施工单位是实施机械化施工的责任主体，应当认真落实铁道部有关指导意见和建设单位具体要求，从编制实施性施工组织设计做起，紧密结合本单位施工实际需要，配齐配足配强各类必需的机械设备，确保设备力量与投标承诺、施组方案、进度计划、质量安全要求等相符合，与施工单位自身的专业施工水平相匹配，同时切实保证机械设备正常运行、高效利用，充分发挥机械化作业的效能。一是要尽可能提高机械化作业的比重。不管是规模化施工，还是小范围的作业，能用机械作业的就不要搞人工作业。二是要狠抓设备配套。对于路基、隧道、桥梁、轨道等工程的常规性作业，要本着先进适用、系统匹配的原则，打造成龙配套的专业化生产线（见表 6-1～表 6-10，表中设备配置方案均按单作业面设计）。特殊、关键工程施工要围绕其中的关键装备如架桥机、隧道湿喷机械手等来做好其他辅助设备的配套。三是要大力推广使用新设备。这些年来随着铁路科技水平迅速提升，铁路建设领域新技术不断涌现，新装备不断投入使用。一般来说，新设备具有技术先进、工效高、精度高、性价比合理等优势，只要能够推广应用，就会产生显著效果。另外，有些施工单位自创的隧道仰拱快速移动模架和整体端头模板、隧道防水板铺架辅助机械臂、路基 CFG 桩桩头环切机、预制箱梁标准化养生循环系统等设备和机具，也已具备大面积推广应用的条件。四是要加强机械设备管理。严格制定管理制度和操作规程，健全组织机构，严格落实定机、定人、定岗、定责。大型特种设备作业，必须严格执行国家《特种设备安全监察条例》，除必须配置的机长、司机、指挥人员、维修人员、专职安全员（持有证件）外，还需设置专门的辅助人员，做好日常检查和对设备运行重点部位、重要作业环节的监控，及时发现、正确处置异常情况，尤其是要有效防止起重设备倾覆、制动失灵、重要受力杆件和钢丝绳断裂，轨道运行设备和作业设备倾覆、溜车、侵限、擅自进入既有线等重大安全问题。切实强化人员培训，做到先培训后上岗，不培训不上岗，特种设备操作人员必须持执业证上岗。严格坚持按章操作，加强现场调度指挥和安全检查，在保证安全的前提下充分提升机械使用效能，严肃纠正违规违纪行为，杜绝违章指挥、违章作业。做好设备维修保养，加强日常使用状况监测，坚持定期检验、保养、维修，严禁机械设备带病作业，杜绝蛮干习气、凑合思想和侥幸心理。

图 6-1　隧道盾构施工设备

图 6-2　箱梁提、架设备

图 6-3　机械臂铺设防水板

图 6-4　箱梁自动喷洒养护系统

表 6-1 为路基施工主要机械设备配置，表 6-2、表 6-3 为隧道施工主要机械设备配置，表 6-4～表 6-9 为桥梁施工主要机械设备配置，表 6-10 为轨道施工主要机械设备配置。

表 6-1 路基施工主要机械设备配置表

序号	设备名称	规格或型号	单位	数量	备注
(一)	路基填筑(含换填处理、原地面碾压等)				
1	挖掘机	PC300	台	3	
2	推土机	TY220	台	2	
3	平地机	PY185	台	1	
4	振动压路机	YZ25、YZ20、YZ18	台	3	
5	小型冲击夯	BT60	台	3	结构物附近
6	自卸汽车	19 t、16 t	台	10	
7	洒水车		台	1	
8	内燃抽水机		台	3	换填备用
(二)	强夯地基处理				
1	履带式起重机	20 t	台	2	带辅助门架
2	履带式起重机	16 t	台	2	带辅助门架
3	辅助门架	18 m 高	套	4	
4	脱钩装置		套	4	
5	圆形铸铁夯锤	20 t	个	4	点夯用
6	圆形混凝土夯锤	10 t	个	4	满夯用
7	推土机	TY220	台	2	换填备用
8	电焊机		台	2	
9	运油车		辆	1	
(三)	搅拌桩地基处理				
1	普通搅拌桩机	PH-5D	台	1	深度≤10 m
2	加强型搅拌桩机	ZKL800BB	台	1	深度≥10 m
3	灰浆搅拌机	500	台	1	
4	集料斗	0.13 m^3	个	1	
5	灰浆泵		台	1	
6	电焊机		台	1	
(四)	旋喷桩地基处理				
1	高压泥浆泵	30 MPa、20 MPa	台	1	单管法、双重管法
2	高压水泵	50 MPa、20 MPa	台	1	三重管法
3	钻机	工程地质钻	台	1	

续上表

序号	设备名称	规格或型号	单位	数量	备注
4	泥浆泵	BW150 型/7 MPa	台	1	三重管法
5	空气压缩机	0.8 MPa、3 m^3/min	台	1	
6	泥浆搅拌罐	200 L/min	台	1	
7	泥浆管				
8	高压胶管	ϕ19～22 mm/30 MPa			
(五)	CFG 桩地基处理				
1	长臂螺旋钻机	JZB60	台	1	单管法、双重管法
2	混凝土输送泵	HBT40	台	1	据桩径及拔管速度确定
3	发电机	CGF150	台	1	采用网电则不需要
4	混凝土运输车		台	1	
5	小型挖掘机		台	1	开挖桩间土
6	小型装载机		台	1	清理钻桩弃土
7	运渣车		台	1	弃土运输
8	切割机		台	1	截桩头
(六)	预制管桩地基处理				
1	液压打桩锤		台	1	适用软基,可打斜桩
2	震动沉拔桩锤		台	1	适用软基,不能打斜桩
3	筒式柴油锤		台	1	适于硬土,可打斜桩
4	气动锤		台	1	适宜不同土质
5	履带式打桩架		台	1	
6	电焊机		台	1	接桩

表 6-2　无轨运输施工主要设备配置表

序号	设备名称		规格	隧道长度≥3 km		隧道长度<3 km		备注
				单线	双线	单线	双线	
1	开挖设备	液压凿岩台车	2～4 臂	1	1～2			
		多功能作业台架				1	1	
		液压钻机	配液压站			8～12	16～24	不需空压机
		风钻				10～18	20～32	
		空压机	18～25 m^3/min			3～5	5～8	
		挖掘机	0.2～1.2 m^3	1～2	1～2	1～2	1～2	

续上表

序号	设备名称		规格	隧道长度≥3 km		隧道长度<3 km		备注
				单线	双线	单线	双线	
2	出渣装运设备	装载机	2～6 m^3	1	2	1	2	
		自卸汽车	15～25 t	5～10		3～10	5～12	
		自卸汽车	15～40 t		5～12			
3	通风设备	轴流通风机	74～220 kW	≥2	≥2	1～2	1～2	
		射流风机	28～74 kW					根据需要
4	超前、初期支护、衬砌设备	管棚、锚杆、注浆钻机						根据需要
		注浆泵	单双液	1～2	2～3	1～2	2～3	
		锚孔注浆泵	砂浆泵	1～2	2～3	1～2	2～3	
		配料机	30～60 m^3/h	1	1	1	1	喷混凝土料
		搅拌机	500～1 000 L	1	1	1	1	喷混凝土料
		喷射混凝土三联机及机械手	10～30 m^3/h		1～2		1～2	
		喷射机	5～12 m^3/h	2～4		2～4		
		空压机	18～25 m^3/min	1～3	2～3	1～3	2～3	
		全自动拌和站	50～75 m^3/h	1	1	1	1	
		混凝土输送车	5～10 m^3	3～5	5～9	3～5	5～9	搅拌式
		混凝土输送泵	≥40 m^3/h	1～2	1～2	1～2	1～2	
		模板台车	9～12 m	1～2	1～2	1～2	1～2	
		仰拱栈桥	≥9 m	3～6	3～6	2～4	2～4	
5	防排水设备	防排水作业台车	移动式	1	1	1	1	
		焊接机	自动调湿	1	1	1	1	
		抽水机						根据涌水量

注：1. 特殊地质条件下施工设备根据施工需要论证后配备；
2. 超前地质预报设备根据设计和工程地质条件配备。

表 6-3 有轨运输施工主要设备配置表

序号	设备名称		规格	隧道长度≥3 km	隧道长度<3 km	备注
1	开挖设备	液压凿岩台车	2～4 臂	1		
		多功能作业台架			1	
		挖掘机	0.2～1.2 m^3	1～2	1～2	

续上表

序号	设备名称		规格	隧道长度≥3 km	隧道长度<3 km	备注
1	开挖设备	液压钻机	配液压站		8～12	不需空压机
		风钻			10～18	
		空压机	18～25 m^3/min		3～5	
2	出渣装运设备	大型挖装机	150～250 m^3/h	1		
		装载机	2～3 m^3	1	2	
		牵引机车	≥20 t	3～8	3～8	
		充电机		3～8	3～8	
		梭矿	16～20 m^3	6～15	4～6	
3	通风设备	轴流通风机	74～220 kW	≥2	1～2	
		射流风机	28～74 kW			根据需要
4	超前、初期支护、衬砌设备	管棚、锚杆、注浆钻机				根据需要
		注浆泵	单双液	1～2	1～2	
		锚孔注浆泵	砂浆泵	1～2	1～2	
		配料机	30～60 m^3/h	1	1	喷混凝土料
		搅拌机	350～1 000 L	1	1	喷混凝土料
		喷射机	5～12 m^3/h	2～4	2～4	
		空压机	18～25 m^3/min	1～3	1～3	
		全自动拌和站	50～75 m^3/h	1	1	
		混凝土输送车	5～10 m^3	3～5	3～5	搅拌式
		轨行式混凝土输送车	5～7 m^3	5～7	3～5	
		混凝土输送泵	≥40 m^3/h	1～2	1～2	
		模板台车	9～12 m	1～2	1～2	
		仰拱栈桥	≥9 m	3～6	2～4	
5	防排水设备	防排水作业台车	移动式	1	1	
		焊接机	自动调湿	1	1	
		抽水机				根据涌水量

注：1. 特殊地质条件下施工设备根据施工需要论证后配备；

2. 超前地质预报设备根据设计和工程地质条件配备。

表 6-4 墩台施工主要机械配置表

序号	设备名称		规格、技术参数	单位	数量	说明
1	钢筋加工	调直机	直径 6～12 mm	台	1	根据钢筋规格选配型号，根据钢筋数量调整机械台数
		切断机	直径 6～32 mm	台	2	
		弯曲机	直径 6～25 mm	台	2	
		闪光对焊机	75～150 kW	台	4	
		电弧焊机	24～50 kW	台	4	
		机械连接	符合设计要求	台	1	
2	混凝土施工	拌和站	75～120 m^3/h	座	1	根据单位时间混凝土需求量调整，并设置备用机械
		运输车	5～10 m^3	台	4	
		输送泵	40～120 m^3/h	台	1	
		振捣器	直径 30～50 mm	台	10	
		养护设备	符合设计要求	套	1	
3	翻模(爬模)		符合设计要求	套	1	
4	塔式起重机		1 200～1 500 kN · m	台	1	根据起吊能力选配
5	客货电梯		额定 10～20 kN	台	1	起升高度和速度满足要求

表 6-5 简支 T 梁预制主要施工机械配置表

序号	设备名称		规格、技术参数	单位	数量	说明
1	制梁台位		32 m 梁/24 m 梁	个	22/2	根据制梁种类、数量和周期调整
2	侧模及端模板		32 m 梁/24 m 梁	套	13/1	
3	钢筋加工	调直机	直径 6～12 mm	台	1	根据钢筋规格选配型号，根据钢筋数量调整机械台数
		切断机	直径 6～25 mm	台	2	
		弯曲机	直径 6～25 mm	台	5	
		闪光对焊机	75～150 kW	台	2	
		电弧焊机	24～50 kW	台	8	
4	混凝土拌和站		2×90 m^3/h	座	1	根据单位时间混凝土需求量调整，并备用
5	混凝土浇筑	运输车	5～8 m^3	辆	4	
		输送泵	60～120 m^3/h	台	2	
		高频主控机		台	3	根据施工组织设计选配
		附着式振捣器	0.75～2.5 kW	台	500	
		插入式振捣器	直径 30～50 mm	台	20	
6	养护	蒸汽锅炉	符合设计要求	套	1	
		蒸养棚	32 m 梁	套	3	

续上表

序号	设备名称		规格、技术参数	单位	数量	说明
7	预应力施工	电动油泵	40～60 MPa	台	8	根据施工组织设计调整
		张拉千斤顶	符合设计要求	台	8	
		压力表	符合要求	块	若干	
		千斤顶吊架及安全防护板	32 m、24 m梁共用	套	8	
		成孔设备	符合设计要求	套	1	
		空压机	不低于 V1.05/1.25	台	1	
		压浆台车	符合设计要求	套	1	
8	起重及移梁	门式起重机	起重量 10 t	台	6	
		汽车起重机	起重量 12～25 t	台	1	
		提梁机	符合设计要求	套	1	
9	防水层铺设机械		符合设计要求	套	1	
10	柴油发电机		300～400 kW	台	1	备用电源
11	卷扬机		1～3 t	台	2	

表 6-6 边架边铺简支 T 梁运架施工主要施工机械配置表

序号	设备名称	规格、技术参数	单位	数量	说明
1	架桥机	符合设计要求	台	1	架梁
2	平板车	编组	辆	若干	运梁
3	支座安装小车	50 kN	台	1	安装支座
4	换装龙门吊	800 kN	台	2	倒梁
5	千斤顶	500 kN	台	2	辅助喂梁
6	电弧焊机	24～50 kW	台	4	横隔板焊接
7	混凝土运输车	1～4.5 m^3	辆	1	
8	混凝土料斗	1～2 m^3	个	2	
9	汽车起重机	起重量 12～25 t	台	1	
10	张拉千斤顶	符合设计要求	台	2	张拉横向预应力筋
11	砂轮切割机		台	4	钢绞线切割
12	灰浆搅拌机	>1 000 r/min	台	1	制浆
13	真空压浆泵	符合设计要求	台	1	灌浆

表 6-7 简支箱梁预制施工主要施工机械配置表

序号	设备名称		规格、技术参数	单位	数量	说明
1	制梁台位		32 m梁与24 m梁共用	个	10	根据制梁种类、数量和周期调整
2	模板	侧模	32 m梁与24 m梁共用	套	10	
		内模	32 m梁与24 m梁共用	套	6	
		端模	32 m梁与24 m梁共用	套	6/1	
3	钢筋加工	调直机	直径6～12 mm	台	1	根据钢筋规格选配型号,根据钢筋数量调整机械台数
		切断机	直径6～25 mm	台	9	
		弯曲机	直径6～25 mm	台	12	
		闪光对焊机	75～150 kW	台	4	
		电弧焊机	24～50 kW	台	34	
4	混凝土拌和站		$2\times120\ m^3/h$	座	1	根据单位时间混凝土需求量调整,并备用
5	混凝土浇筑	运输车	$5\sim8\ m^3$	辆	5	
		输送泵	$60\sim120\ m^3/h$	台	4	
		布料机	臂长15～24 m	台	4	
		高频整平机	符合设计要求	台	2	根据施工组织设计选配
		附着式振捣器	0.75～2.5 kW	台	500	
		插入式振捣器	直径30～50 mm	台	20	
6	养护	蒸汽锅炉	符合设计要求	套	2	
		蒸养棚	32 m梁	套	6	
7	预应力施工	电动油泵	40～60 MPa	台	16	根据施工组织设计调整
		张拉千斤顶	符合设计要求	台	16	
		压力表	符合要求	块	若干	
		千斤顶吊架及安全防护板	32 m、24 m梁共用	套	16	
		成孔设备	符合设计要求	套	1	
		空压机	不低于V1.05/1.25	台	1	
		真空压浆机	符合设计要求	台	1	
		灰浆搅拌机	＞1 000 r/min	台	1	
8	起重及移梁	门式起重机	起重量5～15 t	台	4	
		门式起重机	起重量40 t	台	1	
		汽车起重机	起重量16～40 t	台	1	
		搬梁机	符合设计要求	套	1	
9	防水层铺设机械		符合设计要求	套	1	
10	柴油发电机		300～400 kW	台	1	备用电源

表 6-8　简支箱梁运架施工主要施工机械配置表

序号	设备名称	规格、技术参数	单位	数量	说明
1	架桥机	满足使用要求	台	1	架梁
2	提梁机	满足使用要求	台	2	
3	运梁车	满足使用要求	台	1	运输箱梁
4	液压手动叉车	2 t	台	1	安装支座
5	落梁千斤顶	500 t	台	6	梁支点
6	液压油泵	100 MPa	台	2	
7	导链	5 t	个	4	移动千斤顶
8	支座灰浆搅拌机	容量 180 L	套	2	搅拌砂浆
9	柴油发电机	200～300 kW	台	1	

表 6-9　悬臂法拼装钢梁施工主要机械配置表

序号	设备名称		规格、技术参数	单位	数量	说明
1	预拼	预拼场	符合设计要求	个	2	杆件预拼
		门式起重机	起重量 80～120 t	台	2	每个预拼场 1 台
		汽车起重机	起重量 20～40 t	台	2	
2	运输	栈桥	符合设计要求	座	2	
		提升站	起重量 80～120 t	座	2	
		平板运输车	载重 120 t	台	2	运输杆件
		运梁车	载重 80 t	台	2	桥上运输
		起重船	最大吊重 200 t	艘	1	水上提升
		拖轮		艘	2	水上运输
		工程驳	300 t	艘	2	
3	拼装	起步阶段支架	符合设计要求	套	3	墩旁支架
		辅助合龙支撑	符合设计要求	套	2	跨中临时墩
		塔式起重机	最大起重量 50 t	台	3	拼装起步段钢桁梁，装拆悬臂吊机
		悬臂吊机	全回转式，80 t	台	4	桥上吊装钢桁架杆件
		焊接设备	符合设计要求	套	4	
		千斤顶	200 t，行程 160 mm	台	8	位置调整、辅助合龙及落架
			500 t，行程 200 mm	台	16	
			630 t，行程 200 mm	台	16	
		油泵	50～80 MPa	台	4	

续上表

序号	设备名称	规格、技术参数	单位	数量	说明
4	柴油发电机	150～250 kW	台	4	备用电源
5	变压器	500 kW	台	2	电力供应

注：桥梁基础主要有明挖基础和桩基础，明挖基础应根据基坑规模和工程地质条件，配置挖掘机、抓斗、风镐、钻机等设备；桩基础施工根据工程地质条件合理选择钻机类型。

表 6-10 轨道施工主要机械设备配置表

序号	设备名称	规格或型号	单位	数量	备注
(一)	CRTSⅠ型双块式无砟轨道				
1	散枕装置		套	1	配 1 台轮胎式挖机
2	随车吊		台	1	
3	轨道几何状态测量仪		台	1	含 1 台全站仪
4	混凝土搅拌站		套	1	
5	混凝土浇筑设备		台	1	或汽车泵
6	混凝土运输车	6 m^3	台	3	
7	钢筋加工设备		套	1	
8	养护帐篷		m	300	
9	龙门吊	5 t/10 t	台	1～2	
10	洒水车		台	1	
11	钢筋加工设备		套	1	含焊接设备
12	夜间照明设备		套		照明 600 m
13	滑模摊铺机		台	1	摊铺支承层混合料
14	螺杆调节器		套	3 000	200 m/d，轨排法
15	轨排框架		榀	44	轨排框架法
16	变跨龙门吊		台	1	轨排框架法
17	移动式组装平台		个	1	轨排框架法
18	平板运输车	8 t	台	2	轨排框架法
(二)	板式无砟轨道				
1	混凝土搅拌站		套	1	
2	混凝土运输车	6 m^3	台	3	
3	汽车起重机	16 t	台	2	
4	汽车泵	37 m	台	2	
5	地泵		台	1	
6	移动式搅拌灌注车		台	1	CRTSⅠ、Ⅱ型板

续上表

序号	设备名称	规格或型号	单位	数量	备注
7	双向运板车		台	2	
8	悬臂式起重机	10 t	台	1	
9	测量系统		套	1	含全站仪、测量标架
10	运板汽车		台	3～6	场外板的运输
11	钢筋加工设备		套	1	
(三)	有砟轨道铺设				
1	铺轨机		台	1	
2	捣固车	09-32	台	1	
3	动力稳定车	WD320	台	1	
4	配砟整形车	SPZ-200	台	1	
5	移动焊轨机	K920	台	1	
6	钢轨打磨列车	PGM-48	台	1	
7	机车		台		根据工程量确定数量
8	老 K 车		台		根据工程量确定数量
9	平板车		台		根据工程量确定数量
10	龙门吊	10 t/20 t	台		装卸轨枕、轨排等
11	龙门吊	5 t	台	32	装卸长钢轨
12	铝热焊设备		套	1	
13	正火设备		套	1	

第二节 专 业 化

广义上讲,专业化是指根据社会化大生产的分工,不同产业或行业针对产品类型及生产过程的不同,按专业特点进行生产和管理的一种组织方式。引申过来,铁路建设项目上的专业化是指参建各方围绕技术、人员、设备、协作四大要素对工程项目全过程进行的专业化施工和专业化管理。专业化施工与专业化管理,两者相辅相成、缺一不可:没有专业化管理,专业化施工就会失去方向,得不到更好的发展;没有专业化施工,专业化管理就会失去根基,缺少实施载体。提高专业化水平,既要抓专业化施工,又要抓专业化管理;既要抓施工单位,也要抓建设、设计、监理单位。

一、专业化施工

铁路工程专业化施工，主要指铁路施工企业根据铁路行业的技术特点，按照工程项目不同专业、工种和工序，组织相应的专业设备和专业人员，在施工现场进行的专业化生产活动。它既包含施工主业经营方向的内容，又包含施工现场的专业化作业活动。

施工企业是专业化施工的主体，对推进专业化施工要有长远观点和战略思考，做到统筹规划、有序推进，切记急功近利不可行，一蹴而就不可能，光算眼前的经济账更不可取。

首先，在专业队伍建设方面。一是大型企业集团（如中国中铁、中国铁建、中交建设、中建等股份公司）层面。应统筹研究规划施工队伍专业化问题，根据市场需要和本系统的发展战略和技术、人才特点，结合所属施工企业的专业侧重和施工优势，统筹考虑和规划所属施工企业的专业划分。为着力打造或强化某些领域的专业优势，也可组建专业化集团公司（工程局，以下同），目前，诸如隧道、大桥、电化、房建等专业化集团公司的施工专业化水平走在全行业前列，在技术创新、管理创新等方面能够起到引领作用。当然，综合性集团公司在专业化施工方面也是各有所长，只是专业化领域相对较多，不像专业化集团公司那样单一、精专，正因为如此，才应该付出更大努力，全面而有侧重地提升专业化水平，力求做到人无我有、人有我强，形成既有综合优势、又有专业特长的发展格局。二是集团公司层面。各集团公司应按照规划发展优势专业，可考虑培育或设置一些专业化的子公司。目前有些集团公司下属的专业子公司，在某些专业的业务水平明显高人一筹。没有设专业子公司或专业子公司太少的集团公司，应积极培育专业化子公司、提升专业化施工优势。三是工程队（架子队）层面。集团公司所属子公司对隧道、桥梁、轨道、通信、信号、电气化和路基填筑等各个大专业工程施工，均应配置多个专业化队伍。每个工程队（架子队）应当以一个大专业为主，同时兼顾一些其他的专业，但是不能搞成小而全的作业队，那样就不成其为专业化队伍。

其次，在施工组织方面。建设单位在研究全线施工组织设计方案时，对某些技术要求高、施工难度大的标段或单体专业工程（如长大隧道、大型站房等）的施工任务，应当优先考虑择优选取国内或同行业最好的专业队伍承担施工任务，为此在招标时可考虑把这些工程划作独立标段。施工单位内部划分施工管段时，应充分考虑上场队伍的专业特点，尤其是对高、难、新重点控制工程必须由专业队伍承担施工。对于某些技术要求高、一般施工企业并不擅长的专业工程施工任务，比如钢结构安装、隧道超前地质预报和帷幕注浆、大型设备组装、新材料新工艺装修、绿化环保等工程，可委托分包给具有行业先进水平的专业队伍。在现场施工时，施工单位应结合编制施工组织设计，依据工程特点、作业需要、环境特点等因素，按照“线上分段管理、点上分区管理”的原则，将整个标段所有工程划分为一个一个的作业面或作业单元，这就相当于建立了一个个的“分厂”或“车间”，然后在这个作业单元里，按照不同专业、工种和工序，配置并组织专业化作业队和专业化的设备、专业化管理技术人才来承担施工任务。

其三，在技术工艺创新方面。施工单位应以建设项目为依托，以科技创新、技术革新为重点，积极运用“四新”成果，大力开展施工工艺、设备机具、施工技术等方面的攻关，通过采用先进适用的工艺工法，统一编制专业工程施工作业指导书和现场作业卡片，详细安排每一个专业、每一道工序的施工，全面提高专业化施工水平。比如，隧道较多的项目，要以加强超前地质预报、强化复杂地质处理手段等为重点，有针对性地开展技术攻关，不断改进施工工艺，大力提升围岩判识、光面爆破、初期支护、防水板张挂、仰拱和二衬施作等专业化能力；桥梁较多的项目，要重点围绕桩头切割、管桩焊接、大体积混凝土降低水化热、混凝土养生及防止表面龟裂、大跨度桥梁线性控制及合龙技术或工艺等课题，集中组织力量进行攻关和创新，切实提高桥梁工程各类作业的专业化水平。

最后，在机械设备配置方面。推进专业化施工，既要有专业化的施工队伍，又要有先进成熟的施工技术和工艺，还要有与之相配套的机械设备。对于专业化施工所需的小型机具和专用设备，企业应自己购置，通用设备可以租用，以减少资金压力。如图 6-5 所示。

图 6-5　专业化施工（运架梁、接触网、站房屋盖整体滑移）应用示意图

二、专业化管理

铁路工程专业化管理，主要指铁路参建各方以工程施工活动为对象的管理活动。它既包含施工企业以工程施工主业为标志的专业化发展方向，又包括建设、设计、监理、施工单位现场组织机构以工程设计、施工活动为对象的专业化管理，还包括项目管理机构的专业分工管理。

首先，着力提高管理队伍的专业素质。各参建单位要按照标准化管理的要求，切实抓好人员选配、机构设置、工作分工、专业培训等基础工作，认真落实各自管理责任，形成整体推进合力。总的原则是：选配的人员应当精通或者至少了解铁路建设专业的知识；组织机构应按照管理的专业进行设置，但不宜分得过细，也不宜跨度太大；工作分工应根据个人专长确定，做到扬长避短，专业配置合理；专业培训可通过请进来、走出去的方式，对参建的各级管理干部和一线作业人员进行强化培训，适应岗位职责的需要。这方面相关具体要求已在前面第四、五章结合人员配备和推行架子队模式作了专门论述。

其次，落实分工负责。在专业化管理分工中，建设单位的核心任务是组织管理；设计单位的核心任务是技术保障；监理单位的核心任务是质量安全监控；施工单位的核心任务是施工现场组织管理和作业过程的自控。

最后，着眼长远发展。总的方向是在不断增强专业化能力基础上，努力向职业化发展。为有效利用有限建设管理资源，在建的铁路客运专线公司和铁路局所属项目指挥部可立足现有区域，在力所能及的情况下，经出资人同意再承担1～2个其他项目的建设管理任务，将来条件成熟时再考虑注册成为专业性项目管理公司。某些大型单体专业工程或长度不大的铁路项目可以试行代建制、设计施工总承包等管理模式。参建单位的现场指挥机构及其管理人员、专业化架子队，在一个项目完成后可成建制转场到另一个项目。各参建单位都应积极采取激励措施，鼓励各类专业管理人员考取国家注册建造师、建筑师、造价师、结构工程师、质量工程师、安全工程师等执业资格，不断提升管理队伍的专业化、职业化水平。

第三节 工 厂 化

在铁路建设项目上，工厂化主要是指在施工现场制作的产品或构件，应按工厂化生产要求来进行集中生产，总的原则是“施工生产能工厂化的就工厂化，社会工厂能利用的就利用”。推行工厂化生产主要应从以下四个方面狠下功夫：

首先，在产品定型方面。工程设计措施应尽可能采用通用设计，为利用社会上专业工厂或者现场建厂生产创造条件：对能够实行成品构件安装的工程以及工程材料、“四电”设备等，应尽量采用铁路行业或国家、国际统一的定型产品；没有定型产品的如果能够达到一定需求规模并采用统一技术条件的，至少应在同一个项目上设计成通用产品。随着近年来高铁建设技术标准的完善和标准设计水平的提升，能够工厂化生产的产品越来越多（见表 6-11）。

表 6-11 可实施工厂化生产的工程

序号	专业	工程内容
1	线路站场	轨道加强设备、道砟、挡车器、防护栅栏、安全保护区标桩、线路有关标志、级配碎石集中生产搅拌、排水沟盖板及浆砌混凝土预制块、站台铺面和站台墙预制块、道砟盖板等
2	轨道	长钢轨焊接、无砟轨道板、轨枕锚固等
3	路基	（1）支挡结构：悬臂式挡墙、扶壁式挡墙、加筋土挡墙、桩板挡墙的挡板。 （2）路基防护：骨架护坡，混凝土板、块护坡、防护栅栏。 （3）路基排水：侧沟、天沟、排水沟、检查井的预制构件。 （4）地基处理：混凝土管桩、方桩，桩帽。 （5）填料：级配碎石、改良土
4	桥梁	常用跨度钢筋混凝土简支梁、预应力混凝土简支梁、现场拼装的大跨度桥梁预制段、桥上电缆槽及盖板、桥梁栏杆、桥上声屏障、限高架、伸缩缝、管（方）桩、圆涵管节、盖板涵盖板等
5	环保	桥梁和路基段声屏障等
6	给排水	预制件；降氟、除盐、除铁锰、SBR、CAST、真空卸污、接触氧化、气浮、过滤等净水、污水处理非标准设备；沉淀池、清水池、滤池、水塔、提升泵站（井）等需要个别设计的钢筋混凝土等
7	牵引变电	27.5 kV 高压室网栅及端子箱、室外设备网栅、门形架构钢横梁、铁爬梯、H 形进线架构钢制架空地线架、设备安装支、托架、电缆沟盖板（水泥或复合材料制造）、电缆沟内电缆支架及电缆线槽、27.5 kV 高压室内绝缘子支架等
8	通信信号	室外摄像机的安装支柱、箱式机房、隧道外漏缆安装支架等
9	房建	混凝土（搅拌站或工厂购买）、钢筋加工等

其次，在规划布局方面。建设、施工单位应把全线工厂化生产纳入标准化管理和施工组织设计中统筹考虑，在综合考虑生产布局、占地数量、产品规模、运距半径等技术、成本因素的基础上，进行统筹，综合利用，合理规划布局。比如：在桥梁预制场的选址上，尽可能设在桥梁较为集中、预制数量达到一定规模，运输相对便利、供应半径适度的地段，在建场条件、生产能力、供应半径等条件许可的情况下，预制场规模能大则大，以尽量减少建场

数量;混凝土集中拌和站分布要相对均匀,避免出现个别地段不得不使用单个搅拌机生产混凝土的情况,等等(如图 6-6～图 6-8 所示)。沪昆铁路客运专线湖南公司在工程招标前,就提前编制好指导性施工组织设计预案,对工厂化生产作出具体规划:在全线集中设置 18 处 900 吨整体箱梁预制场、4 个无砟轨道板(枕)场、20 处路基级配碎石拌和站;集中设置 94 处计算机自动控制的混凝土拌和站,严禁擅自设置非标的小型拌和站;设置 98 个钢构件厂,集中统一制作隧道钢拱架、钢格栅、小导管、锚杆及桥梁钻孔桩钢筋笼等钢构件,采用专用运输工具配送;设置 25 个混凝土构件厂,对防护栅栏、沟槽盖板、桥梁栏杆以及路基防护等小型混凝土构件实行工厂化集中制作,并将实施工厂化施工的相关内容纳入招标文件和施工承包合同,实行"硬约束"。京沪高速铁路五标段是集路基、桥梁、隧道、轨道工程一体的综合性标段,施工单位共修建了 8 个综合预制场,下设 50 个工厂化生产车间,全面承担了 8 个工区的箱梁、轨道板、道岔板、RPC 盖板、桥梁遮板、桥梁栏杆、桥梁隔柱、路基电缆槽、路基防护栅栏等预制任务。

图 6-6 箱梁预制场布局规划示意图

其三,在标准化建厂方面。建设单位要主动做好对全线建厂工作的指导,全线同类工厂的建厂标准要相对统一,对制梁场等大型临建设施应当组织设计单位进行专门设计,所有工厂都应在建成投产前进行统一验收。施工单位要高标准地做好建厂工作,积极运用工业工程的技术方法,充分优化厂区和车间布局、生产线配置、岗位定置、材料供应和仓储能力匹配、工班组织等方案,最大限度地节约用地;以工厂化为依托,尽最大可能发挥好专业化、机械化生产的优势;硬化厂区地面,绿化、美化厂区环境,健全环保、防火等设施,配齐"五牌一图",保持生产现场清洁,创造良好生产环境。

图 6-7　无砟轨道板预制场和混凝土拌和站

最后,在厂内标准化作业方面。认真做好产品试制和质量认证工作,以此为抓手,着力优化工艺流程,完善管理制度,健全作业标准,明晰岗位职责,加强人员培训,做好检测试验,形成过硬的过程自控能力,确保产品质量达标。加强生产车间和施工现场管理,充分利用工厂化优势,严格做好原材料控制、工艺控制、检测检验控制和验收控制,使产品制造过程的质量常态受控,尤其是严格把好产品质量出厂检验关,不合格的产品决不允许出厂。加强成品吊装运输和现场安装的标准化作业,保证厂制产品完好无损地投入使用。

图 6-8　箱梁、轨道板预制生产

第四节　信　息　化

在铁路建设项目上应用信息化手段,主要是指应用推广信息化管理,目的是在建设过程中,以现代网络、通信、电子设备等信息技术手段为载体,实时了解掌握项目进展情况,对施工过程进行有效监控和管理,进行网上办公。为此,铁道部开发了铁路建设项目管理信息系统(简称 RCPMIS),目前的功能主要包括协同办公、过程控制、综合分析展示三个部分,后续将逐步向辅助决策、数字化铁路(建设/运营一体化)迈进。如图 6-9 所示。

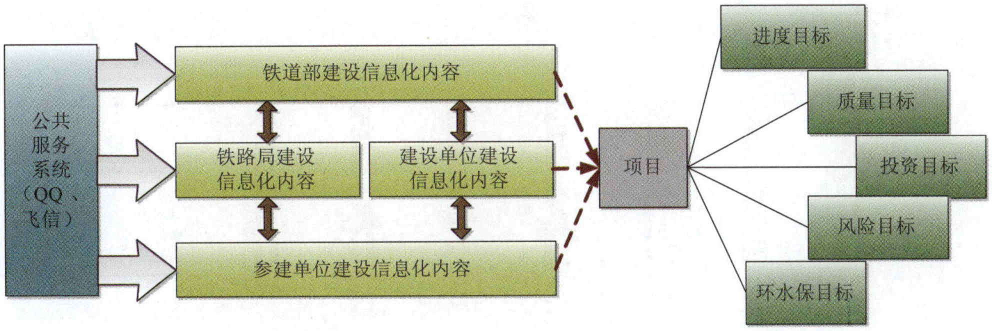

图 6-9 铁路建设项目管理信息化系统工作原理示意图

1. 协同办公。主要包括公文流转、信息发布两大功能模块，以及视频会议、QQ 群、飞信、语音网络电话（VOIP）等沟通协同辅助工具。

2. 建设过程控制。主要有进度控制、质量控制、风险控制、投资控制和环保水保控制等功能模块。如图 6-10～图 6-16 所示。其中进度控制包含施工组织、工程调度、形象进度等内容；质量控制包含拌和站监控、试验室管理、现场质量控制、问题库管理、质量验收和第三方检测等内容；风险控制包含围岩量测、超前地质预报、视频监控、RFID 施工人员安全管理、PDA 数据采集及人员管理等内容；投资控制包含合同管理、验工计价管理、计划统计管理、财务系统以及投资分析管理等内容；环保水保控制包含《环境影响报告书》、《水土保持方案报告书》、《文物普查报告》及其批复意见，相关法律、法规及文件，环保水保体系运行质量记录，工点原生态录像及照相资料等内容。现场工艺控制过程中，应用推广无砟轨道布板软件、道岔调整软件、沉降观测及评估、桥梁线型控制、现浇梁温度控制、测量平差软件以及测量数据管理等工具软件。在联调联试过程中，通过车地传输解决了联调联试数据采集的困难，大量应用了信息化手段和方法，有效提高了数据采集的可靠性。

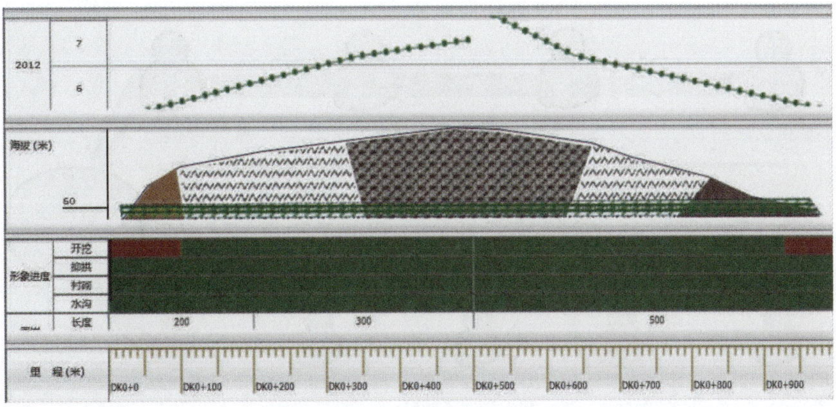

图 6-10 施工组织

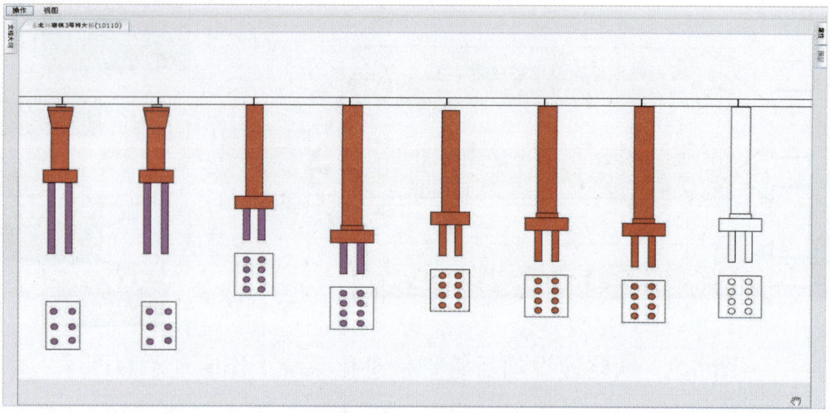

图 6-11　形象进度

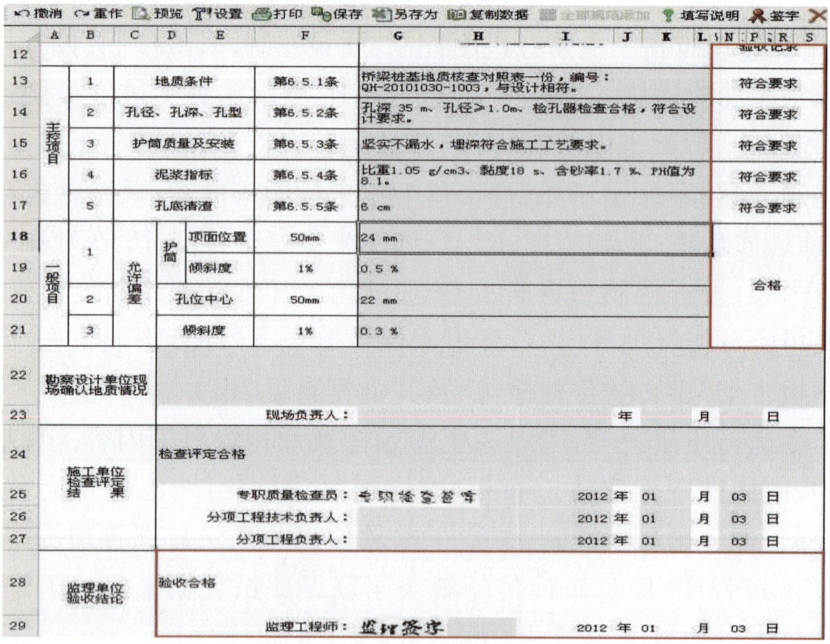

主控项目	1	地质条件	第6.5.1条	桥梁桩基地质核查对照表一份，编号：QH-20101030-1003，与设计相符。	符合要求
主控项目	2	孔径、孔深、孔型	第6.5.2条	孔深 35 m、孔径≥1.0m、检孔器检查合格，符合设计要求。	符合要求
主控项目	3	护筒质量及安装	第6.5.3条	坚实不漏水，埋深符合施工工艺要求。	符合要求
主控项目	4	泥浆指标	第6.5.4条	比重1.05 g/cm3、黏度18 s、含砂率1.7 %、PH值为8.1。	符合要求
主控项目	5	孔底清渣	第6.5.5条	6 cm	符合要求
一般项目	1	允许偏差 护筒 顶面位置	50mm	24 mm	合格
一般项目	1	允许偏差 护筒 倾斜度	1%	0.5 %	
一般项目	2	允许偏差 孔位中心	50mm	22 mm	
一般项目	3	允许偏差 倾斜度	1%	0.3 %	
勘察设计单位现场确认地质情况		现场负责人：		年　月　日	
施工单位检查评定结果		检查评定合格			
		专职质量检查员：专职检查签字		2012 年 01 月 03 日	
		分项工程技术负责人：		2012 年 01 月 03 日	
		分项工程负责人：		2012 年 01 月 03 日	
监理单位验收结论		验收合格			
		监理工程师：监理签字		2012 年 01 月 03 日	

图 6-12　现场质量控制

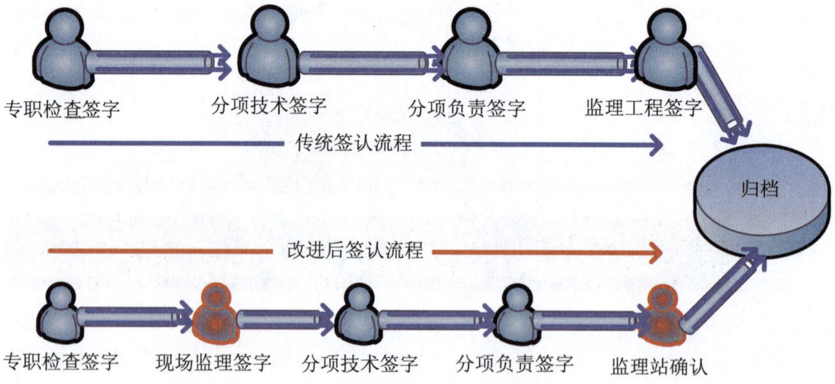

图 6-13　质量检验流程优化

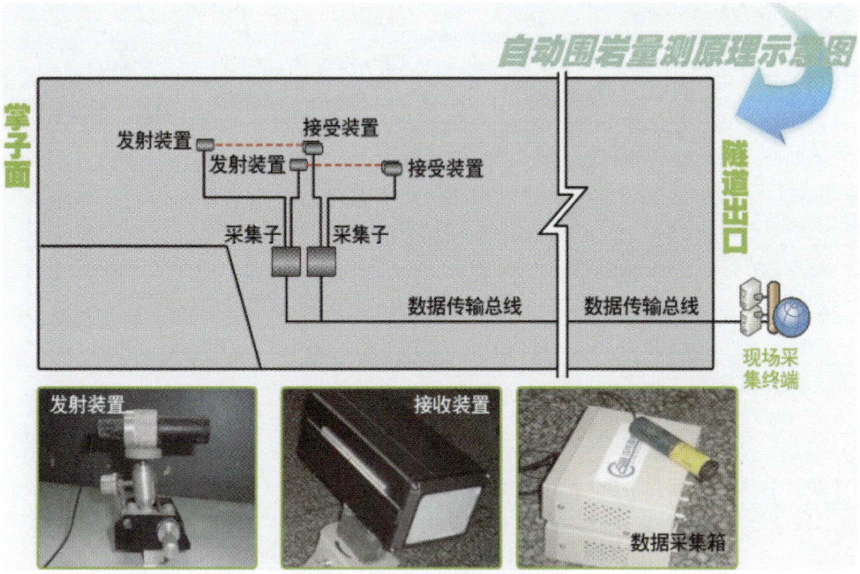

图 6-14　围岩量测管理

3. 综合展示分析。包括综合分析和地理信息分析。综合分析就是采取图形化统计报表方式围绕调度报表、投资、进度、质量、安全风险等建立综合查询统计功能，可以将业务数据信息图形化、可视化、实时化。地理信息分析就是采用地理信息技术，以工程设计矢量基础地图要素数据为主要数据源，经过数据分级与可视化加工形成专业化应用数据。如图 6-17 所示。

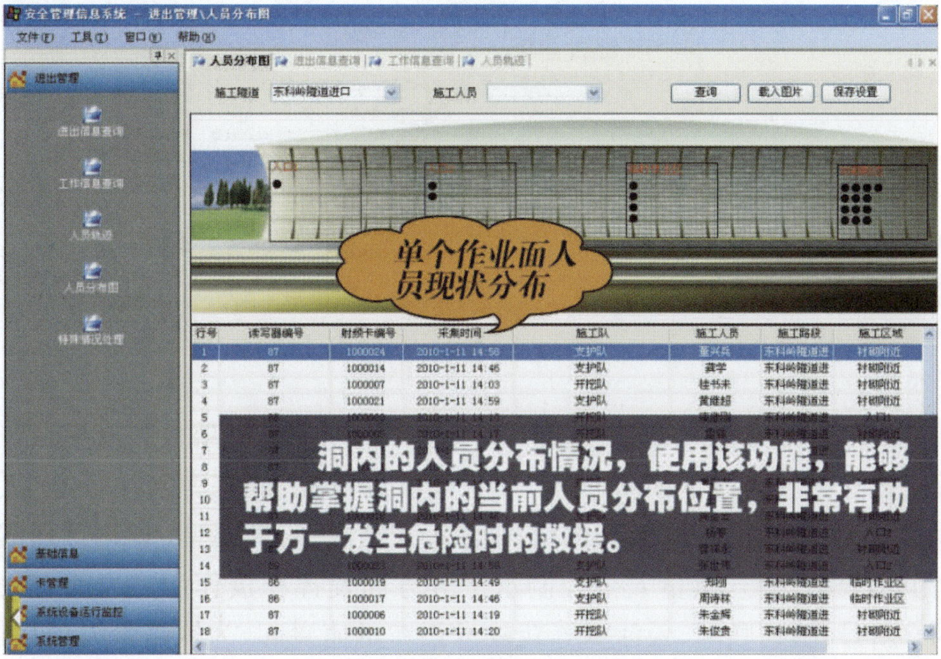

图 6-15　RFID 洞内人员分布

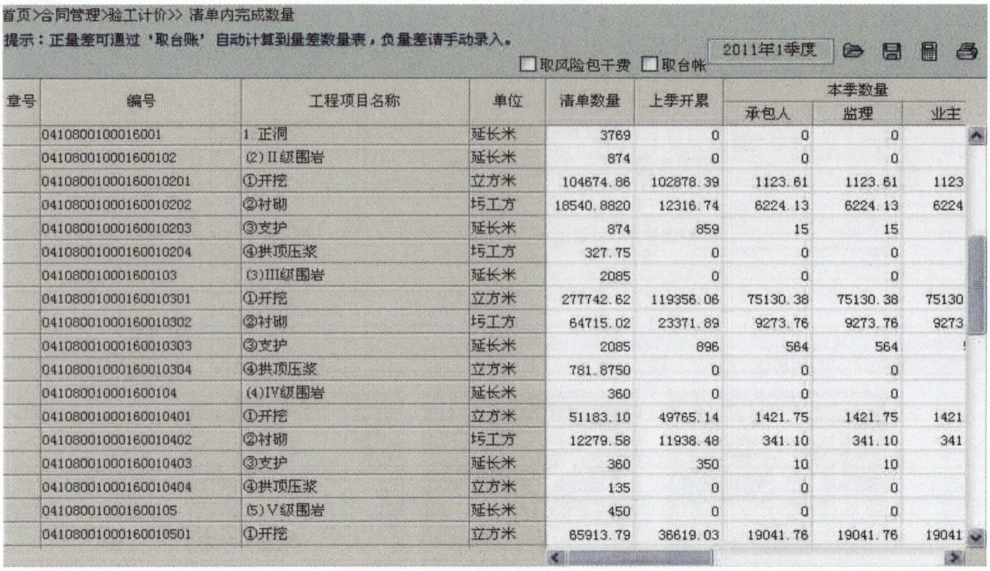
首页>合同管理>验工计价>> 清单内完成数量

提示：正量差可通过‘取台账’自动计算到量差数量表，负量差请手动录入。

2011年1季度　□取风险包干费　□取台帐

章号	编号	工程项目名称	单位	清单数量	上季开累	本季数量		
						承包人	监理	业主
	041080010016001	1. 正洞	延长米	3769	0	0	0	
	041080010001600102	(2) II级围岩	延长米	874	0	0	0	
	04108001000160010201	①开挖	立方米	104674.86	102878.39	1123.61	1123.61	1123
	04108001000160010202	②衬砌	圬工方	18540.8820	12316.74	6224.13	6224.13	6224
	04108001000160010203	③支护	延长米	874	859	15	15	
	04108001000160010204	④拱顶压浆	圬工方	327.75	0	0	0	
	041080010001600103	(3) III级围岩	延长米	2085	0	0	0	
	04108001000160010301	①开挖	立方米	277742.62	119356.06	75130.38	75130.38	75130
	04108001000160010302	②衬砌	圬工方	64715.02	23371.89	9273.76	9273.76	9273
	04108001000160010303	③支护	延长米	2085	896	564	564	!
	04108001000160010304	④拱顶压浆	立方米	781.8750	0	0	0	
	041080010001600104	(4) IV级围岩	延长米	360	0	0	0	
	04108001000160010401	①开挖	立方米	51183.10	49765.14	1421.75	1421.75	1421
	04108001000160010402	②衬砌	圬工方	12279.58	11938.48	341.10	341.10	341
	04108001000160010403	③支护	延长米	360	350	10	10	
	04108001000160010404	④拱顶压浆	立方米	135	0	0	0	
	041080010001600105	(5) V级围岩	延长米	450	0	0	0	
	04108001000160010501	①开挖	立方米	65913.79	36619.03	19041.76	19041.76	19041

图 6-16　验工计价管理

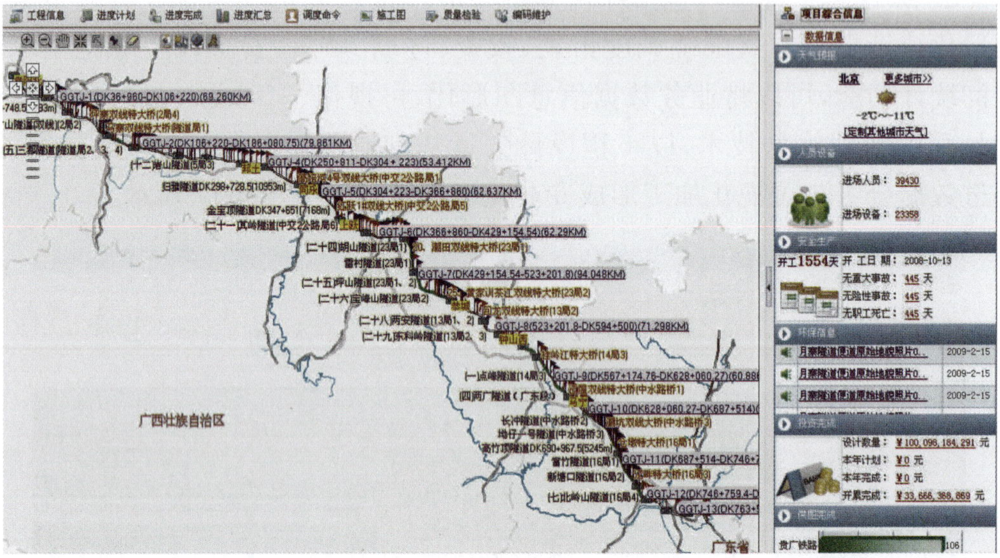

图 6-17　地理信息

RCPMIS经过武广、郑西、京沪、哈大等10多条高铁项目的运用，目前已日臻成熟完善。实践证明，使用这个管理信息系统，能够为参建各方提供了一个先进、实用、简便、全覆盖的统一信息平台，在信息共享、节约管理成本、提高工作效率、提升质量安全控制水平等方面发挥积极作用。当前，信息化技术日新月异，物联网、云计算等新技术正在迅速兴起，为铁路建设项目信息化管理提供越来越多的先进手段。例如对一些重要原材料和购进设备，可利用射频识别技术跟踪其周转和使用情况，可靠地防止以次充好，防止不合格产品、材料使用到工程上。可以预见，铁路建设项目信息化管理应用推广前景非常广阔，必将创造出更多、更有价值的新经验、新成果。

实施信息化管理需要一定的投入，对此应多措并举，多方共担。项目信息化管理整体规划应由建设建设单位负责，重要设施投入也应由建设单位承担。工点上的信息技术应用如试验室、拌和站信息管理系统等，所需费用施工单位应予承担。至于传输通道则尽可能利用社会资源，一般不必再投资建设专门通道。

经过近几年来实践，铁路建设项目推行“四化”生产取得了可喜成效，但也存在一些问题，其中最大的问题是有些单位重视不够、投入不足，主动性、创造性不足。究其原因，一是思想认识不到位、重视不够，一味算小账，过于注重眼前利益，对“四化”生产必须的物质投入落实不好；二是标准设计不深不广，缺乏“四化”生产相关定额，施工单位投入的费用有的没有“出处”。对此，一方面要做好源头性工作，加快出台“四化”施工相关定额，修订相关规范规程，着力加强标准设计，从源头解决施工企业成本投入过大的实际问题。另一方面，要加大实施过程中的推动力度，建设单位招标时将“四化”生产要求纳入招标文件，制定实施专门的管理制度，认真做好督促、检查、引导、指导、激励等工作。施工单位自身也要引起高度重视，落实主体责任，采取得力措施，加大专项投入，总结推广经验，不断提升应用“四化”手段的深度和广度，务求取得显著、持久的实际效果。

第七章　设 计 把 关

勘察设计工作是建设工程的灵魂。勘察设计工作标准化是铁路建设项目标准化管理的重要组成部分，而且在其中发挥着源头性、基础性、保证性作用。本章将对铁路勘察设计工作标准化管理有关要求作出简介，主要目的是便于建设单位做好勘察设计管理把关，同时也为设计单位开展标准化管理提供参考。

第一节　勘察设计项目管理

铁路勘察设计企业（以下简称为设计院）标准化管理体系一般都是按照 ISO 9000 族管理体系标准构建。各个设计院尽管组织机构、管理制度等各有不同，但是在勘察设计项目管理上基本做法和要求大同小异。以下分四个方面作出简介。

一、项目管理机构

设计院一般同时承担多个建设项目的勘察设计任务，为此会分别成立相应的勘察设计项目部（也称指挥部、现场配合组，以下统一简称为设计项目部）。设计项目部代表设计院履行设计单位相应职能，在施工现场，所谓设计单位一般就是指设计项目部。

在设计阶段，设计项目部的职能主要有三个方面：

1. 在设计院领导下完成设计任务，包括组织、指挥、控制、协调等内容，如勘察工作验收、施工图设计委托交底、施工图设计评审工作等。

2. 代表设计院履行合同，接受建设单位的领导和管理，服从建设单位的统一要求和指令，完成现场配合、变更设计、巡回检查、地质确认以及项目部日常人员、车辆管理等。

3. 与建设、施工、监理单位接洽，做好有关要求、指令传递与信息沟通联系工作。

与施工活动不同的是，设计工作除必要的勘测、复核、设计配合等需要在现场完成外,大部分设计工作是在设计院内由院属生产处、室、所、队等生产单位完成的。从某种意义上讲,这些生产单位可以视为项目部的加工厂、生产车间或分包方。从人员、设备等各类资源结构看,设计项目部一般只有现场配合、综合协调等人员属于长期定编,而承担设计工作的人员绝大多数是隶属于设计院内各单位的。亦即同一项目涉及多个生产单位(或职能部门),同一生产单位要承担多个项目的设计任务,这样从整体上看就形成一个矩阵式项目管理组织体系(如图 7-1 所示)。由于勘察设计工作标准化管理是建设项目标准化管理的重要组成部分,因此,设计项目部的管理体系不但要作为设计院内部的项目管理模块列为其标准化管理体系组成部分,而且要按照建设单位统一要求,作为参建单位融入到建设项目的标准化管理体系当中。在这方面,最重要的是处理好三类接口关系:一是全面建立与建设单位标准化管理各项工作的接口;二是保持与参建的施工、监理单位接口畅通,理顺工作关系;三是处理好与设计院内各生产单位的委托、督促、协调、验收、评审等工作关系,确保组织实施好设计工作,按期、优质完成设计任务。

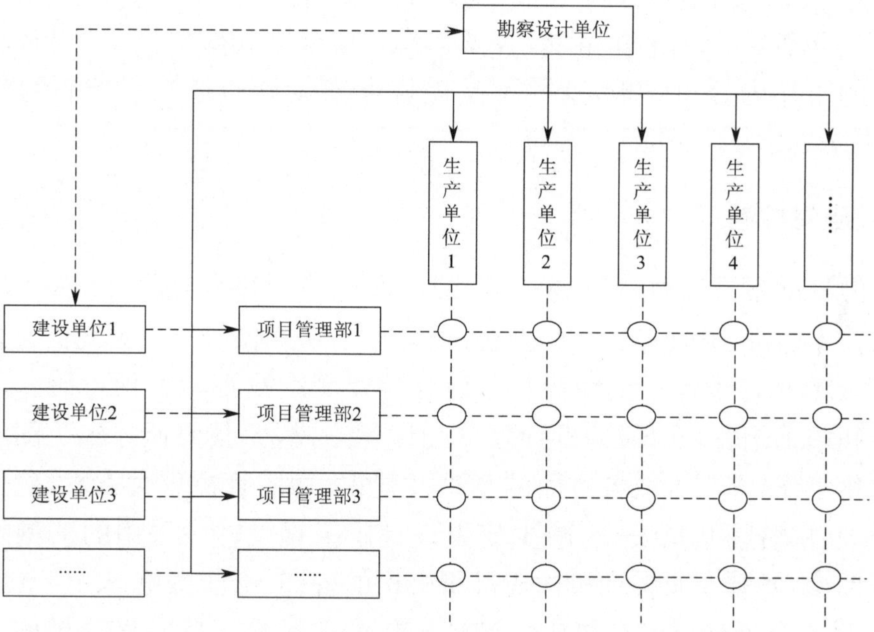

图 7-1　设计院项目管理组织结构示意图

二、标准体系

每个设计院都具有一整套成熟标准体系(由技术标准、管理标准、作业标准三个部分组成），其中既包括国家、行业和地方政府统一发布的规范、规程、制度、标准设计等，又包括设计院自行制定的院内通行的技术标准、管理标准和制度以及勘察设计作业标准。以铁道第三勘测设计院的标准体系为例，其中包含 201 项国家和行业技术标准，以及 213 套通用参考图；自行制定以及转发上级的管理标准有 311 项；院内生产单位自行制定的作业标准 3 000 多项。设计项目部在构建自身的标准体系时，既要把设计院标准体系中涉及本项目的“三大标准”全部纳入，又要把项目建设单位相应标准、制度、要求纳入，同时还要根据勘察设计需要，自行制定一些适用于项目的内部制度和标准，不过一般以管理制度居多，个别项目也涉及到技术问题。

三、工作流程

项目勘察设计工作一般分为前期准备、工程实施、竣工验收三个大阶段，每个大阶段中包含若干子阶段，如果按项目周期顺序来连接起来，就形成“预可研→初测→可研→定测→初步设计→补充定测→施工图设计→施工图审核→配合施工→竣工验收”的流程（如图 7-2 所示）。各阶段的工作内容或事项有大中小之分，大的工作可适度分解为相应的中、小工作（见表 7-1）。不管大中小工作事项，各项工作均应建立相应的流程，明确流程中各环节的工作内容和要求，这些都是做好勘察设计质量过程控制的有效保证（见表 7-2）。

四、质量控制

为做好勘察设计质量控制，设计院应在严格遵循各项工作流程，严格落实各项技术标准、管理标准和作业标准基础上，认真做好以下关键性工作：

1. 认真抓好设计复核和优化。设计院要高度重视项目预可研、可研、初步设计和施工图各个阶段的设计复核和优化工作，尤其要抓好施工图设计复核和优化工作，充分听取各方面的意见及建议，切实管控重大方案，确保工程措施合理、构筑物结构安全，减少变更设计。工程设计中采用的新型结构或设计新理论，要有专业咨询机构或科研机构的咨询、论证意见。

2. 科学合理确定设计措施。设计工作的关键在于确定设计措施。深化设计标准化管理就是增强设计措施的科学性、可靠性、经济性、实用性。设计的工程措施要因地制宜，并与地质勘探资料相对应，满足先进实用、经济可行、安全可靠的要求。认真做好地质勘查、经济调查、现场踏勘、设计方案比选等基础工作，避免设计方案和工程措施与地质不符、与现场脱节，从源头上防止重大失误，减少经济损失；为施工的机械化、工厂化、专业化、信息化提供条件，推广应用新技术、新设备、新工艺、新材料。

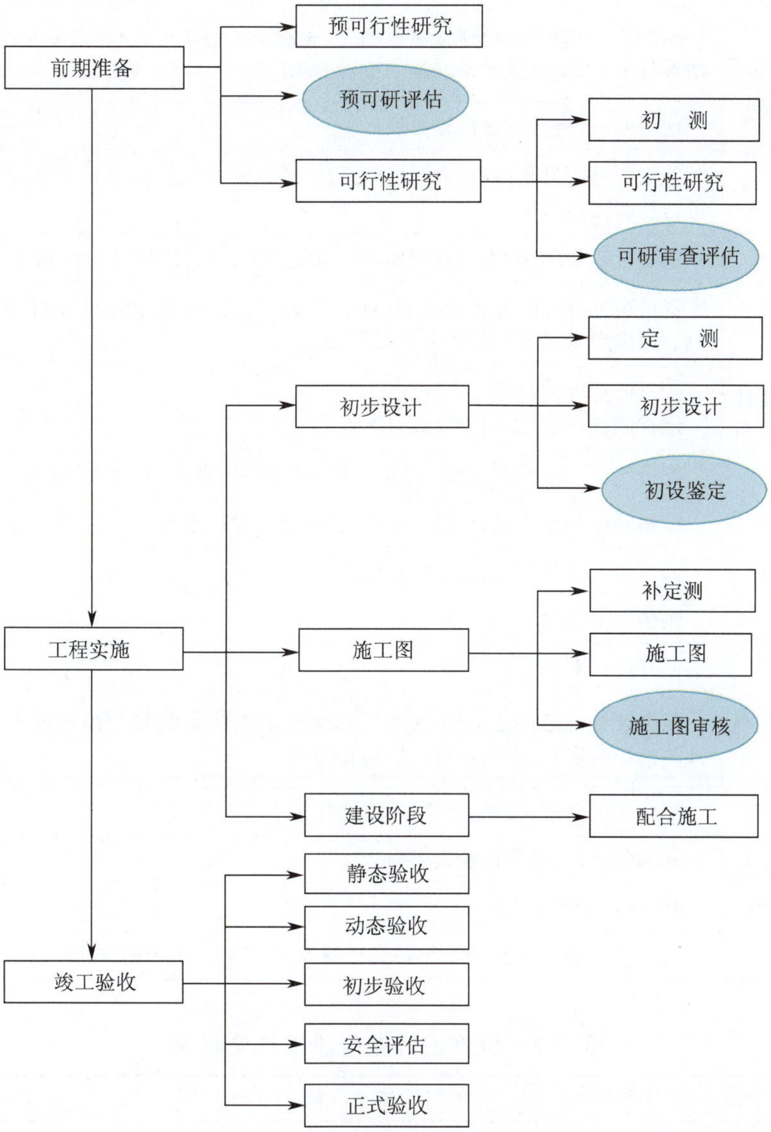

图 7-2　项目勘察设计流程示意图

表 7-1　项目各流程勘察设计与服务详细内容表

序号	阶段	工作内容	备注
1	可行性研究阶段	制定勘察设计工作计划，编报地质勘察大纲，报验勘察报告	
		编制提交《地质灾害危险性评估报告》、《压覆矿藏评估报告》、《土地规划方案》及《土地利用实施影响评估报告》，提供用地预审相关资料和图件	设计院受业主委托承担

续上表

序号	阶段	工作内容	备注
1	可行性研究阶段	编制提交《环境影响报告书》、《水土保持方案报告书》、《节能报告书》	设计院受业主委托承担
		编制提交《防洪影响评估报告书》、《通航论证报告书》、《地震安全性评估报告书》、《文物保护影响评估报告书》等	
		现场调查，配合签署框架协议	
		落实预可研批复内容，进行勘察设计，编制可行性研究设计文件，接受可行性研究报告审查	
2	初步设计阶段	落实可研与环保、水保及用地预审批复内容，开展定测与初步设计	
		提供用地红线图等相关资料，配合办理建设用地规划许可证明，配合编制用地申请报告和复垦方案报告书	
		配合外部电源咨询。 建材调查，配合意向协议签订工作	
		配合签订三电迁改、改路、改渠、管线迁改补偿协议，并纳入概算	
		编制并提交初步设计文件、概算，接受初步设计审查	
		修改初步设计文件、编制鉴修概算	
3	工程实施	编制变更设计	
		做好设计现场配合工作	
		配合现场征地拆迁工作，完善征地拆迁变更图纸，提供用地界桩表、用地图纸相关资料，参与征地拆迁验收交接	
		配合三电迁改、改路、改渠、管道迁移等工作	
4	竣工验收及保修阶段	参加验收，及时归档验收资料	
		移交(包括竣工资料)	
		因质量缺陷产生工程保修，按责任的界定与划分，承担相应的经济赔偿	

表 7-2　勘察设计各阶段工作流程表

序号	阶段	流　　程	备注
1	预可行性研究	1.1　设计策划	
		1.2　踏勘	
		1.3　设计实施	
		1.4　编制预可行性研究文件	
		1.5　内部设计更改确认	
		1.6　设计确认	
		1.7　外部设计更改确认	
		1.8　资料归档	

续上表

序号	阶段	流　程	备注
2	初测	2.1　制订勘测计划	
		2.2　加深地质工作	
		2.3　勘测出工准备	
		2.4　勘测实施	
		2.5　勘测更改确认	
		2.6　勘测验收	
		2.7　成果移交	
3	可行性研究	3.1　设计策划	
		3.2　设计实施	
		3.3　编制可行性研究总说明书	
		3.4　内部设计更改确认	
		3.5　设计确认	
		3.6　外部设计更改确认	
		3.7　资料归档	
4	定测	4.1　制订勘测计划	
		4.2　勘测出工准备	
		4.3　勘测实施	
		4.4　勘测更改确认	
		4.5　勘测验收	
		4.6　成果移交	
5	初步设计	5.1　设计策划	
		5.2　设计实施	
		5.3　编制初步设计总说明书	
		5.4　内部设计更改确认	
		5.5　外部审查	
		5.6　外部设计更改确认	
		5.7　资料归档	
6	补充定测	6.1　补充定测	
7	施工图	7.1　设计策划	
		7.2　设计实施	
		7.3　编制施工图总说明	
		7.4　内部设计更改确认	
		7.5　配合施工图审核	
		7.6　外部设计更改确认	
		7.7　资料归档	
8	配合施工	8.1　配合施工组织机构建立	
		8.2　配合施工准备	
		8.3　设计复查	

续上表

序号	阶段	流　　程	备注
8	配合施工	8.4　技术交底	
		8.5　现场核对	
		8.6　配合施工实施	
		8.7　变更设计	
		8.8　变更设计交底	
		8.9　工作总结	
		8.10　资料归档	
		8.11　指挥部现场标识管理	
9	竣工验收	9.1　静态验收	配合
		9.2　动态验收	
		9.3　初步验收	
		9.4　安全评估	
		9.5　正式验收	
10	综合管理	10.1　系统设计管理	
		10.2　风险防范	
		10.3　技术创新	

3. 切实做好过程控制。其重点如下:(1)按照勘察设计程序,强化地质勘探、现场调查资料检验、审核,对设计方案进行反复比选论证、复核。(2)规范现场设计配合施工工作流程,实现设计配合工作流程化。(3)参加建设单位指导性施工组织设计的编制和调整,参与重大施工技术方案研究,协助解决有关问题,提出优化建议,并根据确定的施工组织方案优化施工图设计。(4)做好施工图交底、现场地质资料核对确认、测量控制网维护等工作。(5)协助建设单位落实外部协议签订,做好征地拆迁、管线迁改、交叉跨越等外部协调工作。(6)对现场发现的问题,应充分听取监理、施工单位的意见和建议,补充完善工程措施,在规定的时间内完成变更设计。(7)依据设计标准化管理要求,将现场布置要求、检查内容、检查方法等具体化、定置化,创建并保持实用、高效、富有文化特色的工作现场。

4. 切实重视大临工程设计。严格执行铁道部关于加强铁路大型临时工程设计和审查工作的有关规定,对制梁厂、制板厂、铺轨基地、施工便道等大临工程,按规定进行设计,按规模编制概算,确保规划布局紧凑、工程措施经济合理,尽量少占用耕地。

建设单位应认真督促设计院加强过程质量自控,依据铁道部有关制度以及勘察设计合同的具体约定,对各阶段勘察设计文件成果的质量做好评定,并将勘察设计费和勘察设计质量挂钩。凡勘察设计质量达不到合同约定的标准或者造成质量事故的，设计院和审核单位按规定承担相应责任并作出赔偿。

第二节　可行性研究

可行性研究是项目决策的依据。设计院应根据国家批准的铁路中长期规划或项目建议书，进行社会、经济和运量调查，综合考虑运输能力和运输质量，从技术、经济、环保、节能、土地利用等方面进行全面深入的论证，采用初测资料进行基础性设计。

一、现场勘测管理

现场勘测管理主要工作包括制定勘测计划、勘测实施、勘测验收等，工作流程如图 7-3 所示。

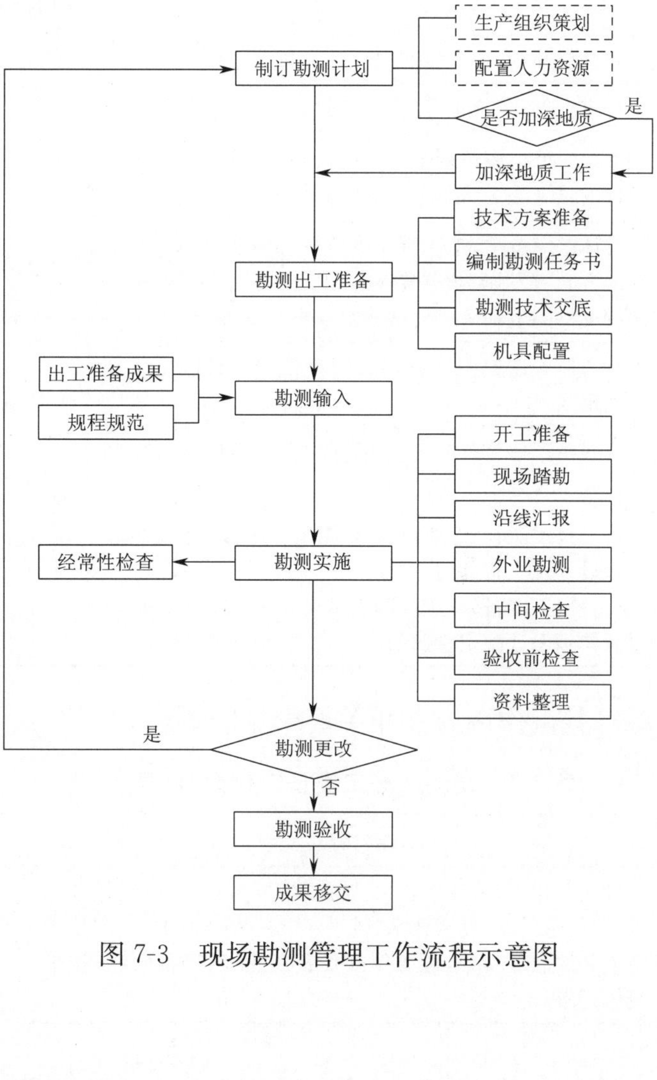

图 7-3　现场勘测管理工作流程示意图

1. 制订勘测计划。其工作内容及相关要求见表 7-3。

表 7-3　初测—制订勘测计划工作内容/要求表

序号	工作名称	工作内容/要求	备注
一	确定任务依据	委托书或与业主签订的合同	
二	生产组织策划	(一)分析项目背景及需求,明确工作范围,提出工作安排建议及时间(包括航飞),安排加深地质工作论证。 (二)提出生产组织方式及任务承担二级单位(含派出总体和副总体的单位)。 (三)完成生产组织策划书初稿,提出注意事项及需要各相关方支持的建议意见	工作安排要充分考虑可能出现的风险,制定防范与应急措施
		设计院确定项目的主管总工、总体人选	原则为预可行性研究阶段的主管总工、总体
三	召开启动会	召开启动会,评审生产组织策划书	
		评审意见,完善生产组织策划书	
四	下发策划书	下发生产组织策划书,在项目信息系统中及时公布项目的设计院主管总工、总体名单	
五	函告相关方	总体组织备文,总体所在单位分别向建设单位和沿线地方政府发函,报告勘测工作安排,提出需要给予协调支持的事项等	提请建设单位提前介入有关协议工作等
六	配备专业人员	副总体人选原则由派出二级单位与设计院主管部门商定	副总体、专业审定、专线、技术队长在项目进行中不宜调整
		二级生产单位提出专业审定和专线名单报总体和设计院主管部门	
		(一)技术队长、专业组长人选由二级生产单位报总体和设计院主管部门。 (二)出工准备、外业派遣人员名单由二级生产单位报总体和设计院主管部门	

2. 开工准备。其工作内容及相关要求见表 7-4。

表 7-4　初测—开工准备工作内容/要求表

序号	工作名称	工作内容/要求	备注
一	现场技术交底	勘测队长主持,技术队长进行现场技术交底,明确任务范围、工作量,提出勘测技术、质量、环境、安全要求、勘测技术特点和注意事项等,地质副队长及专业组长明确专业技术具体要求	

续上表

序号	工作名称	工作内容/要求	备注
二	组建作业班组	勘测队组建作业班组	
三	设备校验	作业班组对测绘、勘探、试验所需仪器、设备、机具、软件等进行开工检验与校正、安装与调试，填写仪器检校表，确保其处于正常状态，满足勘测要求；对计量器具进行计量检验并标识，勘测现场使用的计量器具都应在国家规定的强检有效期内	保证仪器、设备、机具、软件等状态良好，检校标识合格，满足要求
四	制订保证措施	现场环境、安全因素识别。 制订各项生产安全、质量、环境保证措施	
		审定质量、环境和安全生产保证措施	
五	制订创优规划	制订重点项目本专业“勘测资料创优规划”	
		制订重点项目“勘测资料创优规划”	
		制订重点项目“综合勘测设计创优规划”	

3. 现场踏勘。其工作内容及相关要求见表 7-5。

表 7-5　初测—现场踏勘工作内容/要求表

序号	工作名称	工作内容/要求	备注
一	策划与准备	技术队长组织有关专业组长梳理确定踏勘工点/段落，明确踏勘时间及人员。 线路专业（或站场专业）准备踏勘图纸及资料	
二	现场踏勘	全线关键点踏勘：技术队长组织有关专业组长、外业班组长进行踏勘。重点落实控制方案的特殊工点及敏感点等边界条件	
		测量控制点落实：测绘专业组织外业班组核实国家三角点、水准点等情况	
三	方案优化	根据现场踏勘情况，技术队长组织有关专业优化技术方案；各专业对方案提出专业意见并进行确认	
四	制订计划	根据优化后的技术方案，调整工作量、资源配备，制订勘测技表	

4. 沿线汇报。其工作内容及相关要求见表 7-6。

表 7-6　初测—沿线汇报工作内容/要求表

序号	工作名称	工作内容/要求	备注
一	汇报策划	明确需要汇报的单位、时间、方案、内容，形成书面汇报材料	
二	汇报实施	介绍工作安排、线路走向方案、枢纽方案、车站站址方案等情况；就线路走向、重点站位、地方规划协调和控制方案的重大立交、重大管线、重点沟渠、重大拆迁、军事设施、保护区、风景区、压覆矿产资源等绕避或迁改问题征求地方政府和有关部门意见；听取铁路运营部门的意见；与地方政府、铁路局等相关单位商谈需协调或配合的有关事宜；提交需要收集的资料清单。 若发现可能引起重大方案变化问题，技术队长应及时向总体、设计院主管总工汇报。必要时，设计院主管总工组织及时向上级部门汇报。 地质专业应参加向地方政府、铁路局等相关单位征求意见工作，协调与地质勘探有关的事宜	征求省、直辖市、铁路局等部门意见由设计院主管总工牵头。 征求地级市等部门意见由总体牵头。 征求县级等部门意见由技术队长牵头
		形成谈话记录或会议纪要	
三	方案完善	技术队长组织相关专业，对相关方意见进行分析，对初测出工准备方案进行补充完善	
四	方案审核	设计院主管总工对完善后的方案进行审核	

5. 外业勘测。其工作内容及相关要求见表 7-7。

表 7-7　初测—外业勘测工作内容/要求表

序号	工作名称	工作内容/要求	备注
一	导线测绘	依据优化后的初测方案，布设导线点、公里标、百米标、加桩，实施导线测量与联测；水准点布设、高程测量与联测；中桩水准测量	
二	专业调查	对影响线路方案的制约因素进行调查，主要包括：重大的道路立交、道路、沟渠、管线、厂矿、建(构)筑物、环境敏感点、水源地、工点、取弃土(砟)场等，查明技术标准、产权单位、拆改工程数量；补充收集资料；对制约因素进行研究分析，提出绕避或迁改的明确意见	专业调查及记录应详细、清楚，内容齐全、准确、可靠，满足设计要求
		对影响专业或系统方案的重要工点进行摄录，并纳入应交验收资料	
		线路、站场专业及时收集并将影响线站方案的信息反映到图纸上，并纳入勘测验收报告	

续上表

<table>
<tr><th>序号</th><th>工作名称</th><th>工作内容/要求</th><th>备注</th></tr>
<tr><td rowspan="2">三</td><td rowspan="2">提出需求</td><td>专业应结合外业调查，提出导线、高程、地形、横断面、工点等测量任务和要求，提交勘测队</td><td rowspan="2">任务和要求的内容应具体、合理</td></tr>
<tr><td>地质专业提出技术质量要求和实施措施，提交勘测队、勘探队、试验单位</td></tr>
<tr><td>四</td><td>专项测绘</td><td>根据“勘测任务书”要求，结合专业提出的测量任务和要求，组织开展以下测绘工作，并提交测绘资料，主要包括：
全线地形测量、代表性或控制性横断面测绘、重要工点测绘、水文测量、既有线测量等</td><td></td></tr>
<tr><td rowspan="5">五</td><td rowspan="5">综合勘探</td><td>按照出工准备阶段完成的勘察技术要求及统一资料标准，明确各类工程采用的勘察手段、勘探工作量</td><td rowspan="5">测绘、勘探、试验等技术方法正确合理，满足勘测任务书、后续设计要求，符合《勘测细则》和相关规范规定</td></tr>
<tr><td>钻探、物探、原位测试、遥感等承担单位应按国家、行业以及设计院有关勘探技术规程、规范、勘探技术要求及统一资料标准，采用正确合理的勘探技术方法，提交勘探成果资料</td></tr>
<tr><td>以满足方案比选、工程基础类型和工程措施的确定及控制投资为目的，根据铁路等级、地质条件、工点方案、工程难易程度和规范要求，在充分收集、分析、利用既有地质勘察资料的基础上，以遥感指导调绘，调绘指导勘探，物探、静力触探指导钻探。一般要求：
对控制线路方案的越岭地区、重大不良地质区及地质复杂的长隧道、大河桥渡等重点工程地段，应充分利用航片、卫片资料进行地质解译，在大面积地质调绘的基础上，采用综合物探为主，配合钻探、简易勘探和测试工作；在平原区，尤其是软土、松软土分布地区，应以静力触探（旋转触探）为主，配合钻探工作，在条件适宜、勘探深度满足设计要求的地区，静力触探（或旋转触探）工作量宜占总工作量的50%以上</td></tr>
<tr><td>结合已取得的地质调绘、各类勘探、测试阶段成果资料及时进行综合分析，随时优化勘察方法和调整勘探、试验工作量</td></tr>
<tr><td>依据工程地质调绘、各类勘探、测试、试验资料，对地质参数进行梳理统计及综合分析对比，初步查明线路推荐方案、主要比较方案、主要工点、建筑材料场地等建设工程地区的工程地质、水文地质条件，提出评价意见，编制并提供工程地质勘察报告</td></tr>
</table>

续上表

序号	工作名称	工作内容/要求	备注
六	专业检查核对	各专业对测量、勘探、试验等成果资料进行检查核对，必要时进行实测、实钻检查。 对发现的问题及时提出补测、补勘要求	若不满足要求，及时反馈补勘
七	内业设计	各专业根据勘测(探)资料开展内业设计，进行线、站方案比选及专业工点方案比选，完成初测应交成果资料	
八	配合协议	配合建设单位就线路走向、重点站位、地方规划协调和控制方案有关的重大的道路立交、道路、沟渠、管线、厂矿、建(构)筑物、环境敏感点、水源地等的绕避或迁改问题征求地方政府和有关部门意见，与有关单位签订框架协议或谈话纪要。 影响方案稳定的应在建设单位的协调下取得地方有关部门的书面意见。 一般协议由技术队长和各专业组长配合，综合性重大协议由总体和各专线配合，必要时设计院主管总工参加	
九	互提资料	综合分析各项测绘、调绘、勘探、试验等原始资料，形成互提资料，提供给下序专业	互提资料及时、准确、完整
十	推荐方案	根据各专业意见，技术队长组织开展线站方案技术经济比选、投资框算与分析等工作，提出推荐方案和主要比较方案意见，报中检组审查	

6. 中间检查。其工作内容及相关要求见表 7-8。

表 7-8 初测—中间检查工作内容/要求表

序号	工作名称	工作内容/要求	备注
一	中检前检查	勘测工作告一段落或一定时间内，勘测单位领导组织有关专线和本单位有关人员进行中检前检查，必要时对勘测(探)资料进行实测、实钻检查	通过全面检查，保证达到中检要求
二	中检申请	外业勘测方案基本完成时，勘测队长会同技术队长、勘探负责人，按照《勘测工作检查和资料验收办法》要求提出中检申请，报设计院办公室和设计院主管部门。设计院办公室通知设计院主管总工	
三	成立中检组	重点项目由设计院主管总工组织有关专业及勘测单位的审定人员成立中检组，并主持中检	由具有专业审定资格人员负责中检
		一般项目由总体组织有关专业及勘测单位的审定人员成立中检组，并主持中检	

续上表

序号	工作名称	工作内容/要求	备注
四	勘测工作汇报	勘测范围、勘测(探)完成情况，制约勘测因素及建议	
		技术方案、调查及资料收集、协议签订、质量检查(含实测、实钻)及创优规划落实情况；存在问题及建议	
五	现场踏勘	对重点桥渡、长大隧道、枢纽引入、跨越规划区、环境敏感点、不良地质地段、重大拆迁、重大立交、军事设施、文物保护区等重大控制点进行现场踏勘，稳定线路方案	
六	实施中检	重点检查内容：勘测范围、深度和精度；勘探实测(钻)质量；线路主要走向方案和各比较方案的技术经济比选、工点分布的合理性、重点工程措施；各种调查和收集资料、有关协议；新技术、新工艺、新设备的采用；各次质量检查(含实测、实钻)、体系文件要求等方面	若深度达不到中检要求、遗漏重大方案，需补充勘测； 若勘测工作范围发生变更，按勘测更改流程办理
		填写专业“中间检查意见表”	
		中检组开会研究综合及重大技术问题	
		结合各专业中间检查意见，形成项目的设计院中检意见	
		与勘测队沟通、交流、解释	
七	落实中检意见	向勘测队下发中检意见，勘测队及各专业落实中检意见	

7. 勘测验收。其工作内容及相关要求见表 7-9。

表 7-9　初测—勘测验收工作内容/要求表

序号	工作名称	工作内容/要求	备注
一	申请验收	勘测单位主管总工检查确认各专业勘测(探)全部工作达到“验收应具备的条件”要求，向设计院提出验收申请	
二	成立验收组	总体组织成立验收组并主持验收，有关专业审定人员参加(必要时设计院主管部门调度参加)	
		勘探工作完成后，由总体指定勘探技术主责单位组织对地质资料进行现场验收	
三	勘测汇报	勘测队长汇报内容一般包括： 勘测范围、勘测经过、任务完成情况	
		技术队长汇报内容一般包括： (一)重大技术方案和原则、各种调查、实测、实钻等完成情况； (二)框架协议签订情况，详细说明因受外部条件制约或协议不落实而存在不稳定因素的段落等有关问题； (三)设计院中间检查意见的落实情况； (四)各级质量检查及创优落实情况； (五)存在的问题及建议	

续上表

序号	工作名称	工作内容/要求	备注
四	实施验收	(一)主要验收以下内容: 中间检查意见及上级有关指示和决定的落实;资料的完整性、正确性;技术方案、工程措施的合理性;各项调查情况;立交、管线、拆改等协议签订情况;主要风险因素的识别和评价;各次质量检查情况等。 (二)各专业提出验收意见,填写专业“勘测资料检查验收单”,进行专业勘测质量评定	不满足验收条件,补充勘测。 重大方案、标准发生变化引起勘测工作范围发生变更时,应上报设计单位主管部门调整安排
		(一)验收组开会研究综合及重大技术问题。 (二)总体汇总各专业验收意见,在现场完成勘测项目验收报告初稿,对勘测(探)项目给予质量总评,向被验收单位宣读,验收后一周内要将验收报告报设计院主管部门。 (三)验收报告内容一般包括:勘测范围、勘测阶段、执行单位、实际执行任务的起讫日期、完成工作量、验收日期、地点、验收组成员、验收资料内容、专业质量评定和项目质量总评、突出优点、存在问题、改进意见等,明确技术可行、经济合理的可行方案,详细说明受外部条件制约、协议不落实存在不稳定因素的段落等有关问题,并附各专业《勘测资料检查验收单》。有创优规划的项目对创优小结予以确认。 线路与地质不能同时验收时,地质专业可进行初步验收,并将初步验收意见附入线路验收报告。待勘探工作完成后,由总体指定勘探技术主责单位组织对地质资料进行现场验收。 验收过程中,验收组根据需要安排现场踏勘。 当涉及多专业问题时,应在填写勘测资料检查验收单前,报请验收主持人研究。 具有专业审定资格的人员负责勘测验收工作	
五	落实验收意见	勘测队、各专业逐条落实验收意见,完善成果资料	
六	确认验收	对于验收遗留问题,验收人员负责跟踪、关闭	

二、可行性研究质量控制

可行性研究工作流程如图 7-4 所示。

主要工作包括编制总体设计原则、设计实施、设计确认等。

1. 编制总体设计原则。其工作内容及相关要求见表 7-10。

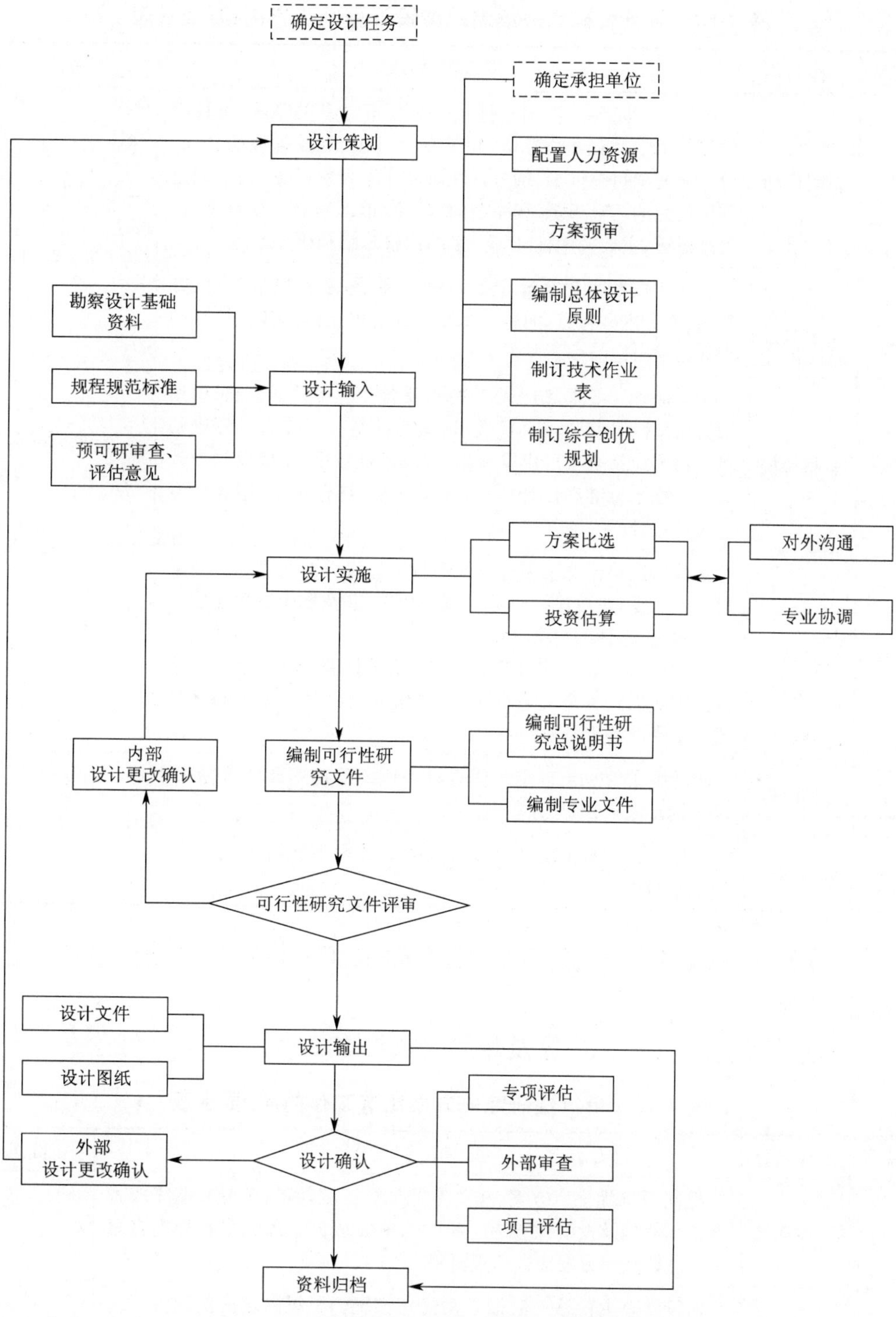

图 7-4　可行性研究工作及流程示意图

表 7-10　可行性研究—编制总体设计原则工作内容/要求表

序号	工作名称	工作内容/要求	备注
一	编制启动	根据设计院生产计划安排及方案预审会有关要求，设计院主管总工主持召开由总体、相关专业审定、专线参加的会议，分析研究项目建议书、预可行性研究专家评审意见，初步确定需要研究的运输组织、线路走向、枢纽（地区）布局、重点桥渡、复杂隧道、主要技术标准等方案的比较范围和研究原则	
二	编制专业素材	各专业按照启动会确定的时间及要求，结合项目定位、方案、技术标准和特点，向总体提交经专业审定的总体设计原则专业素材	
三	编制初稿	根据启动会要求，结合项目特点及各专业提供的素材，按照“总体设计原则基本内容”要求，编写并复核总体设计原则初稿。内容应符合项目建议书、上阶段审批意见，正确反映设计院所定技术标准和设计原则，内容齐全，符合规定，指导各专业进行设计	复核者原则上为专业审定人员
四	会审	总体所在单位总工主持重大项目总体设计原则会审。对项目审查意见、主要设计原则、主要技术标准及重大方案等提出会审意见，总体编写会审记录。 重大项目一般为：铁路客运专线、重载铁路、长大干线、复杂铁路枢纽以及综合交通枢纽，单独编制文件的大型铁路客站或复杂铁路特大桥等	
五	院审定	设计院主管总工审定总体设计原则。确定主要技术标准、重大设计原则、推荐方案等	
六	分发执行	总体应将院审定的总体设计原则 2 日内下发，各专业在设计中遵照执行	

当项目为一线多单位设计时，建设单位组织总体和相关设计单位编制总体设计原则。

2. 方案比选。其工作内容及相关要求见表 7-11。

表 7-11　可行性研究—方案比选工作内容/要求表

序号	工作名称	工作内容/要求	备注
一	方案比选	根据预审优化后方案，相关专业计算工程数量，工经专业完成方案工程数量及投资比较表。相关专业完成方案研究素材并提交总体。总体编写方案比选汇报材料	
二	方案汇报	向设计院主管总工汇报方案优化情况。汇报内容应包括方案组成、各方案说明、工程数量及投资比较、优缺点分析和推荐意见	
三	专家会审	根据设计院专家会议程序，组成专家组，通过专家会议对方案比选中的难点、疑点进行研讨，并形成专家组意见。重大方案进行专家会审	

续上表

序号	工作名称	工作内容/要求	备注
四	方案决策	根据方案比选情况，确定推荐方案和主要比较方案。不遗漏有价值比较方案，推荐方案合理	
五	专业设计	根据方案决策结论，各专业在设计中执行	

3. 编制可行性研究总说明书和专业说明书，专业说明书与总说明书基本一致。其工作内容及相关要求见表 7-12。

表 7-12　可行性研究—编制可行性研究报告工作内容/要求表

序号	工作名称	工作内容/要求	备注
一	专业素材	各专业根据文件编制要求、总体设计原则以及设计资料，编制本专业素材，经专业审定后，提交总体	
二	总说明书编写	总体根据各专业提供的素材，按照编制要求，进行总说明书编写。对建设项目的可行性、方案的技术经济合理性及总说明书内容的系统性、完整性负责	
三	复核	复核总说明书内容。重点关注建设项目的可行性、方案的技术经济合理性及文件内容的系统性、完整性	
四	院审定	设计院主管总工审定可行性研究总说明书，确保满足文件编制要求	

4. 设计审查。设计审查包括设计内部评审和外部审查两项内容。设计内部评审由设计院的复核人、专业负责人、专业审定人、总体、设计院主管总工逐级按照审签办法进行。外部审查是指接受委托单位审查，应按表 7-13 所列内容和要求完成。

表 7-13　可行性研究—外部审查工作内容/要求表

序号	工作名称	工作内容/要求	备注
一	审查通知	根据委托方审查安排，通知有关单位及人员进行审查准备	
二	审查准备	根据审查通知要求安排会务	
		总体初步拟定参会人员名单，提交设计院主管总工确认	
		根据审查要求准备设计文件、图纸、各种基础资料	
		总体组织编制，重点内容包括：项目功能定位、可行性、重大方案、预测运量、主要技术标准方案及推荐意见、投资估算、工期、经济评价以及需重点说明的问题等。提交设计院主管总工审定，并制作多媒体	

续上表

序号	工作名称	工作内容/要求	备注
三	现场踏勘	根据委托方需求，组织踏勘。 （一）总体组织专线根据项目特点初步拟定踏勘工点，报设计院主管总工确认后，提交会务负责人	是否现场踏勘，根据委托方需求而定
		（二）会务负责人初步拟定踏勘日程路线安排，报委托方审查负责人确定。并将踏勘安排随会议通知分发	
		（三）总体根据踏勘安排，组织落实踏勘向导人员、陪同踏勘人员以及现场踏勘资料图纸准备	
		（四）现场踏勘时，总体负责现场汇报并解答审查人员提出的问题，必要时相关专业进行补充汇报和解答	
四	参加审查会议	（一）汇报：总体采用多媒体等方式，对项目进行全面汇报。 （二）答疑：审查专家对文件、图纸进行审阅，相关专业审定人员、专线陪同，及时解答专家提出的问题。 （三）沟通：审查意见形成过程中，设计院主管总工、总体、各专线应积极与专家沟通。总体及时整理汇总形成书面专家意见	
五	落实审查意见	设计院主管总工主持召开会议，研究落实审查意见。总体、设计院主管部门调度及相关专业参加会议	

三、建设单位对可研设计工作组织、协调、管理

建设单位应加强对可行性研究阶段勘察设计工作的组织、协调、管理，重点要做好以下几个方面工作：

1. 重大线路、枢纽方案研究。按照地质选线、环境选线、规划选线的原则，组织设计单位与沿线规划、环保、国土、文物、水利、林业、交通、矿产、部队等部门沟通协商，组织进行方案研究和论证，提出重大线路、枢纽方案的明确意见。

2. 相关支撑性文件。组织设计单位与沿线政府、规划、环保、国土、文物、水利、林业、交通、矿产、部队等部门沟通协商，取得地方政府及各相关部门对项目的环境保护、水土保持、地震安全性评价、压矿评估、防洪、立交、通航、重大征地拆迁和三电迁改等书面原则意见。

3. 社会稳定风险评估。组织设计单位依据《国家发展改革委重大固定资产投资项目社会稳定风险评估暂行办法》（发改投资〔2012〕2492 号）文件的规定，对社会稳定风险进行调查分析，社会稳定风险分析应当作为项目可行性研究报告的重要内容并设独立篇章。

4．工程措施抽查。对设计单位的勘察、设计工作进行抽查，发现勘察资料与实际地质、地貌、水文、地面建筑物等情况不相符时应提出纠正意见，对设计的主要工程措施进行审查，有技术风险、环境风险的应提出纠正意见，有采用落后技术或标准的，或不符合国家法律要求、不符合施工技术现实的，应提出修改意见。

5．工程投资估算。组织设计单位对拟建项目的技术先进性和适用性、经济合理性和有效性，以及建设必要性和可行性进行全面分析、系统论证、多方案比较和综合评价；对设计单位提出的工程数量和单价进行复核，纠正错误，由此得出该项目是否应该投资，以及合理投资应为多少等结论性意见，为项目投资决策提供科学依据。

6．科技研发立项报批。组织科研单位对本项目拟采用的新技术、新装备、新材料、新工艺的研究、开发、试验的科技研究开发计划上报铁道部科技司，铁道部科技司组织申报国家科技计划项目或列入铁道部科技研究开发计划。

7．研究报告预审。设计单位完成可行性研究报告后，建设单位严格按照《铁路基本建设项目预可行性研究、可行性研究和设计文件编制办法》(铁建设〔2007〕152 号)规定的要求和深度，对研究报告组织预审，并出具书面意见，书面意见和可行性研究报告一并上报。

第三节　初 步 设 计

初步设计是项目建设的主要依据，应根据批准的可行性研究报告进行现场调查，对局部方案进行比选，采用定测资料，依据批准的环境影响报告书、水土保持方案、地质灾害危险性评估、压覆矿产资源评估、地震安全性评价、防洪影响评价报告及通航论证报告等，进行比较详细的设计。

一、现场勘测管理

初步设计的现场勘测工作即定测工作。定测与初测相比，定测工作的范围小、精度高，线路需要现场定位，对勘测工作要求更高，但两者基本工作内容和程序是一致的，故对定测工作不再详述。

二、设计质量控制

初步设计工作及流程如图 7-5 所示。

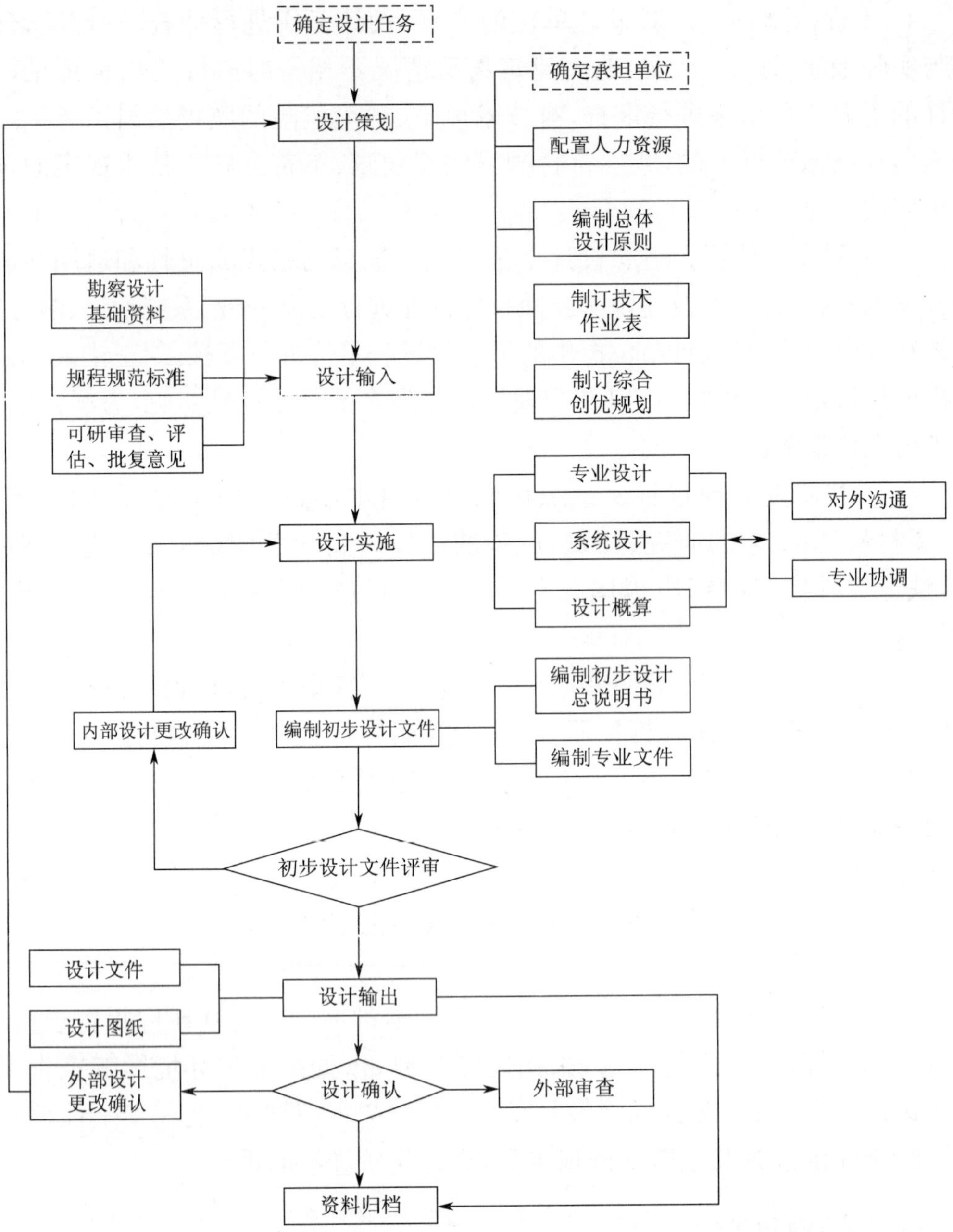

图 7-5　初步设计工作及流程示意图

主要工作包括编制总体设计原则、设计实施、设计确认等。

初步设计与可行性研究工作在设计原则、设计确认方面的工作内容和程序基本一致，在此不再赘述，重点介绍设计实施方面的内容和程序。

1. 专业设计。主要工作内容及相关要求见表 7-14。

表 7-14　初步设计—专业设计工作内容/要求表

序号	项目	工作内容/要求	备注
一	设计	各专业根据文件编制要求、总体设计原则、专业设计原则以及设计输入资料,开展专业设计,内容包括:各类计算单、设计图表、专册说明书、总说明书素材等	
二	复核	复核专业设计各项内容	
三	审核、审定	审核、审定设计文件,主要包括: (一)设计符合规范及有关规定,各项数据准确、齐全、图纸整洁清晰。符合可行性研究审批意见。 (二)设计文件内容符合《铁路建设项目预可行性研究、可行性研究和设计文件编制办法》的要求。 (三)说明表达清楚、文理通顺、数字正确,各专业主要设计原则、标准协调一致。 (四)各级审核、审定符合《勘察设计技术文件审签管理办法》有关规定	
四	提交成果	向相关专业提供下序资料,向总体提供总说明书素材,专册文件送文整	

2. 系统设计。主要工作内容及相关要求见表 7-15。

表 7-15　初步设计—系统设计工作内容/要求表

序号	项目	工作内容/要求	备注
一	分析系统问题提出要求	(一)总体组织有关专业开展项目策划,在充分承接设计院及生产单位已发布实施的系统设计要求基础上,针对项目特点进行细化、分解,提出系统(总体)设计要求或关注点,协调并编制系统性设计要求,纳入总体设计原则。 (二)总体、各专业在勘察设计过程中发现的系统设计问题应及时提出	
		把确定的系统设计要求纳入专业设计原则	
二	研究决策	一般系统设计方案由总体组织相关专业研究,在专业意见的基础上,总体进行分析判断,从系统设计最优角度,综合各方面因素提出推荐方案后,向设计院主管总工汇报确认	
		综合性强、技术复杂、受外部环境影响大的系统(总体)设计方案由设计院主管总工主持,总体、相关专业参加,研究并确定系统设计方案。 必要时,可利用设计院专家委员会资源或聘请外部专家参与研究	
三	专业设计	各专业依据确定的系统设计方案和要求,开展设计	
四	检查落实	督促检查相关专业对系统(总体)设计要求的落实情况	

续上表

序号	项目	工作内容/要求	备注
五	信息反馈	对系统设计问题进行及时总结，并向本单位技术管理部门反馈相关信息	
六	持续改进	各专业对系统(总体)设计问题和经验进行分析，纳入台账并推进实施，报科技处技管科核备	
		针对系统(总体)设计问题进行分析、总结，条件成熟后，纳入设计院系统设计标准化文件	

系统(总体)设计的要求应体现在设计方案、专业接口及总体设计原则中。

3. 设计概算。主要工作内容及相关要求见表 7-16。

表 7-16　初步设计—设计概算工作内容/要求表

序号	项目	工作内容/要求	备注
一	编制设计概算基础资料	编制设计概算基础资料经专业审定后提供各专业。内容主要包括编制依据、设计概算段落、工程数量及设计概算提供要求等	
二	站前专业计算工程数量	(一)站前专业根据设计方案计算工程数量。 (二)从工程范围变化、技术标准变化、规程规范变化、方案变化、工程措施变化以及阶段性量差等几个方面的工程数量或单项概算变化情况与上阶段对照分析，找出变化原因，必要时优化调整。 (三)经专业审定后提交工经专业	
三	站后专业编制个别概算	(一)站后专业根据设计方案编制个别概算。 (二)从工程范围变化、技术标准变化、规程规范变化、方案变化、工程措施变化以及阶段性量差等几个方面的工程数量或单项概算变化情况与上阶段对照分析，找出变化原因，必要时优化调整。 (三)经专业审定后提交工经专业	
四	工经审核	审核站前专业提供的工程数量、站后专业提供的个别概算资料，不满足概算编制要求的返回原专业修改	
五	编制站前专业个别概算	根据站前专业工程数量，分析确定概算指标，编制站前专业个别概算	
六	编制、分析概算	根据各专业概算资料及基础资料，编制综合概算及总概算	概算指标及费用计算正确，投资总体规模合理
		审查综合概算及总概算。分析投资的合理性。初步设计总概算静态投资不应超过投资估算的静态投资，对工程投资发生变化的项目，应进行详细的对比分析说明。难以协调解决的重大问题提交投资分析会研究解决	

续上表

序号	项目	工作内容/要求	备注
七	召开投资分析会	对难以协调解决的重大问题，设计院主管总工主持会议研究确定。总体组织，各专线参加，必要时请专业审定参加，进一步研究分析投资的合理性，核实投资规模，优化投资方案	
八	编制文件	根据上阶段审查意见、各相关方意见，结合项目特点、各专业提供素材，按照《文件编制办法》，编写设计概算文件，经专业审定后，提交总体审核	
九	总体审核	审核设计概算文件	满足投资控制要求
十	院审定	设计院主管总工审定项目投资规模、总概算，必要时向设计院主管领导汇报	

重大投资问题必须向建设单位汇报，建设单位同意后文件方可发出设计院。设计过程中实行超投资报告制度。对于投资超5%以上或者发生重大技术方案变化、技术标准变化、项目范围变化的，向建设单位汇报；对于投资超过上阶段10%的项目，设计院主管总工向建设单位汇报。

三、地勘监理与工程咨询

1. 地勘监理。对需采用地勘监理的项目，建设单位应及时确定地勘监理单位，保证勘察成果的真实性、可靠性。勘察监理单位应按照勘察监理实施细则要求，对勘察大纲进行审查，对勘察过程进行监理，对勘察报告进行审查，对勘察数量予以确认，并将有关情况及时向建设单位报告。建设单位应组织勘察监理第一次例会及资料的验收工作。

2. 工程咨询。对于勘察设计中的重大技术问题或重大特殊结构，建设单位可委托具有相应资质的单位提出评价和优化意见，也可聘请专家进行咨询。

四、建设单位对初步设计工作组织、协调、管理

建设单位在初步设计阶段的工作比可研阶段更具体，除社会稳定风险评估、工程措施审查、工程投资审查等参照可研阶段的内容做好工作外，还要抓好以下工作。

1. 稳定线路、枢纽方案。建设单位依据国家有关部门关于可行性研究报告的批复意见，组织设计单位听取地方及相关部门意见，组织设计单位及时进行现场踏勘，配合设计单位摸清影响线路方案的外界环境，研究绕避重要建筑（或文物）、风景名胜区、自然保护区、基本农田保护区、军事设施、不良地质地段等，协调、解决影响线路、枢纽的重大问题，按规定完成勘探和勘察工作量，稳定线路、枢纽方案。

2. 落实外部协议条件。建设单位组织设计单位与地方有关部门进行协调，落实外部条件，完成立交桥设置、征地拆迁、三电迁改、管线等地上、地下构筑物改移等方案论证、确定，并签订协议，为设计单位完成方案比选、优化设计方案提供外部条件。

3. 设计文件初审。依据可研报告批复，严格按照《铁路基本建设项目预可行性研究、可行性研究和设计文件编制办法》规定的要求和深度，对设计文件进行初审，初审应邀请运营单位参加，对长大、复杂项目可选取有资质的单位进行初审工作，并出具书面意见，书面意见和初步设计文件一并上报。

第四节　施工图设计

施工图设计阶段的工作任务是为施工提供设计图纸和施工图设计总说明，其主要工作内容和相关要求如下。

一、现场补充勘察管理

根据初设审查意见，确定补充勘察即补充定测工作范围，原则上执行定测流程和标准。当建设项目补充定测需要改变相应作业流程、作业标准时，须对相关工作标准按需要分阶段做出规定。

二、设计质量控制

施工图设计工作流程如图 7-6 所示。主要工作包括编制设计原则、施工图设计、配合施工图审核等，这些工作的基本内容和程序多数与可研和初设工作中相对应的工作一致，不再赘述，以下重点说明施工图预算和审核工作。

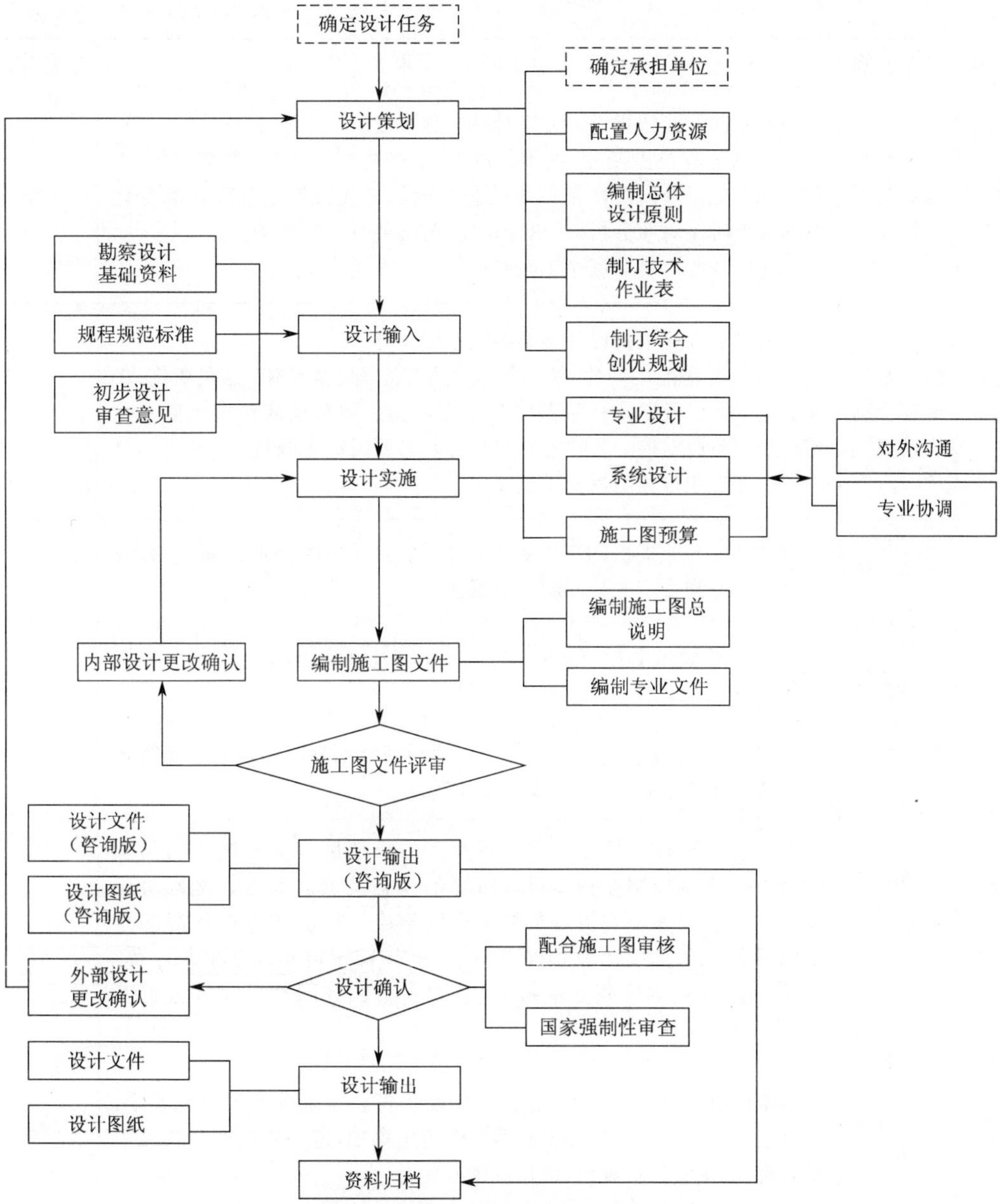

图 7-6　施工图设计工作及流程示意图

1. 施工图预算。主要工作内容及相关要求见表 7-17。

表 7-17　施工图—施工图预算工作内容/要求表

序号	工作名称	工作内容/要求	备注
一	编制施工图预算基础资料	编制施工图预算基础资料经专业审定后提供各专业。内容主要包括施工图预算段落、编制依据、工程数量及施工图预算提供要求等	

续上表

序号	工作名称	工作内容/要求	备注
二	站前专业计算工程数量	(一)站前专业根据设计方案计算工程数量。 (二)从工程范围变化、技术标准变化、规程规范变化、方案变化、工程措施变化以及阶段性量差等几个方面的工程数量或单项预算变化情况与上阶段对照分析,找出变化原因,必要时优化调整。 (三)经专业审定后提交工经专业	
三	站后专业编制个别预算	(一)站后专业根据设计方案编制个别预算。 (二)从工程范围变化、技术标准变化、规程规范变化、方案变化、工程措施变化以及阶段性量差等几个方面的工程数量或单项预算变化情况与上阶段对照分析,找出变化原因,必要时优化调整。 (三)经专业审定后提交工经专业	
四	工经审核	审核站前专业提供的工程数量、站后专业提供的个别预算资料,不满足预算编制要求的返回原专业修改	
五	编制站前专业个别预算	根据站前专业工程数量,分析确定预算指标,编制站前专业个别预算	
六	编制、分析预算	根据各专业预算资料及基础资料,编制综合预算及总预算。预算指标及费用计算正确,投资总体规模合理	
		审查综合预算及总预算。分析投资的合理性。保证施工图预算的静态投资应控制在初步设计概算的静态投资范围内。难以协调解决的重大问题提交投资分析会研究解决。超出初步设计静态投资的或低于初步设计静态投资 96%的(按部规定扣减勘察设计费)必须向设计院主管领导汇报,设计院主管领导同意后文件方可发出设计院	
七	召开投资分析会	对难以协调解决的重大问题,设计院主管总工主持会议研究确定。总体组织,各专线参加,必要时请专业审定参加,进一步研究分析投资的合理性,核实投资规模,优化投资方案	
八	编制文件	根据上阶段审查意见、各相关方意见,结合项目特点、各专业提供素材,按照《文件编制办法》,编写施工图预算文件,经专业审定后,提交总体审核	
九	总体审核	审核施工图预算文件。满足投资控制要求	
十	院审定	设计院主管总工审定项目投资规模、总预算,必要时向设计院主管领导汇报	

2. 配合施工图审核。主要工作内容及相关要求见表 7-18。

表 7-18　施工图—配合施工图审核工作内容/要求表

序号	工作名称	工作内容/要求	备注
一	工作安排	按照供图协议要求，确定设计成果报送建设单位时间	
二	配合审核	配合准备阶段审核： (一)提交初步设计文件及相关资料。 (二)配合建设单位及审核单位开展现场踏勘，介绍项目情况	
		配合总体审核： (一)提交施工图设计原则、线路平纵断面、地勘报告及相关资料。 (二)提供线路地理位置图、线路平、纵断面缩图、既有线纵断面图、三电迁改、油气管、水管、道路改移工程数量表、重点工程分布情况、大型临时工程设计情况、铁路便线、便桥的修建地点、标准及数量，大型临时辅助设施的设置位置、规模，过渡工程情况，永久工程与临时工程结合情况等资料。 (三)配合现场踏勘及核对，对迁改工程位置、数量进行现场核对，对具体工程、大型临时工程设计方案等可实施性进行现场核对	
		配合专业审核： (一)提交施工图资料：各专业设计文件、图纸及资料、地质勘察报告及设计采用地质参数、在本工程中使用的内部通用图、对于特殊复杂工程应提供计算原则、模型、程序名称、选用参数及计算结果报告、投资检算及其与鉴定后修改预算对照分析表及相关说明等资料。 (二)配合现场核对：配合对全线桥梁、涵洞、隧道、路基、车站、动车段、四电、综合维修设施等各工点位置、数量、规模、功能及周边环境与设计内容的一致性进行现场核对	
三	落实审核意见	(一)施工图审核无意见或经解释、沟通消除意见时，进入设计输出流程。 (二)施工图审核意见需确认并落实时，进入外部设计更改确认流程	

三、施工图审核与重大技术问题咨询

1. 施工图审核。建设单位根据铁路建设法规选择施工图审核单位，签署施工图审核合同，组织审核单位开展施工图审核工作，协调审核单位与设计单位的分歧问题，编写施工图审核报告。

2. 重大技术问题咨询。对于设计中的重大技术问题，建设单位委托具有相应资质的单位提出评价和优化意见。

四、建设单位对施工图设计工作组织、协调、管理

在施工图设计阶段，建设单位的组织、协调、管理工作主要体现在以下两个方面。

1. 组织现场核对与施工图审核，研究解决重大技术问题。现场核对分两阶段即总体性现场核对和专业现场核对。总体性现场核对工作主要是核对工程的地形地貌、地质条件、工程措施的合理性、可实施性及三电迁改的真实性，并附相关影像资料。专业现场核对重点是审核桥涵、隧道、路基、车站、动车段、四电、综合维修设施等工点位置、数量、规模及周边环境与设计内容的一致性，工程地质资料与现场地质情况的一致性。建设单位应组织审核单位对设计原则、线路平纵断面图、站场布置图、地勘资料、项目通用(参考)图、施工图纸、设计文件、施工图预算进行审核，组织房建等专业的专项审查，并编写施工图审核报告。对施工图中的重大技术问题以及审核单位与设计单位的分歧意见，建设单位应认真研究，提出意见报工管中心。

2. 征求并落实运营单位意见。对涉及既有线过渡、迁改等部分，要征求运营单位的意见，并将运营单位的要求纳入施工图设计中。

第五节　施工现场配合

工程实施期间，设计院的工作重点就是开展施工现场配合工作，主要工作内容包括设计技术交底、变更设计、研究解决重大技术问题等。

一、设计技术交底

设计技术交底指在建设单位组织下，设计单位根据施工图，就设计内容、设计意图和施工注意事项向施工、监理等单位进行介绍、解释说明，解答相关单位提出的问题。

1. 交底类型

设计技术交底分为首次交底、专项交底、新技术交底和变更设计交底。

(1)首次交底是指工程项目开工前，由建设单位组织设计单位在现场对整个项目的设计情况向施工、监理单位进行的全面技术交底。首次交底包括站前专业交底和站后专业交底。

站前专业首次交底主要包括项目总体情况、主要技术标准及设计原则、线路走向、接轨点及主要控制点、地质概况、不良地质及特殊岩土、重点桥隧、重点车站和重大路基工点，以及与站后专业接口等。

站后专业首次交底主要包括站后专业设计意图、技术标准、与站前工程接口、施工注意事项等。站后专业在项目开工前不具备首次交底条件的，交底时间由建设单位根据建设项目情况确定。

(2)专项交底是设计单位针对工程项目的四电集成以及重点工程、特殊工程、高风险工程进行的详细交底，包括大型客站、高风险隧道、跨越大江大河等特殊结构桥梁、铺轨架梁、无砟轨道、特殊路基、工程测量网等。

(3)新技术交底是设计单位对工程项目中采用的新结构、新材料、新工艺及结合科研项目的单个工程进行详细的交底。

(4)变更设计交底是设计单位根据已经批准的变更设计图纸而专门进行的技术交底。

2. 交底程序和内容

一般设计技术交底工作分 6 个步骤进行，具体见表 7-19。

表 7-19　设计技术交底工作程序表

序号	步骤	工作内容	备注
一	成立交底组	配合施工指挥部或总体在开工前组织成立由有关专业专线、配合施工人员参加的交底组	
二	交底准备	熟悉文件：交底前熟悉交底段落图纸和文件。 资料准备： (一)各专业准备交底段落图纸和设计文件。 (二)编写交底报告，交底报告内容包括： (1)设计说明。主要介绍设计依据、设计原则、设计文件组成及内容、设计范围及内容(包括工点、临时设施、用地、排水系统、测量控制网等)、主要技术标准和质量标准、工程条件(地质、水文、气候、交通及有关建设协议等)、设计采用主要技术规程规范及新技术、工程数量、工程造价等。 (2)主要施工方案和施工注意事项。主要介绍重点工程以及采用新技术、新工艺、新材料的工程的施工方法、检测要求和施工注意事项，技术复杂结构工程采取施工安全措施，对影响施工及行车安全、干扰运营所采取的措施等。 (3)文件中尚未说明的问题。主要介绍施工图文件完成时尚未明确及需要建设、施工单位和地方进一步协调配合解决落实的问题。 (4)资料印刷。将交底报告文整成册	
三	交底实施	项目开工前，根据建设单位要求，指挥部组织，总体(必要时集团主管总工)带领各专业交底人员到现场就整个项目的设计情况向施工、监理等单位进行全面技术交底。由总体对设计总体情况进行交底，专线对专业设计进行交底，并对需要澄清的问题和建议意见进行解答。无设计图纸或施工图未经审核合格的不得进行技术交底	
四	形成纪要	首次交底应形成会议纪要，若建设单位无会议纪要的，总体要形成书面会议纪要，纪要报建设单位核备。纪要内容包括：主持人、参加人员、时间、交底内容，施工、监理单位参加人员，对建设、施工、监理等单位所提问题的答复及存在问题的处理意见，待定问题、解决时间等(设计交底文件作为纪要的附件)	

续上表

序号	步骤	工作内容	备注
五	疑问答复	(一)专线对专业交底遗留问题进行答复,并提交总体。 (二)总体组织对交底遗留问题答复,并拟文提交指挥部。 (三)指挥部发文,向建设单位提交交底遗留问题的答复	
六	资料整理	交底会议纪要或记录、书面答复意见等资料,提交指挥部。对资料分类妥善保存	

3. 交底需注意的问题

(1)对重大、复杂或采用新技术、新标准、新结构、新工艺的工程如特殊结构桥梁、高风险隧道、特殊路基防护及排水系统等,在施工前和施工中有关专业设计负责人应到施工单位现场进行专题技术交底,以便掌握该项工程施工的具体方法、特殊要求和技术措施。

(2)涉及营业线的建设项目、特殊工点以及采用新技术的设计技术交底,运营维护单位及人员应一并参加。

(3)交底前设计单位应认真做好准备工作,对施工、监理单位提出的需要澄清的问题和建议意见进行回复。

(4)设计技术交底结束后及时形成设计技术交底纪要并附必要的图表,由参加技术交底人员签字确认并加盖各自单位公章后生效。

二、变更设计

设计单位成立的指挥部/项目部按照变更设计程序,提高变更设计质量,注重变更设计效率,缩短变更设计周期。对建设、施工、监理单位提出的变更设计申请,现场人员均予受理,按规定提出是否变更的意见,确认需要进行变更的,会同建设、施工、监理等单位现场办公,形成会议纪要,以此作为变更设计的依据。设计单位按建设、设计、施工、监理四方签字盖章确认的处理意见完成变更设计,变更设计文件报送建设单位初审。变更设计要遵循“先批准,后变更,先设计,后施工”的原则。

三、研究解决重大技术问题

设计单位要在建设单位的组织下,积极、及时地配合解决现场的重大技术问题,必要时可组织专家论证会。

四、建设单位对设计配合工作的组织、协调与管理

在设计配合施工阶段，建设单位对设计工作的组织、协调、与管理，应重点抓好以下两个方面。

1. 在项目实施前组织设计单位相关技术人员就整个项目的设计情况，向施工、监理等单位进行全面技术交底；开展特殊地质、跨越重要河流等难点工程现场踏勘调查工作，对重大技术分歧问题，组织有关单位共同研究、解决。

2. 组织设计、施工、监理单位及时解决现场的变更设计及重点复杂结构技术研究和确定，必要时组织重大技术方案专家论证会，根据变更设计审核程序，组织完成变更设计的批复或上报工作。

第八章 现场施工

管好现场施工活动是实施现场管理标准化和过程控制标准化的重要内容和工作重心，其核心任务就是充分运用各种管理措施和技术手段，把“三大标准”贯彻到现场各项施工活动的作业过程当中，有效保证施工活动有序运行、作业过程质量可控。对此，施工单位要对施工现场管理和作业过程控制负主体责任；监理单位要对施工现场作业活动负有全面的检查和监控责任；设计单位除提供合格的施工设计图外，还要对现场施工负有相应的保障、支持和配合责任。建设单位对整个项目的现场施工负有检查、指导、督促和考核责任。管好现场施工，涉及的事项相当多。本章将以施工组织设计和施工现场的文明施工、环境保护、技术管理、质量管理、安全管理工作为重点，简要介绍对现场施工活动实施标准化管理的有关要求。

第一节 施工组织设计

施工组织设计是工程建设的“纲”。通过编制施工组织设计，能够对建设顺序、建设工期、资源配置、施工技术方案、安全质量保证等方面作出统筹安排，解决好现场施工所涉及的布局规划、关键节点工期安排、资源配置等重大问题，从而为施工活动顺利开展提供前提条件、指导依据和基础保证。对于施工组织设计的编写，《铁路工程施工组织设计指南》和有关专著中均有详尽规定或论述，因此本节仅对其编制原则和涉及现场管理的部分内容加以强调。

一、把握编制原则

施工组织设计按照其服务对象可分为建设单位的指导性施工组织设计和施工单位的实施性施工组织设计。无论是哪类施组，在编制和规划过程中，都应把握好以下原则：

一是以铺轨架梁和联调联试为主线，统筹安排站前、站后各项工作。铺轨架梁主线起促站前、保站后的作用；联调联试主线起促站后、保开通的作用。站前的路基、桥梁、隧道等工程的施工工期不能碰铺轨线；站后四电等工程的施工工期不能碰联调联试线。

二是工期计划服从"红线"要求。为保证工程质量，专门对4个重要工序设定最短的施工或观测时间要求，这些时间要求是不可逾越的"红线"：首先，地基沉降时间要求必须予以满足，比如无砟轨道地段的路基在完工后的沉降期一般需要6～9个月，在沉降稳定之前不能进行无砟轨道施工；其次，桥梁尤其是连续梁的收缩徐变在合龙后一般需要几个月才能基本完成，收缩徐变完成之前不能进行无砟轨道施工；其三，无缝线路锁定温度，有一定的范围要求，必须在设计温度范围内锁定钢轨；最后，联调联试涉及逐级提速、信号试验和各种测试，一般需要数月方可逐项完成，在时间上必须保证。

三是工期安排遵循科学计算。一项铁路工程涉及征地拆迁、站前工程、站后工程、调试验收等多项工作，如何确定总工期呢？首先是确定工作关键线路，以明确建设顺序和关键环节；其次是计算每项工作的工期和关键线路上的占用时间；其三是汇总后与批复工期对比，不能满足时，对有机动性的工作进行优化，多次优化仍不满足亦不能强求；最后是在满足各单项工程工期适当留有余地的情况下，确定总工期目标。例如，杭长客专湖南段工程按上述步骤确定总工期为36个月，其关键线路和占用时间如下：

	施工准备		线下工程		无砟轨道铺轨		四电工程轨道精调		联调联试		运行试验	
①	→	②	→	③	→	④	→	⑤	→	⑥	→	⑦
	1～4个月		22～28个月		3个月		2个月		3～4个月		1～2个月	

四是合理配置各类资源。这里所说的资源包括人力、机械、物资、资金。这些资源配置的数量均需计算得出。计算的依据是劳动定额、机械台班定额、材料消耗定额、工程数量、工期安排、本单位的管理水平等。基本要求是资源充足，留有余地，机构精干，扁平管理。

五是科学确定施工方案。施工方案的优劣对安全、质量、工期、效益影响巨大，因此需充分论证，多方比选，既要采用成熟的技术，又要使用新技术，还要算经济账，将机械化、工厂化、专业化、信息化手段融入其中。切忌拍脑袋和长官意志。

二、做好总体规划

施工现场规划遵循满足施工需求、创造和谐施工环境，并考虑安全及环水保要求，在充分调查工程所在地自然环境、地质条件、社会风俗、既有设施等基础上，根据工程规模、特点以及标准化管理等要求做好现场管理的区划、大临布局等工作。

1. 管理区段划分

管理区段划分按照有利于质量安全管控，满足工期要求，结合工程特点、专业特点、资源配置、管理水平等统筹考虑，合理划分。一是满足总工期要求。管理区段的划分首先考虑满足总工期要求，如对长大隧道要根据施工进度指标设置多个工作面，可按照作业面进行作业管理区段划分。二是结合管理需求。按照线上分段管理、点上分区管理的原则，将标段内工程划分为若干个作业单元，逐个资源配置和作业条件达标，开展标准化作业。在分段、分区时应充分考虑各个项目分部和作业队的管理能力，合理确定作业单元个数和各自管理跨度。一个单位工程一般应由一个项目分部或作业队实施，尽量避免互相交叉，减少协调配合工作量。三是结合现场条件。既要考虑地理位置等自然条件，又要考虑行政区划、交通、通信等社会条件。四是结合专业特点。桥梁、隧道、路基、站房、四电等专业工程施工由专业施工队伍来实施；梁场、板场、混凝土拌和站等大临工程作为独立的区域进行管理。

2. 大临布局

根据工期要求和运输条件，按照经济、高效的原则，确定制梁场、板场、拌和站、填料改良场等设置数量和规模。

一是满足进度要求。根据工期节点和控制工程施工进度，确定关键线路，通过计算生产和施工能力，确定大临设施的规模、数量和设置位置，并考虑一定的能力储备。如梁场设置要根据全线预制梁的数量，合理的架梁半径，确定梁场的生产能力，明确制存梁台座数量。梁场位置的选取要考虑架梁通道的畅通，架梁开始方向尽可能避开大跨特殊结构桥梁、特长隧道等控制工程，使梁场生产能力与架梁进度相匹配，实现总工期要求。

二是保证运输便利。大临工程根据生产产品特点，满足必须的运输条件，满足原材料及大型构配件、设备进场、成品运出条件。如梁场选址尽可能设在桥梁相对集中、运输相对便利的地段，并靠近线路，预制梁可通过运梁便道采用运梁车直接运梁上线或通过提梁机提梁上线，同时要保证原材料、大型设备进场条件等。铺轨基地建设应充分考虑与既有线的衔接，具备上线条件。

三是供应范围合理。例如箱梁预制场选址，供梁半径一般不应超过 20 公里。如果供应范围太小，则势必增加梁场数量，加大建场投入。如果供应半径过大，那么受运梁车运行速度限制，工效难以满足要求，而且运输成本也会增大，直接影响施工进度和经济效益。又如，混凝土集中拌和站布设应当相对均衡，在确保达到预定生产供应能力的前提下，既要合理控制运输距离和运输时间，保证混凝土质量，又要尽量减少拌和站数量，压减建场投资和运输成本。

四是力求经济合算。大临工程设置要根据地质条件、地形条件等因素测算建设费用，多作经济技术比较，尽可能选取地质条件好，建设成本较低的方案。比如轨道板预制厂选址要避开湿地、软土等不良地质，这样台座基础不作或少作特殊处理就能满足承载力要求，既节约投资，又利于后期复垦。

五是尽量减少占地。要现场调查场地条件，尽可能采用永临结合，少占耕地，与地方用地规划相结合，为此应提前达成意向协定，选定的位置要实际可行；充分利用铁路用地，减少临时用地，如铺轨基地在不影响总工期的条件下，可利用设计站场设置；小型混凝土和钢结构预制构件加工厂应集中布置或利用梁场、板厂的生产时间差进行预制。

三、合理安排工期

施工组织设计以铺轨架梁、联调联试等关键工序为主线，结合工程特点，合理选取各项工程进度指标(具体指标可参考《铁路工程施工组织设计指南》铁建设〔2009〕226 号)，通过合理划分管理及施工区段，布设大临设施，配置资源设备，达到均衡生产、实现工期和投资管理目标。在此基础上，工期节点安排还要考虑外部环境影响和质量周期要求两个方面的因素。

1. 外部环境因素影响

外部环境因素在很多时候往往成为制约工程进展的关键，因此要在施组安排中，充分考虑外部环境对工程进展的影响，做到提前谋划，尽早协调解决，为工程有序推进创造必要条件。

外部环境因素主要有：

一是征地拆迁。主要包括工程用地的提供、房屋拆迁、各类管线迁改等。工程建设前期应充分考虑征地拆迁工作时间，做好用地及房屋拆迁规划，征地及拆迁难点应尽早启动，为工程实施提供场地条件；高等级电力线及管线迁改往往是制约工程推进的关键因素，因此要尽早与产权单位协调沟通，提前确定迁改方案，落实施工图设计，明确解决时限，并盯控迁改进展，确保时间节点兑现。

二是立交方案影响。对于跨铁路既有线的施工要尽早完成施工方案编制，并组织专家评审，报铁路运营部门审批，按规定签订相关协议、办理相关手续，提前申请施工天窗点，在确保铁路运营安全的前提下为工程施工提供条件；对公路及航道立交，应尽早与产权单位或主管部门签订相关协议，明确施工方案，做好安全评估、方案评审及审批工作，争取产权单位的积极配合，施工期间做好安全防护等工作。

三是气候和自然灾害影响。暴雨、台风、沙尘暴等特殊气候以及地震、洪涝等自然灾害具有不可预见性，但在施工组织安排时，应预留一定的时间并做好各种应急预案。一旦出现特殊气候和自然灾害，要及时进行抢险，及早恢复生产，将经济损失和对工期的影响降至最低。

2. 质量周期要求

一是临建工程要预留验收认证时间。应根据节点安排，尽早开展试验室、拌和站、梁场、板场等大临设施的建设。在施工前期抓好试验室建设，试验室设备应按规定取得当地质监部门的标定，为此要预留出标定检验时间周期。混凝土耐久性试验周期一般需2～3个月，试验室建成后应尽早开展此项工作，保证试验周期所需时间。梁场、板场在正式投产前按规定须完成一定数量用于认证的产品，因此要预留产品质量认证的时间和周期。

二是满足工序质量达标需要。应为首件工程评估、第三方检测、沉降评估、桥梁线性控制、无砟轨道及四电工程施工前的线下工序转换和质量验收等工作的开展预留合理周期。

三是预留合理的工程验收和问题整改周期。工程验收前要提前做好验收方案及大纲编制，完成验收申请审批工作，每个阶段要安排合理的验收及各阶段问题的整改时间。

四、细化资源保障

结合施组安排，做好项目建设所需人员、设备、材料、资金等资源配置工作，做到均衡生产，为管好现场施工创造良好条件。

1. 人员配置

总的要求是人员素质要达标，数量能够满足需要，达到投标承诺要求。上场管理人员数量应能满足施工需要，并且具备规定的资质、资格条件。劳务人员要有现场施工经验，上场数量符合施组计划要求。

2. 工装设备

工装设备应与施工方案相对应，满足施工工艺及配套要求，数量满足进度要求。为保证主要工装设备选配科学、合理，应对建设所需的主要工装设备组织充分的技术论证，并在施组中对需配置的主要或特殊工装设备的型号、规格、性能、数量、进场时间等做出明确、具体的规定。

3. 物资供应

认真做好供应商和资源情况调查。对各类物资(含地材)的来源、产量、社会需求情况、运输条件、现场物资接收条件和供应商情况等进行调查，选定合格供应商，为科学制定计划奠定基础。物资供应计划应实行动态管理，充分考虑物资的消耗、供给周期，运输条件、气候条件和市场因素等，考虑一定的储备量，保证物资供应。对特殊物资如标准轨、道砟的采购，应予超前考虑。需要招标采购的物资，应当按照法律法规规定，提前预留足够的招投标时间。

4. 资金保障

重点是科学制定资金供应计划。对于建设单位预付款和计价款，施工单位要用于本项目的工程建设和材料采购上。一般在工程后期资金比较紧张，施工单位应留有一定的储备，以防资金断链。

第二节　文明施工

现场文明施工应认真贯彻相关行业标准要求，同时还要兼顾项目特点和参建单位企业文化。重点是做到布局合理、场地整洁、标识规范、安全防护到位、劳保用品使用合规、材料成品堆码整齐、环保水保工作达标。

一、优化工作环境

1. 布局合理

施工场地的规划布置应遵循区划合理、节约投资、环境和谐、以人为本的原则，按照生产区、辅助生产区、办公生活区不同要求进行分区规划与布设。一是生产区应按工序有效衔接、布局紧凑等原则，结合项目的内容、特点、专业划分等进行布置。二是辅助生产区应临近生产区布置，或在工程的重心位置布置，并满足相关特殊场地的要求。三是办公生活区应与生产区和辅助生产区分开设置，采取相应分隔措施并保证安全距离，办公生活区宜设在人员相对集中和出入方便的地点。四是施工现场的道路应保证畅通，并与现场存放场、仓库、施工设备等位置相协调，满足运输、行车安全等要求，尽量利用永久性道路。五是仓库应位于平坦、宽敞、交通便利之处，距各使用地点综合距离较近，还应考虑材料运入方式及遵循安全技术规程、规定，尤其是爆破物品库、油库、氧气库、电石库等，应远离施工现场、居民区和既有设施。六是加工厂布置应考虑材料及构件的总运输费用最小，减少现场的二次搬运量，同时做到加工与施工互不干扰。七是生产、生活区建设应事先进行地质灾害评估，在布点时务必避开沟谷、悬崖、大风区、泄洪区等危险地带。

2. 标识规范

现场标识标牌主要有项目公示牌、安全警示标识、材料状态标识和文化宣传牌等。项目公示牌一般包括工程概况牌、管理人员名单及监督电话牌、消防保卫牌、安全生产牌、文明施工牌和施工现场平面图，即“五牌一图”；安全警示标识包括工地消防保卫管理警示牌、佩戴安全防护用品提示牌、以及其他各种必要的禁止标识、警示标识、指令标识等。项目公示牌及安全警示标识应参照《铁路建设项目现场管理规范》、《铁路建设项目现场安全文明标志》等标准的规定进行设置。材料状态标识内容主要包括：原材料、半成品及成品的产地、检验时间、批号、质量状态等，材料状态标识宜由施工单位按照相关规定统一设置；文化宣传牌包括宣传栏、图片展、标语、彩门等，应按照项目特点和企业文化建设的相关要求进行规范化设置，其内容应突出工程质量、标准化作业等方面，风格应与其他标识标牌相协调。

3. 场地整洁

认真做好环境卫生工作，生产和生活场所应保持整洁有序，无垃圾废物，对生活垃圾和污水应按规定及时进行处理。各类施工设备应保持清洁无油污，车辆及时清洗。场区及道路如有扬尘，应洒水降尘。

4. 着装统一

现场施工人员着装应相对统一，着装的具体风格和样式可依企业的文化特点而定。按照铁路有关行业标准规定，对安全帽颜色应按照管理人员、作业人员、监理人员等不同管理及作业层次进行区分，对隧道、既有线施工等特殊作业环境下的反光标志佩戴、着装颜色等事项要严格执行相关规定。

二、做好安全防护

1. 驻地安全保护

驻地宜采用封闭式管理，认真落实用电、保暖、防风、防火、防雷、防洪、防坍塌等安全措施，并做好相应安全教育和管理工作。

2. 危险源防护

在施工现场，对可能引发安全问题的部位，按照其危险源特点，设置符合规定的禁止标识、警告标识、警示标识、安全警戒线等，同时做好必要的防护工作。高空作业及操作平台做好临边防护；危险品仓库附近有明显标志及围挡设施，并派专人看护；对基坑、泥浆池、孔口等采用围挡等防护措施。另外，还应注意做好防洪、防雷电、防风、防冻等季节性安全防护工作。如图 8-1～图 8-4 所示。

3. 劳保用品使用

施工人员进入现场一律须戴安全帽；隧道、既有线施工、高空作业人员应按规定配备相应的防护用品，各种危险或有害作业场所及区域均必须配备相应的劳动防护设施或设备。

图 8-1 泥浆池防护示意图

图 8-2 作业平台安全防护示意图

图 8-3 公路立交桥梁悬灌施工防护示意图

图 8-4 跨既有铁路桥梁悬灌施工防护示意图

4. 救援材料准备

按要求做好安全应急预案，配备相应的救援设备及物资。库房易燃易爆危险场所及宿舍等地均按需配置灭火器材；火工品库除按规定设置足够的灭火器外，还要有专用的消防水源和消防设施，并应远离施工现场、居民区和既有设施；现场消防出入口、紧急疏散通道应符合消防要求，并设置明显标志；便道及场地设置要考虑救援条件。隧道施工应为作业人员配备便携式急救包，在不同地段设置移动式或固定式急救箱以及其他急救物品。

另外，对于卫生防疫、文体娱乐、治安综合治理等工作也要给予重视，认真做好安排，制定实施相应管理标准。

第三节　环境保护

现场环境保护主要是抓好以下四个方面工作：

一、固体废弃物处理

施工中产生的废弃机具、配件、包装物等各类固体废物，应集中收集、封装，运至垃圾场进行处理或回收利用。桥梁钻孔桩施工产生的弃渣外运弃至规定的地点。隧道施工弃渣应采取挡护措施。过期、失效及工程剩余的火工产品必须交由当地公安部门处理。

二、水污染防治

不得将有毒有害物质和固体垃圾堆放在河流、水库、沟渠等水体附近，更不得向水体排放；砂石料冲洗、砖石砌体及混凝土养护、拌和站及运输设备冲洗等作业产生的施工污水应经沉淀池处理后排放；桥梁桩基钻孔施工产生的泥浆，按规定的方式弃置指定场所。

三、大气污染控制

施工场地、道路应定时洒水，防控施工扬尘对大气、地表植被、农作物产生不利影响；运输易产生扬尘的建筑材料时，运输车辆应装料适中，并采用篷布覆盖严密；禁止焚烧油毡、橡胶、塑料、皮革等易产生有毒、有害气体的物体。

四、噪声污染控制

临近居民区、学校和医院等噪声敏感地段的施工，须采取措施严格控制机械作业噪声；噪声大的施工作业应尽量安排在白天；采用低噪声设备、优化施工工艺、加强机电设备保养等措施，尽量降低噪声产生的强度；混凝土拌和站、预制场等高噪声作业场地设置应尽量避开居民集中区。施工车辆通过城区、村庄时应减速慢行，减少鸣笛。

第四节　现场技术管理

现场技术管理工作主要包括现场调查、施工图核对、施工方案及作业标准编制、技术交底、教育培训等，其目的是掌握设计意图，明确作业标准，提高人员素质，为现场施工提供技术保障。

一、现场调查

现场调查是对现场实地踏勘，收集施工信息，掌握现场情况，为施工图核对、施组编制、施工方案制订等提供依据。

二、施工图核对

施工图核对，一是结合现场调查对现场施工条件与设计内容一致性进行核对；二是对施工图进行检查，及时发现可能存在的"差、错、漏、碰"问题。进一步完善设计，增强方案的可行性和针对性，确保现场施工顺利展开。

1. 核对内容

(1)各项建筑物、设备和有关附属建筑物的位置、结构尺寸、施工图表、工程数量、采用标准图、通用图和设计说明是否有差漏。

(2)工程水文、地质资料是否符合实际，能否满足需要。

(3)设计是否合理，技术难度大的项目施工方案是否可行。

(4)重点工程项目、工点设计方案、施工组织方案和主要施工技术措施是否合理。

(5)设计中有关协议是否齐全合理。

2. 核对要求

(1)建设单位应指导施工单位结合现场实际组织施工图核对，了解设计意图、设计标准，熟悉设计内容，对设计文件提出修改意见和优化建议，使其更加完善合理。

(2)施工单位要对施工图核对留存记录，形成书面资料。

(3)监理单位要参与施工图核对工作，并对核对记录进行审核确认。

(4)设计单位应对施工单位提出的问题或建议及时回复。

三、专项施工方案和作业标准编制

根据《铁路建设工程安全生产管理办法》(铁建设〔2006〕179 号),对下列达到一定规模的安全风险较大的分部、分项工程应编制专项施工方案,并进行安全检算。

1.编制范围

(1)基坑支护与降水、基桩开挖、围堰、沉井工程;

(2)高坡、陡坡土石方开挖工程;

(3)模板工程;

(4)起重吊装工程和钢结构安装工程;

(5)脚手架工程;

(6)拆除、爆破工程;

(7)高空、水上、潜水作业;

(8)高墩、大跨、深水和结构复杂的桥梁工程;

(9)隧道工程;

(10)铺轨、架梁工程;

(11)既有线工程;

(12)其他危险性较高的工程。

2.编制主要内容

(1)编制依据及范围;

(2)工程概况;

(3)施工方法、作业程序、施工注意事项;

(4)风险分析资料(含安全检算内容);

(5)资源(人员、设备、材料、资金)配置;

(6)风险控制措施和应急预案;

(7)安全、质量保证及环保水保措施等。

3.相关要求

(1)施工单位须按照风险管理实施细则编制高风险工点专项施工方案,专项施工方案经施工单位技术负责人审定后报总监理工程师审查,高风险工点的专项施工方案报建设单位批准。

(2)对于重点工程主体、重大危险工程的专项施工方案要组织比选、论证,严格执行方案审核与审批程序。

(3)营业线施工应严格执行营业线施工的各项规章制度，施工方案经建设单位审核后，还要经铁路局或铁道部主管部门批准后方可实施。

(4)对施工中涉及线形控制、沉降及位移变形监测的项目，应编制监测方案。

现场作业标准编制有关问题参见第二章第五节相关内容。

四、施工技术交底

施工技术交底是施工单位技术负责人依据设计文件和设计技术交底纪要，将施工方案及施工工艺、施工进度计划、过程控制及质量标准、作业标准、材料设备及工装配置、安全措施及施工注意事项等，向参与施工的技术管理人员和作业人员作出传达和解释的过程。

施工技术交底应分级进行，施工单位(标段)项目经理部总工程师对所属项目分部技术主管和相关技术人员进行技术交底，项目分部技术主管对作业队技术负责人进行技术交底，作业队技术负责人对班组长及作业人员进行技术交底。

1.交底内容

(1)项目经理部总工程师对项目分部技术主管和相关技术人员的技术交底，以设计文件、施组设计、主要方案、工艺操作规程、质量标准等为重点。主要内容包括：工程概况、图纸、实施性施工组织设计、总体施工顺序及主要节点进度计划；施工现场调查情况、施工场地布局、大临设施及过渡工程方案；主要施工技术方案、工艺方法，采用的新技术、新结构、新材料和新的施工方法；工程的重难点、主要危险源；主要工程材料设备、主要施工装备、劳动力安排及资金需求计划；工程技术和质量标准，重大技术安全环保措施；设计变更内容、施工中应注意的问题等。

(2)项目分部技术主管对作业队技术负责人的技术交底，其主要内容包括：总体施工组织安排、施工作业指导书、分部分项工程交底；作业场所、作业方法、操作规程及施工技术要求；采用新技术、新工艺的有关操作要求；工程质量、安全环保等方面的具体措施和标准；有关施工详图和加工图，包括设备加工图和拼装图、模板制作设计图、钢筋配筋图、基坑开挖图、工程结构尺寸大样图、隧道支护设计图等；试验参数及配合比；测量放样桩橛、测量控制网、监控量测等；爆破设计；重大危险源的应急救援措施；成品保护方法及措施；施工注意事项等。

(3)作业队技术负责人向班组长及作业人员的技术交底，以作业指导书、技术交底书为重点，侧重于施工步骤、每步骤应进行的作业内容、工程数量、质量标准、作业分工、需使用的工具和材料、安全事项的具体操作。包括：结构物的几何尺寸、标高、施工工艺流程及施工先后顺序；作业标准、质量验收标准，施工技术、安全措施；工程材料、工艺、质量、安全、环保、进度要求；施工工艺细则、操作要点、质量问题预防及注意事项；出现紧急情况下的应急救援措施、紧急逃生措施等。

2. 相关要求

(1)施工技术交底结束后，应由参加交底人和所有被交底人签字确认。

(2)施工方案及施工工艺发生变化时，及时进行补充交底。

(3)施工技术交底纪要应累计留存编号，装订成册，由技术部门负责保存，工程竣工时纳入工程档案。

五、现场培训

现场培训的主要任务是向一线人员宣贯作业标准、施工工艺、作业纪律等，目的是强化一线人员的标准化作业意识、技能和习惯。一是在设计交底、作业交底的基础上，按照施工图和作业标准要求，对作业和管理人员开展强化培训。二是依据专项施工方案和施工岗位管理要求，组织好重难点关键技术以及岗位技能或资格培训(如无砟轨道施工技术培训，风险隧道监测技术培训、既有线防护员上岗培训、火工品保管员上岗培训等)，有效规范作业管理和防范质量安全风险。三是结合首件评估工作，通过现场作业演示、经验介绍、样板工程观摩等，对作业标准、施工工艺、工装配置等进行较为系统的宣贯培训。

第五节　现场质量管理

确保工程质量是现场施工最关键、最核心、最重要的任务。抓好现场质量管理，涉及的工作很多，包括建立健全质量管理体系，落实质量责任，推行架子队管理，配备高素质人员，抓好技术管理和攻关等等，这些已在前面作出了论述。这里主要阐述一下现场施工过程控制的重点工作。

一、首件评估

近年来，铁路建设行业在连续梁、无砟轨道、高速道岔、路基、站房及四电等专业工程施工中，逐步推行首件工程评估制度。首件评估是对单一的分项工程或某一重复工序首次施作的资源配置、作业工艺、现场管理和施工质量等情况进行检查评估，以完善工艺工法，发挥样板引路作用。

1. 评估流程

首件评估工作由建设单位牵头开展，各参建单位共同推进。首件工程应选取全线或管段内最先施工、最具代表性且有一定规模的工程单元。全线的首件工程，由建设单位组织实施，铁道部工程管理中心进行评估或督导；各标段的首件工程，由施工单位组织实施，建设单位组织评估或督导。见表 8-1。

表 8-1　首件工程评估流程

流程	铁道部工管中心	建设单位	施工单位	监理单位	设计单位
筹划准备	核备实施计划	按规定选取首件工程；编制实施计划并报工管中心组织设计交底；审批专项作业指导书及监理实施细则	编制专项作业指导书；现场准备	签认专项作业指导书；编制监理实施细则	设计技术交底
实施		指导首件工程施工	按专项指导书实施作业；关键工序留存影像资料	根据监理细则开展监理工作；做好记录（包括影像记录）	现场配合
初评		主持初评并形成初评报告	完成首件工程后，向建设单位提出初评申请并接受初评	接受初评	接受初评
申请	受理评估申请	向工管中心提出评估申请			
评估	主持督导或组织评估	组织评估或接受评估	接受评估	接受评估	接受评估
推广	首件工程通过后，建设单位根据评估结论和意见，组织修改完善，形成全线统一的作业指导书，并在全线同类工程中推广； 评估未通过的工程，建设单位应组织分析原因，进行整改，重新评估				

2. 评估重点

首件评估的重点见表 8-2。

这里需要特别强调两点：一是要切实突出示范引导作用。首件工程应该有较强的代表性，同时也要有一定规模，这样评估结果才具有应用和推广价值。二是要把装备和工艺的标准化作为重点工作。贯彻“以装备保工艺，以工艺保质量”的理念，认真做好装备配置，努力提高“四化”水平，积极开展工艺试验，确定最佳工艺参数，以一流的工艺保证施工质量。

表 8-2　首件工程评估重点表

序号	评估项目	管理要点
1	路基工程	①地基处理；②路基填筑及过渡段；③路基防排水及绿化；④沉降变形观测
2	无砟轨道及高速道岔	①沉降变形评估；②CPⅢ评估；③路基和隧道底部施工质量确认；④轨道几何尺寸控制和保持
3	挂篮悬灌梁	①挂篮施工安全；②预应力施工质量；③线形监测；④跨线安全防护
4	风险隧道工程	①超前地质预报；②围岩量测；③风险动态管理
5	站房工程	①站房雨棚质量；②钢结构施工质量
6	四电工程	①四电关键工序；②土建与四电接口工程

3. 评估内容

首件评估内容包括两个方面：一是对各参建单位首件工程的标准化管理进行检查评估；二是对各首件工程的质量记录、资源配置、实体质量进行检查评估。

以高速道岔为例，由建设单位组织初评，初评通过后，报铁道部工程管理中心，由工管中心组织最终评定，现场评估过程中，若出现 A 类项目不满足要求或 B 类项目超过 10％不满足要求或 C 类项点超过 20％不满足要求，评估不能通过，需要整改，重新评估。高速道岔首件评估内容详见表 8-3～表 8-5。

表 8-3　无砟轨道和高速道岔首件工程标准化管理检查评估表

检查项目		要求	项目类别	检查意见
建设单位	安全、质量、技术、物资管理等制度	齐全完备	B	
	沉降变形观测评估制度	齐全完备	B	
	测量管理制度	齐全完备	B	
	指导性施工组织设计	齐全完备	B	
	组织设计技术交底	完成	A	
	专项作业指导书审批	完成	A	
	作业队（专业队）构建审查	完成	B	
	专业技术管理人员	不少于 2 人	A	
	对施工、监理单位技术管理人员培训	培训且考试合格	B	

续上表

检查项目		要求	项目类别	检查意见
施工单位	安全、质量、技术、设备、物资等制度	齐全完备	B	
	施工设计图纸、规范、验标等技术文件	齐全完备	B	
	实施性施组	齐全完备，通过审批	B	
	专项作业指导书	满足《铁路建设项目施工作业指导书编制暂行办法》（建建〔2009〕107号）要求，重点检查作业流程（明晰具体，符合相关要求，满足现场作业需要）、过程管理（作业方法进行分解说明，采用措施可行有效，质量标准、控制要点、检查方法、验收程序明确，指标量化）	A	
	技术和作业交底	完成	A	
	作业队（专业队）建设	按标准化要求组建	B	
	专业技术管理人员	符合作业指导书且不少于1人	A	
	作业人员培训	培训且考试合格	A	
	新工艺、新设备、新软件、新技术和新材料	通过审查	A	
	文明施工、环水保管理	符合相关要求	B	
监理单位	监理细则	齐全完备	B	
	专项作业指导书审核	完成	A	
	专业监理工程师	符合监理细则要求	A	
设计单位	设计技术交底	完成，并回复意见	A	
	配合人员	有	A	

表 8-4　正线道岔首件工程质量记录与资源配置检查评估表

序号	检查项目	检查方法及数量	检查标准或要求	项目类别	检查意见	备注
一	质量记录					
1	检验批资料	查看资料	签认齐全、资料完整，满足验标要求	A		
2	施工记录	查看资料	记录及时、内容完整	B		

续上表

序号	检查项目	检查方法及数量	检查标准或要求	项目类别	检查意见	备注
3	监理日志	查看资料	记录及时、内容完整	B		
4	道岔进场验收记录	查看资料	资料完整,结论满足相关要求	A		
5	道砟进场检验报告	查看资料	资料完整,结论满足设计要求	A		
6	混凝土配合比设计和施工检验报告	查看资料	资料完整,结论满足设计要求	A		
7	工地钢轨铝热焊接头的检验报告	查看资料	资料完整,结论满足相关规定	A		
8	沉降变形观测记录	查看资料	项目齐全、内容完整	A		
二	资源配置					
1	技术管理人员	现场核查	满足相关规定和作业指导书要求	B		
2	作业人员	现场核查	数量满足规定,主要人员需经过专项培训	B		
3	运输设备	现场核查	满足相关规定	B		
4	吊卸、组装、定位设备	现场核查	数量、规格、性能符合作业指导书要求	A		
5	测量、试验、检测设备	现场核查	数量、规格、性能符合作业指导书要求	A		
6	沉降观测仪器、设备	现场核查	数量、规格、性能符合作业指导书要求	A		

表 8-5　直向通过速度 250 km/h 及以上正线无砟道岔首件工程实体质量检查评估表

序号	检查项目	检查方法及数量	检查标准或要求	项目类别	检查意见	备注
一	实体质量					
1	轨距	逐枕用轨距尺测量	±1 mm,变化率小于1/1 500	B		
2	水平	逐枕用轨距尺测量	≤1 mm(直股) ≤2 mm(侧股)	B		
3	扭曲	测量基线长 3 m	≤2 mm	B		

续上表

序号	检查项目	检查方法及数量	检查标准或要求	项目类别	检查意见	备注
4	高低	用 10 m 弦测量 30 m 弦 5 m 校核(轨道几何状态测量仪)	≤2 mm ≤2 mm	B		
5	方向	用 10 m 弦测量 30 m 弦 5 m 校核(轨道几何状态测量仪)	≤2 mm ≤2 mm	B		
6	直尖轨第一牵引点前与曲基本轨的密贴	塞尺测	间隙<0.5 mm	A		
7	直尖轨其余部分与基本轨的密贴	塞尺测	间隙<1.0 mm	B		
8	直尖轨工作边直线度	弦线,钢板尺测	1.5 mm/10 m	B		
9	直尖轨与曲基本轨间顶铁的密贴	塞尺测	间隙<1.0 mm	C		
10	直尖轨轨底与滑床台的密贴	塞尺测	间隙<1.0 mm	B		
11	曲尖轨第一牵引点前与直基本轨的密贴	塞尺测	间隙<0.5 mm	A		
12	曲尖轨其余部分与基本轨的密贴	塞尺测	间隙<1.0 mm	B		
13	曲尖轨与基本轨间顶铁的密贴	塞尺测	间隙<1.0 mm	C		
14	曲尖轨轨底与滑床台的密贴	塞尺测	间隙<1.0 mm	B		
15	直基本轨与曲线尖轨组装后,尖轨各控制断面(轨头宽大于 15 mm)相对基本轨顶面的降低值	平尺、钢板尺、深度尺测	±0.5 mm	B		
16	曲基本轨与直线尖轨组装后,尖轨各控制断面(轨头宽大于 15 mm)相对基本轨顶面的降低值	平尺、钢板尺、深度尺测	±0.5 mm	B		

续上表

序号	检查项目	检查方法及数量	检查标准或要求	项目类别	检查意见	备注
17	转辙器部分最小轮缘槽	卡钳、钢板尺测	≥65 mm	A		
18	尖轨限位器间隙值偏差	焊联前测量，卡尺	±0.5 mm	B		
19	支距	支距尺测	±2 mm(18号及以下道岔) ±1 mm(18号以上道岔)	C		
20	心轨尖端至第一牵引点处与翼轨的密贴(直)	塞尺测	间隙<0.5 mm	A		
21	心轨其余部位与翼轨的密贴(直)	塞尺测	间隙<1.0 mm	B		
22	心轨尖端至第一牵引点处与翼轨的密贴(曲)	塞尺测	间隙<0.5 mm	A		
23	心轨其余部位与翼轨的密贴(曲)	塞尺测	间隙<1.0 mm	B		
24	道岔心轨组装后，心轨各控制断面(轨头宽大于15 mm)相对翼轨顶面的降低值	平尺、钢板尺、深度尺测	±0.5 mm	B		
25	叉跟尖轨与短心轨的密贴	塞尺测	间隙<1.0 mm	C		
26	直向开通心轨轨底与台板的密贴	塞尺测	间隙<1.0 mm	B		
27	侧向开通心轨轨底与台板的密贴	塞尺测	间隙<1.0 mm	B		
28	心轨直股工作边直线度	弦线，钢板尺测	1.5 mm/10 m，尖端不允许抗线	B		
29	长心轨轨腰与顶铁的密贴	塞尺测	<1.0 mm	C		

续上表

序号	检查项目	检查方法及数量	检查标准或要求	项目类别	检查意见	备注
30	短心轨轨腰与顶铁的密贴	塞尺测	<1.0 mm	C		
31	叉跟尖轨轨腰与顶铁的密贴	塞尺测	<1.0 mm	C		
32	护轨轮缘槽宽度	卡钳，钢板尺测	$^{+1.0}_{-0.5}$ mm	B		
33	查照间隔	轨距尺测	≥1 391 mm	A		
34	尖轨各牵引点处开口值	卡钳，钢板尺测	±3 mm	B		
35	可动心轨辙叉第一牵引点处开口值	卡钳，钢板尺测	±1 mm	B		
36	牵引点位置岔枕间距偏差	卷尺测	$^{+5}_{0}$ mm	B		
37	焊接接头平直度偏差	轨顶面和轨头内侧工作面，1 m 平尺测	$^{+0.2}_{0}$(mm/m)	B		
38	岔枕位置偏差	卷尺测	±5 mm	C		
39	岔枕铺设相对于直股的垂直度	方尺测	牵引点两侧和心轨部分 3 mm，其余 5 mm	C		
40	自密实混凝土、乳化沥青砂浆封边	目测	整洁、无离缝	B		
41	螺栓扭矩	扭矩扳手测	超过设计要求 10%	B		
42	岔枕螺栓	目测	丝扣均应涂专用长效防腐油脂	C		
43	扣件安装	目测	符合规定	B		
44	零部件	目测	无缺少、无失效	A		
45	产品标记及支距点标记	目测	正确齐全	C		
46	密贴状态下，尖轨轨底和辊轮的间隙	塞尺测	1≤Δ<2 (mm)	B		
47	斥离状态下，尖轨轨底和滑床台板的间隙	塞尺测	2≤Δ<3 (mm)	B		

续上表

序号	检查项目	检查方法及数量	检查标准或要求	项目类别	检查意见	备注
48	转换过程中辊轮状态	目测	滚动，与尖轨轨底接触	B		
49	转换杆件沿线路纵向偏移量	钢板尺测	≤5 mm	C		
50	转辙机安装螺栓孔与基本轨直线距离偏差	卷尺测	≤3 mm	C		
51	各牵引点两侧锁闭框中心位置偏差	钢板尺测	≤3 mm	B		
52	各牵引点外锁闭两侧锁闭量相差	钢板尺测	≤2 mm	B		
53	尖轨、心轨转换阻力	专用仪器测	≤设计指标	A		
54	牵引点密贴检查(密贴段)	专用样板	4 mm不锁闭	A		
55	牵引点间密贴检查(密贴段)	专用样板	5 mm无表示	A		
56	道岔中线位置偏差	轨道几何状态测量仪	≤10 mm	A		
57	道床板平整度(长枕埋入式)	1 m平尺测	3 mm/1 m	B		
58	转辙基坑深度	卷尺测	$^{+10}_{0}$ mm，底部不应有反坡	B		
59	转辙基坑宽度	卷尺测	$^{+5}_{0}$ mm	B		
二	其他					
	道岔使用管理		建设单位制定铺设至竣工验收使用维护管理办法、施工单位建立高速道岔成品保护、专人看守、日常检查和维护制度	B		

4. 总结推广

评估通过后必须及时进行总结，固化技术标准、管理标准和作业标准，完善管理办法，做到管理制度标准化、作业人员专业化、施工工序流程化、现场布置规范化、工装设备统一化。

评估成果的推广应用：一是要通过典型示范活动，引导各作业单元在同类工程中进行应用；二是对形成的作业标准，由建设单位或施工单位下发并强制性推广执行。

二、自检自控

自检自控的主体是施工单位，一般分为施工单位现场作业层和项目经理部（或分部）两个层次来实施。

1. 作业层自检自控

作业层的自检自控主要有自检、互检和交接检查，由现场作业队负责实施，而现场作业队的质量自控体系是工程施工质量的根本保证。作业层自检自控的基本要求是：各项工程的施工过程都应在以队长和技术负责人领导组织下主动、有效、有序地进行，每一道工序的施工质量都在质检员、技术员的检查控制下得到保证；作业班组和作业人员认真坚持标准化作业，同时做好班组之间的互相检查，及时发现问题，及时处理；在工序衔接过程中做好交接检查，保证每一工序质量合格。同一工序中班前班后交接要相互检查，确保每班质量合格。

2. 项目经理部（或分部）自检自控

在作业层自检合格的基础上，施工单位项目部质量管理部门按验标要求对每道工序进行自检，自检合格后向监理单位报检。

三、试验检测

1. 试验室建设

施工单位的检验试验任务由工地试验室或其委托的具有相应资质的检验试验机构完成。施工单位应建立满足工程需要的工地试验室，并具备相应资质。监理单位的试验室应履行监理抽检和平行检验职责。施工单位工地试验室必须按照标准进行建设，经过监理、建设单位验收合格后才能投入使用。监理单位的试验室由建设单位验收后方可投入使用。试验室建设重点做好以下几个方面：

（1）资质资格。试验室母体检测机构资质证书、计量认证证书（CMA）等内容齐全、合法有效，工地试验室需持有母体检测机构授权文件，技术负责人、质量负责人有母体检测机构授权委托书，检测项目不超出授权范围，外委试验检测机构具有相关资质。

(2)工作环境。试验室试验间、材料存放间、生产区等功能区域分开设置，布局合理，试验室工作环境、设备工作环境符合要求。

(3)管理制度。试验室职责详细、完善；常用标准、规范和规程齐全，版本有效；制订了质量管理手册、操作规程、作业指导书等管理文件。

(4)人员管理。试验室人员数量、资格符合要求，持证上岗，人员分工及岗位职责明确。

(5)仪器设备。试验室仪器设备配置齐全，满足工作需要，仪器定期检定，操作规程标识明确，大型仪器设备有运转记录。

(6)过程记录。试验结果及时准确，试验记录及报告用表规范，齐全完整，操作过程规范标准，各种材料的取样、试件制作和试验方法、检测频次符合现行标准，试验过程有记录，试验台账完整齐全。

2.原材料及采购设备质量控制

(1)推行准入制度

积极推行原材料生产(供应)商准入制度，建立地材主供渠道，实现源头控制。

(2)加强现场检验

在现场施工过程中，施工单位应按规定进行原材料进场检验，监理单位应落实平行抽检，保证投入使用的各种原材料合格。

(3)实行驻厂监造

对钢结构加工、钢梁、桥梁支座、道岔等重点物资由招标采购方派出监造组驻厂监督生产过程，参与产品质量控制，其主要工作包括生产前审查工厂质量体系、生产过程监督、审查工厂的检查试验资料等。

3.检测试验

铁路建设项目工程质量检测试验体系分三个层次建立：施工单位试验室的检验试验；监理单位试验室的平行检验试验；建设单位委托的检测机构所进行的检验试验。

施工单位检测试验主要工作内容：开工前，对建筑材料(包括库存材料、新购材料、建筑成品与半成品、路基填料、砂石料等)按要求进行检验，并按国家和铁道部有关标准规定出具检验报告送监理单位审核；完成各批(次)的材料试验，含钢筋和混凝土试验，作业工艺试验、施工参数试验。施工中，应按有关技术要求、质量验收标准规定的检测项目逐项做好检验，确保质量合格；

收集、整理、保管各项检验试验原始记录，提供隐蔽工程验收所必需的有关资料；配合和协助监理单位进行检测、试验或抽检工作，并为此项工作提供各种方便；将经过施工单位试验室技术负责人签署的试验成果、检验报告、检测资料报监理单位审核。

监理单位检测试验工作内容：按照质量验收标准的规定完成平行检验和见证取样检测，并对其中有疑义的项目进行复检；及时报告在检测检验中发现的问题；完成建设单位委托的其他检测试验工作。

建设单位检测试验工作内容：对施工、监理检验试验项目进行抽检和复检；对有争议的检验试验结果组织进行检测试验；按照行业有关规定，委托专业检测机构对桥梁桩基础、隧道衬砌等工程质量实施第三方检测。

4. 量测监控

现场量测监控工作主要有工程施工测量和构筑物变形监测两个方面内容。施工测量管理应重点做好以下几个方面工作：①按照施组和相关规范要求，配置测量仪器和合格操作人员。②做好仪器设备的检查和定期标定工作，确保测量仪器状态良好。③严格按照技术标准要求，开展量测工作，确保数据真实、频次合规及精度达标。④现场测量应落实换手测量和做好交桩复测工作。做好控制桩点的保护工作，确保测量的准确性。⑤监理工程师应独立开展现场控制测量、施工放样的抽检和平行检验工作。

监控量测主要范围包括路基沉降、桥梁徐变、结构物线形控制和隧道围岩变形等，应重点做好以下工作：①严格按照专项施工方案中的监控量测方案落实资源配置要求，组织监控量测的实施，确保专业技术人员资质达标，沉降、变形和位移等各项工作正确、规范开展。②必须做好监测原始数据的记录工作，坚持数据复核签认制度，不得随意涂改和损坏，监测成果资料要妥善归档保管，装订成册。③坚持监测数据的定期分析、评估制度，施工单位须及时反馈现场监测情况，制订并采取有效措施控制变形风险；对重大沉降、变形等质量风险，建设单位须及时组织评估，提出处置要求，并监督实施。

四、搞好现场检查

工程质量现场检查主要内容包括实体质量、工艺工法、质量记录、人员素质、设备状况、原材料质量、文明施工等，其目的是发现和改正实体质量和质量管理工作中存在的问题，验证和改进施工现场质量管理体系运行状况。现场检查有的是由铁道部相关部门、建设单位、监理单位实施，有的是由施工单位各级管理层实施。设计单位应按规定组织设计回访并参加相关检查。

搞好现场检查，一是要规范检查行为。为此，铁道部工程质量安全监督总站专门制定下发了隧道、桥梁、路基、房建、四电、混凝土、原材料等各类工程监督检查要点(例如附件 8-1《铁路混凝土工程质量安全监督检查要点》)，这是一套标准化的现场检查工具书，对检查重点、方式方法等均作出了明确规定，为各级管理人员提供了指导范本。上海铁路局编制的高速铁路路基地基处理、板式无砟轨道、连续梁悬臂灌注施工与线形监控、桥梁钻孔桩基础、无站台柱雨棚等施工工序管理要点，哈大铁路客运专线公司编制的站前各专业工程施工质量控制手册，以及沪昆客专湖南公司编制的铁路工程建设标准化检查验收办法、铁路客运专线工程质量安全关键环节控制要点和常见问题等，也具有相当好的借鉴作用。二是要彻底整治问题。各类检查发现的问题要建立问题库，明确整改责任人、整改措施和时限，落实督办责任，形成可追溯的闭环工作流程，确保整改到位才能销号。三是要重视持续改进。针对存在的质量问题尤其是通病，从管理制度、工作流程、技术工艺、工装设备、人员素质等方面采取针对性的措施，加大约束和处罚力度，不断改进加强现场质量管理体系，提升质量管理水平和成效。目前，铁路建设项目对检查结果的奖罚兑现，普遍实行了发红黄灰绿牌的方式，其中对发红牌的给予重罚并扣减信用评价分数；对发黄牌的给予警告并处一定罚款；对发灰牌的通报问题，责令改正；对发绿牌的给予经济奖励，并可在信用评价中按规定给予加分。

五、严格工程验收

1. 验收组织

铁路建设工程验收一般分为检验批、分项、分部、单位工程验收及竣工验收。检验批、分项工程、分部工程验收由监理单位组织，单位工程验收由建设单位组织，竣工验收(初步验收)由铁道部组织或委托铁路局组织，参建各方参加。凡验标规定应有勘察、设计人员参加或确认的验收活动，勘察设计单位必须派相关人员参加。

2. 验收程序及内容

(1)检验批验收。每个检验批完成后，工程技术人员及时填写检验批质量验收记录。经质检工程师检查合格后并及时报监理工程师到场进行检查和签字认可。检验批的主控项目必须全部达标，其中允许偏差的抽检点的实测值必须控制在规定的范围内。

(2)分项工程验收。分项工程质量验收是对其所含检验批质量的统计汇总，完成一个分项工程的所有检验批质量验收后，质检工程师整理该分项工程的质量验收记录，填写分项工程质量验收记录，并报请监理单位对分项工程质量进行验收。分项工程所含的检验批均应符合合格质量的规定；分项工程所含的检验批的质量验收记录应完整。

(3)分部工程验收。完成一个分部工程所含的分项工程质量验收后，施工单位质检工程师整理汇总该分部工程的质量控制资料，在监理单位组织下项目部有关人员参加分部工程质量验收。分部工程质量验收包括以下三项：分部工程所含分项工程的质量均应验收合格；质量控制资料应完整；有关结构安全及使用功能的检验和抽样检测项目齐全，检测结果符合验标的规定和设计要求。

(4)单位工程验收。单位工程质量验收工作由施工单位向建设单位提交工程验收报告，建设单位组织施工、设计、监理单位对管段内的单位工程进行验收。单位工程所含分部工程的质量均应验收合格；质量控制资料完整；实体质量和主要功能核查结果应符合有关标准规范的规定；观感质量验收应符合要求。

(5)竣工验收。建设项目所有单位工程全部完成并经验收合格后，由铁道部组织或委托路局组织初步验收。初步验收委员会下设工务、电务等若干个专门委员会，指导运营单位、建设单位与施工单位对验收范围内的单位工程逐项进行现场验收和确认。

最后，需要特别强调的是，搞好工程质量过程控制，必须从工序抓起，把各项管控措施真正细化落实到工序中去，实施严格的工序质量确认制度，亦即上一道工序经确认合格后才能进入下一道工序，检验批验收全部合格才能开始分项、分部验收，以每一道工序的工作质量来确保工程质量，形成全过程控制，可追溯、可追究的运行机制。为加强重点、关键工序质量的过程控制，铁道部专门规定了“五条红线”即“工序质量达标、结构物沉降评估达标、桥梁收缩徐变达标、锁定轨温达标、联调联试达标”，对越过这五条红线的问题必须“露头即打”，杜绝后患。

第六节　现场安全管理

现场安全管理应认真贯彻风险管理的思想，通过做好风险识别、风险评价和风险控制，最大限度地降低和减少建设项目实施过程中潜在安全风险，同时要坚持不懈地开展安全文明施工，夯实安全标准化管理各项基础工作，依靠现场标准化作业来保证安全形势持续稳定。

一、加强风险管理

现场安全风险管理的内容主要有风险计划、风险识别、风险估计、风险评价、风险处理和风险监测等。落实到现场工作，一是要结合现场的实际和施工组织要求，对已完成评估的风险源制定和完善风险处理措施，配套施工资源，制定相应的应急预案并及时组织演练；二是要采用动态管理的原则对新出现的风险组织重新评估，特别是在隧道施工中，要根据地质预报和监控量测信息及时评价风险并动态调整施工方案。

以高风险隧道工程为例，施工安全风险管理流程图如图 8-5 所示。

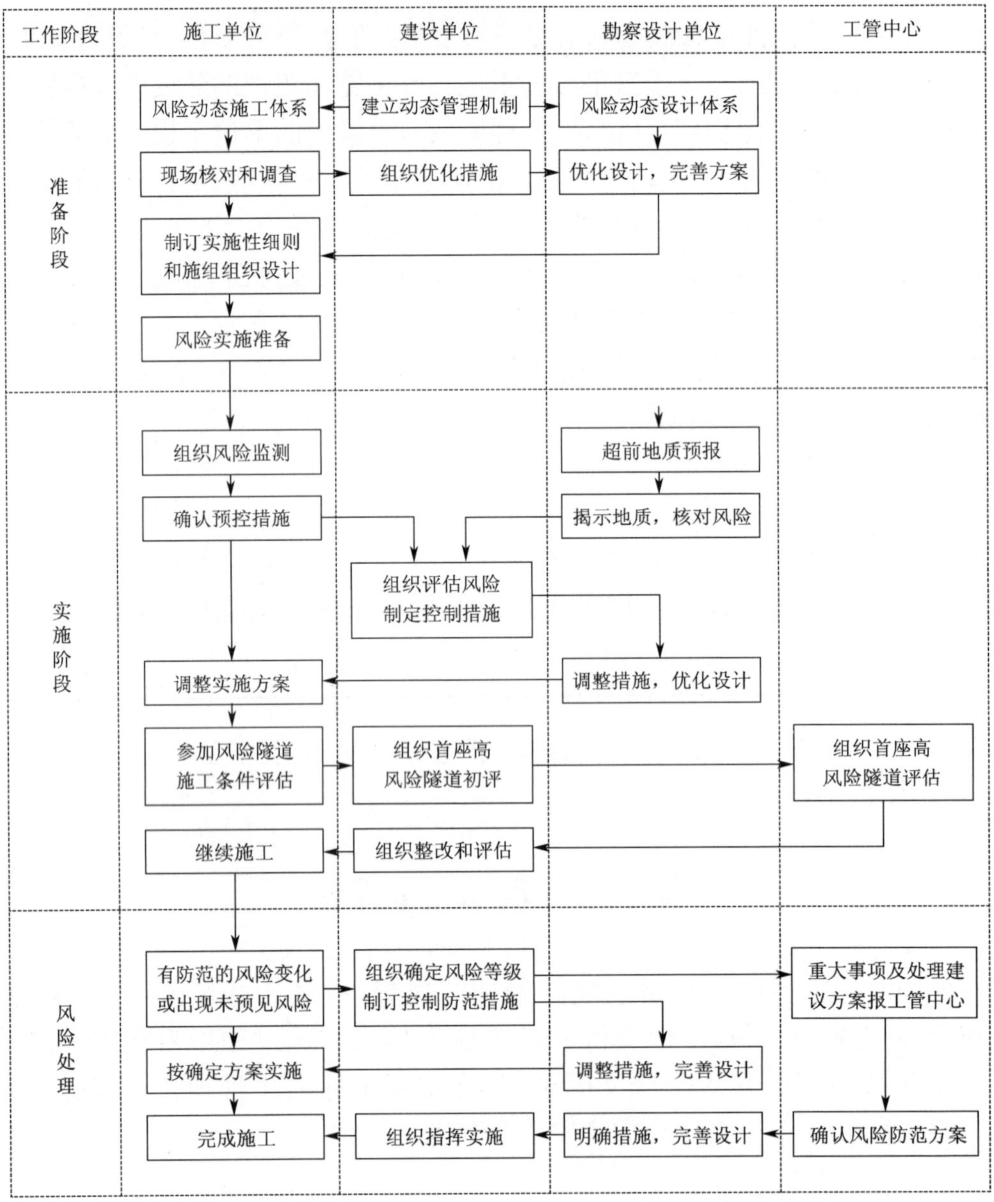

图 8-5　高风险隧道工程施工安全风险管理流程图

注：监理单位参加建设单位组织的风险识别、评价和措施制定，对施工单位风险管理实施全过程监理。

由于影响现场风险状态的因素很多，如设计资料的不全面或误判，地质、水文、降水的变化，季节性气候和灾害性气象的影响，高纬度地区隧道冬季间歇性停工影响等，都会造成施工环境变化或影响管理者对变化的判断，使施工过程中产生新的风险。因此，对风险控制工作要实施动态管理，已评估并有防范措施风险变化的，建设单位应立即组织勘察设计、施工和监理单位研究，确定风险程度，调整风险控制措施。对施工过程中揭示的未纳入设计的重大潜在风险，建设单位应立即组织勘察设计、施工和监理单位研究，确定风险等级，补充风险控制措施。如：兰渝铁路公司针对毛羽山隧道高地应力大变形特点，创新提出了大变形量测监控基准值标准，主要内容是对隧道施工过程中地质结构、围岩等级和监控量测数据变化配套增加了“安全特征”和“施工措施”两个栏目内容（见表 8-6），使得量测监控具有明确的指导性，据此动态调整的施工措施也增强了针对性、合理性及可靠性，实践证明，这些标准的提出，显著提升了现场风险应对和风险控制能力，增强了现场安全管理工作的科学性、主动性、预见性、及时性。

表 8-6　毛羽山隧道高地应力大变形量测监控基准值标准

控制等级	安全特征	量测数值特征		施工措施
		累计变形量	变形速率	
Ⅰ级	喷层仅局部出现环向开裂，无其他明显异常征兆	30 cm/单侧 20 cm	—	掌子面正常施工，增加径向注浆
Ⅱ级	喷层局部出现纵向开裂、掉块，环向裂缝进一步扩展	50 cm/单侧 30 cm	最大变形速率达 10 cm/d 或连续 2 d 达 8 cm/d 以上	掌子面正常施工，加设底撑、喷混凝土封闭，加强量测和观测分析工况发展趋势
Ⅲ级	钢架扭曲变形，喷层出现大面积开裂、掉块现象	60 cm/单侧 35 cm	在Ⅱ级措施加强后，变形速率仍然连续2 d 达 5 cm/d 以上	掌子面停止施工，正洞架设 118 套拱

二、落实主体责任

现场安全风险管理是一项系统化的工作，需要全员参与，协力推进。各参建单位在施工阶段均应建立各自的责任体系，严格考核，使责任落实到每个岗位、每个人。

首先，建设单位是组织实施风险管理的责任主体。建设单位应按照有关要求，成立安全管理组织机构，建立风险管理体系，制定安全风险管理实施办法，落实风险管理责任，负责指导、检查、监督和考评各参与单位风险控制过程中的管理工作。分阶段做好安全风险管理工作，实行动态管理，规避极高安全风险，采取措施减少高度风险，有效降低和减少安全风险灾害及风险损失。重点工作如下：①组织技术交底、现场调查和开工条件审查；组织首个高风险工点施工条件初评和其他类似工点的施工条件评估。对变化和新出现的重大潜在风险及时组织相关单位研究，确定风险等级，补充、调整风险控制和防范措施。②及时将风险控制过程中的重大事项及处理建议方案报铁路建设主管部门，并按确定的技术方案组织实施。

其次，设计单位是实施风险防范的重要责任主体。设计单位应通过分阶段开展风险识别、风险评估、风险核对、风险控制等工作，提出合理设计方案、风险评估结论和风险等级建议。系统制订并不断完善风险控制措施，明确相关工程费用并纳入概算。负责施工现场的设计咨询和配合工作（如实施高风险隧道超前地质预报等）；参加风险监测、风险核对和风险评估工作；负责风险控制措施调整和设计优化。

其三，施工单位是实施安全风险控制的责任主体。施工单位应根据风险评估结论、风险控制技术方案、措施和交底内容，建立安全风险管理体系，明确责任分工，落实风险监测、控制的资源配置，制定实施科学、合理、可靠的施工保证措施，对工程风险实施有效监测和管理。一是认真进行现场调查，发现施工环境、地质条件、施工条件等发生较大变化，明显不符合风险评估结论的相关条件时，须及时向设计、监理和建设单位反映。二是细化安全风险控制措施，编制风险管理实施细则，编制内容应包括安全管理相关支持性文件清单；组织机构；人员配置；设备配置及材料准备；现场规划；单项工程技术实施方案；监测及工程安全应对方案、应急预案和追溯性记录要求等内容。三是编制专项施工方案，将有关风险控制措施、工作要求、工作标准，向作业队（作业班组）进行详细的技术交底，全程监督作业人员严格按照作业指导书、作业标准施工。四是组建专业作业队或专业班组，配齐配足机械设备等施工资源，落实专职安全风险管理人员。对参与高风险工点施工的人员进行岗前专项安全生产教育、风险防范培训，适时开展应急预案演练。五是对工程风险实施有效监测和防范，及时发现、反馈风险变化和新的重大潜在风险。

最后，监理单位是监督安全风险防范及控制措施落实的主要责任单位。应当认真履行好以下职责：编制高风险工点专项监理实施细则；参加建设单位组织的风险识别和评价;负责审查监测实施方案、风险管理实施细则、专项施工方案;督促风险防范、控制资源配置的落实;对作业指导书、作业标准和专业架子队组成及培训教育的实施情况进行检查;对施工全过程实施质量、安全风险监管。

三、突出管理重点

首先,关于高风险隧道施工。一是要严把人员配备关。凡有隧道工程的铁路建设项目,项目管理机构应配备有经验的隧道专业技术人员。隧道施工单位须指定1名领导负责超前地质预报和监控量测工作,确保数据真实,分析认真,反馈及时。设计单位每座高风险隧道地质和隧道专业工程师各不少于1人,专业工程师要求具有高级职称。二是要严把现场监控关。施工单位负责人必须坚守工作岗位。分管领导对每座正在施工的隧道巡视每天不少于一次;主管领导对隧道施工至少每三天要全面检查一次,对地质结构复杂的重点洞口每天检查不少于一次。检查要形成书面记录。凡是进行开挖和支护作业的隧道,现场必须安排专人24小时不间断值守。软弱围岩作业,要有工点技术干部、洞长、安全员三人同时值班,建立专门的安全值班记录,详细记录隧道施工安全管理强制性要求的落实情况并履行好交接班手续。项目经理要定期检查值班记录。复杂地质隧道必须严格实施超前地质预报和围岩量测管理,要及时对预报及量测数据进行分析整理,并据此指导下一步的施工。岩溶隧道、瓦斯隧道必须进行超前钻探,探明前方地质情况后方可进行开挖。隧道施工过程中发现异常情况,要迅速撤离洞内作业人员,研究处理方案,在采取可靠的安全保证措施后方可进行处理,严禁盲目抢险。三是要严把施工方案关。隧道必须根据设计要求和围岩级别确定开挖方法,严禁自行更改工法。软弱围岩隧道要严格执行《关于进一步明确软弱围岩及不良地质铁路隧道设计施工有关技术规定的通知》(铁建设〔2010〕120号)的有关要求。隧道进洞、出洞施工方案(尤其是独头掘进的出洞方案),辅助导坑进入正洞挑顶方案,通过断层施工方案,高地应力可能引起硬岩岩爆或软岩大变形地段的施工方案,特殊地质地段(黄土、砂卵石、膨胀土、岩溶、含瓦斯与天然气、高水压涌水)的施工方案要单独编制,经监理单位审查、建设单位审批后实施。必要时,重点项目由建设单位组织专家进行论证审查。地质特别复杂的隧道、结构复杂的地下工程以及采用新技术、新设备的隧道如盾构、TBM等,必须约请专家对施工方案进行论证并确定，方案一经确定要严格执行，未经专家同意，严禁更改。

其次，关于既有线施工。施工单位要严格执行铁路安全生产各项规章制度。施工方案未经批准，施工安全协议未签订，各种程序未履行不得开工。参加营业线施工的劳务工必须由具有带班资格的正式职工（即带班人员）带领，不准劳务工单独上道作业。用工单位对劳务工要进行施工安全培训，培训合格后方可上岗。劳务工不能担任营业线施工的施工安全防护员和带班人员等工作，不准单独使用各类作业车辆。对营业线施工的轨道、桥隧、通信信号、接触网等技术复杂、可能危及行车安全的作业项目，严禁分包、转包。加强高速铁路栅栏门管理，栅栏门应关闭加锁，进出栅栏门必须严格执行登销记制度。普速铁路和高速铁路并行时，普速铁路施工和维修作业必须与高速铁路做好物理隔离。加强施工和维修作业安全防护，施工和维修作业前必须按规定设置驻站联络员、防护员，驻站联络员或现场防护员不得临时调换。

最后，关于爆炸物品管理。严格执行《中华人民共和国民用爆炸物品管理条例》（国务院令第 466 号）和《爆破安全规程》（GB 6722—2011）的相关规定，编制、完善管理制度并严格执行。施工单位必须拥有有效的《爆破作业单位许可证》，同时应办理民用爆炸物品购买许可证、作业许可证、运输许可证等。爆破、看守、押运人员必须拥有相关有效证件并在当地公安机关进行相关培训并备案。根据公安部《小型民用爆炸物品存储库安全规程》（GA 838—2009）要求，爆炸物品存储库的物防、技防、人防、犬防必须满足要求。施工用雷管、炸药的存储条件及库容量必须满足相关条例的强制性要求。爆炸物品运输原则上应由施工所在地的民爆公司进行配送。自行运输时，爆炸物品的运输车辆、押运人员必须满足条例强制性要求，炸药和起爆器材必须分开运输。

爆炸物品管理台账应当如实记录领取、发放民用爆炸物品的品种、数量、编号以及领取、发放人员姓名。领取民用爆炸物品的数量不得超过当班用量，作业后剩余的民用爆炸物品必须当班清退回库。台账的原始记录应保存 2 年备查。实施爆破作业，应当遵守国家有关标准和规范，在安全距离以外设置警示标志并安排警戒人员，防止无关人员进入；爆破作业结束后应当及时检查、排除未引爆的民用爆炸物品。

四、加强过程管控

安全风险管理的核心思想是预控预防，关键是加强施工过程中的安全管控。为此，在日常工作中应当重视用好以下措施：

1. 安全施工条件评估

安全条件评估是针对高风险隧道、运架梁等安全风险较大的工程项目进行施工安全条件确认的管理活动。其目的是进一步明确管理标准，规范作业或施工方法，促进安全防护等保障条件到位，有效降低施工风险。安全条件评估实行分级管理，对首座高风险隧道安全施工条件的评估，由铁道部工程管理中心组织，具体见《新建铁路高风险隧道安全施工条件评估实施细则》(工管质〔2011〕36 号)。其他安全条件评估暂由建设单位或施工单位组织。

安全施工条件评估的内容主要包括管理制度、资源保障、技术方案、作业方法等。以桥梁首架安全条件评估为例，具体内容和要求见表 8-7。当出现下列情况之一时，评估不能通过：①出现 A 类项目不满足要求；② B 类项目超过 20％不满足要求，需要现场继续整改。

表 8-7　桥梁首架施工安全条件评估表

项目	评估内容	要　　求	项目类别	评估情况	备注
管理制度	1. 安全管理制度及责任体系	管理制度齐全，责任体系健全	A		
	2. 安全操作规程	安全操作规程齐全，可操作性强	A		
	3. 设备管理办法	设备管理办法齐全	B		
	4. 运输管理措施	运输管理措施齐全合理	B		
	5. 突发事件应急预案	应急预案项目齐全，措施到位，有培训演练计划	B		
人员管理	1. 管理人员及操作人员施工经验及资格满足要求	人员配置满足投标承诺及现场要求	A		
	2. 专职设备安全管理人员设置	设置专职安全管理人员，人员经验及资质满足要求	B		
	3. 人员经过培训，特殊工种取得操作证书	培训到位，相关人员取得资格证书	A		
	4. 领导带班作业	领导带班作业制度完善，落实到位	B		
	5. 防护备品、用具	防护用品用具配置合理，满足现场需要	B		
	6. 专人指挥、分工明确、口令复诵、信号一致等	指挥调度制度完备，可操作性强，落实到位	B		

续上表

项目	评估内容	要　求	项目类别	评估情况	备注
设备管理	1. 提、运、架设备的设计制造许可证、型式检验合格证等	设备证件齐全、有效	A		
	2. 机械设备的安装、验收检验及当地注册登记	按要求进行检验，取得相关注册合格证	A		
	3. 设备试运转记录	设备运转记录齐全，真实	B		
	4. 设备技术管理档案	档案资料齐全，管理规范	B		
	5. 对设备的"三定"管理	设备定人、定机、定岗管理制度齐全，落实到位	B		
	6. 吊具、钢丝绳、承重轴等关键部位的定期检查记录	检查记录齐全，措施落实到位，现场吊具、钢丝绳、承重轴等状况良好	A		
技术管理	1. 架梁施工安全(专项)措施	方案合理，审批手续齐全	A		
	2. 架梁施工组织方案	方案合理，审批手续齐全	B		
	3. 施工作业指导书	编制合理，按要求交底	B		
	4. 支座平面及高程复核	复核资料齐全，结果准确	B		
	5. 桥梁长度、跨度及高度复核，桥梁配对配置	复核资料齐全，结果准确，资料合格	B		
	6. 顶移梁千斤顶标定资料，自流平砂浆试验资料	资料齐全，指标符合要求			
	7. 架梁作业技术交底资料	交底内容齐全，签字完备	B		
	8. 对成品梁进行检查验收	检查合格，资料齐全	B		
	9. 工程线、装梁线线路设备技术资料(坡度、曲线、平、纵断面图等)，验收、压道资料	资料齐全准确	A		
	10. 桥头路基施工及加固质量复核	桥头路基加固质量合格	B		
	11. 运梁通道质量安全状态复核	运梁通道平纵坡满足运梁车通行要求	B		
	12. 立交、道口防护措施落实情况	安全措施齐全，落实到位	A		

可以看出，安全施工条件评估实际上是对现场必备的安全生产条件满

足程度的检查、确认和验证,只有这项工作做好了,现场安全生产才能有标准、有保证、有把握。在这方面,近年来很多铁路建设项目上都进行了积极探索,取得了各具特色的经验。比如,兰新铁路第二双线新疆公司针对现浇梁施工、高桥墩防护、深基坑施工、隧道超前地质预报、运架梁施工、跨铁路营业线和既有道路施工等,专门建立了施工安全条件验收标准;晋鲁豫铁路通道公司重点针对隧道停工复工,从安全、技术、管理人员的到位情况,停工以来围岩监控量测数据对比分析,掌子面围岩状态,资源配置到位情况,人员培训情况,制度、体系构建情况等方面,全面制订了隧道停工复工安全条件评估制度。

2. 安全责任包保

安全责任包保制度是铁路建设过程中经过长期实践,行之有效的一项重要管理制度。在现场管理中要逐级实施安全责任包保,分解和落实责任,建立包保考核奖罚制度,并对责任人和包保项目进行公示,强调安全责任的落实。确保质量安全责任落实到岗位,落实到人,实现参建各方各负其责、逐级管理、分层落实的质量安全目标。

建设单位作为建设项目的责任主体,要按照《铁路建设工程安全风险管理暂行办法》,加强对高风险工点的管理,规避和控制安全风险。极高度风险工点实行建设单位主要领导安全包保制度,高风险工点由建设单位领导班子成员或部门领导包保,包保领导每月检查不得少于 1 次,及时处理安全隐患。包保工点发生质量安全事故的,将追究包保领导的责任。

3. 干部带班作业

干部带班作业是《国务院关于进一步加强企业安全生产工作的通知》(国发〔2010〕23 号)中的一项强制性要求。施工单位作为工程风险控制的实施主体,应对承担任务范围内的高风险工点逐一进行分析,逐条细化风险控制措施,建立风险工点分级管理和高风险工点带班作业制度。极高度风险工点由项目部负责人包保,项目班子成员轮流带班作业;高风险工点由项目部班子成员或部门领导、干部带班作业,高风险隧道还要执行技术和安全管理人员跟班作业制度。带班人员的主要职责是:①掌握所带班工点的风险源情况,熟知安全风险对策措施,加强对重点部位、关键环节的检查巡视,全面掌握当班各工作面的安全生产状况。②参加作业班组的班前分析会,提示当日作业重要安全质量注意事项及重点卡控环节。③全面巡视检查各关键岗位标准化作业执行情况,对重点部位检查巡视,要求签字确认作业人员在岗在位情况及应急备品携带数量。④及时发现和组织消除事故隐患和险情,及时制止违章违纪行为，严禁违章指挥。⑤值班期间，当现场出现重大安全隐患或遇到险情时，迅速启动应急救援预案，及时采取紧急处置措施，组织涉险区域人员及时有序撤离到安全地带，确保生产作业人员生命安全。⑥参加班组完工总结会，对作业过程中的安全质量问题明确整改要求。⑦严格交接班制度，详细告知接班人员当前施工现场安全存在的问题，需要注意的事项，真实准确填写带班期间轮流值班记录等。

带班作业相关重点要求如下：①对危险性较大的工程要安排业务熟练的工班长带班作业，带班领导要亲自组织对管理人员和现场作业人员进行专项安全交底。工地技术员、安全员、作业队伍及作业人员要相对固定，不要随意调整，以便现场安全管理。②工程安全带班管理应遵循"全面兼顾，重点防范，带班在工点，解决在现场"的原则，使风险处于有效可控状态，确保安全有序可控。③带班期间带班者不得擅自离开工作岗位，特殊情况需中途离开岗位的，需报告项目负责人，安排好接班人，并做好工作交接。④做好交接班记录，把当班安全工作遗留问题，向下一班的带班人员交代清楚。

4. 逐级挂牌督办

要切实改进创新检查方法，把查管理、查体系和查现场、查实物有机结合起来。对查出的问题，要认真分析原因，分清责任，严格按规定处理；实行问题闭环管理，明确整改时限、责任人和复查责任人，逐一登记销号，确保整改到位；加强警示教育，举一反三，防止类似问题再次发生。对发现的安全隐患要挂牌督办，一般、较大安全隐患治理由施工单位挂牌督办，重大安全隐患治理由建设单位挂牌督办。铁路工程质量安全监督机构和铁道部工管中心应对挂牌督办情况进行检查，并将结果上报铁路建设主管部门。

5. 安全"红线管理"

所谓安全红线管理，就是针对一些关键环节的安全条件、安全措施等事项作出一些不允许逾越的硬性规定，通俗地称之为"红线"。按照铁道部有关规定，这些红线主要有三条：一是高风险工点安全专项方案未经批准不得开工；二是既有线施工方案未经批准、各种程序未履行不得开工；三是隧道安全步距超标和擅自改变开挖方法的必须停工。有些铁路建设项目参照铁道部这种做法，在本项目上也设定了一些类似的"红线"，比如，哈牡铁路客运专线公司提出的隧道施工"十不准"（见表 8-8）和"四超前"（见表 8-9）要求，对于现场安全管理和质量控制也起到积极的约束作用。

表 8-8　隧道施工“十不准”

序号	内　容
1	虚渣、杂物、泥浆、积水未清除干净，不准施工仰拱
2	盲管未施作保温混凝土及包裹土工布，不准施工防水板
3	未夯填级配碎石，未包裹土工布及安设保温板，不准浇筑中心水沟
4	钢筋数量、间距不满足设计要求，不准浇筑衬砌混凝土
5	二衬混凝土浇筑，不准使用溜槽从一个窗口一次性浇完
6	混凝土运输及浇筑过程，不准二次加水
7	冬季混凝土施工，搅拌、运输、入模、养生温度不达标，不准施工
8	隧道初支未做无损检测或检测存在问题未处理，不准施作二衬
9	围岩变形未稳定，不准施作二衬
10	注浆孔未预留，预埋件及可维护注浆管未安设，不准施作二衬

表 8-9　隧道施工“四超前”

序号	内　容
1	防水板张挂要超前二衬一板施作
2	仰拱与二衬接茬处混凝土凿毛要超前二衬一板施作
3	初支补喷要超前已完防水板一板施作
4	纵向排水管施作要超前已完防水板一板施作

五、保证安全投入

坚持工程投资服从安全的原则，在工程投资概算中要一次把安全投入打足，做到工程设计措施与地质情况相匹配，安全投入与安全措施相匹配。严格按照财政部、安全监管总局发布的《安全生产费用提取和使用管理办法》（财企〔2012〕16 号）有关规定，依法合规地使用工程概算中计列的安全生产费用，做到专款专用，不得克扣截留、不得挪作他用。此外，对于其他应由施工单位承担的安全费用，施工单位也应保证落实到位。

六、应用先进技术

首先，大力推动施工技术创新。桥梁预制、运架，大号码道岔铺设，站房钢结构安装和装饰装修施工，四电作业，大跨度桥梁拉索应力调整、钢结构桥梁拼装，隧道有害气体监测、特殊地质隧道施工等重要特殊关键作业，应用先进成熟、安全可靠、经济适用的技术和工艺。比如：兰渝铁路桃树坪隧道富水粉细砂层地段采用“新意法”施工，较好降低了该地质条件下的隧道开挖风险，保证了工程施工安全、顺利推进。如图 8-6～图 8-8 所示。

图 8-6　采用传统工法开挖坍塌情况

图 8-7　4 号斜井开挖出现的流砂情况

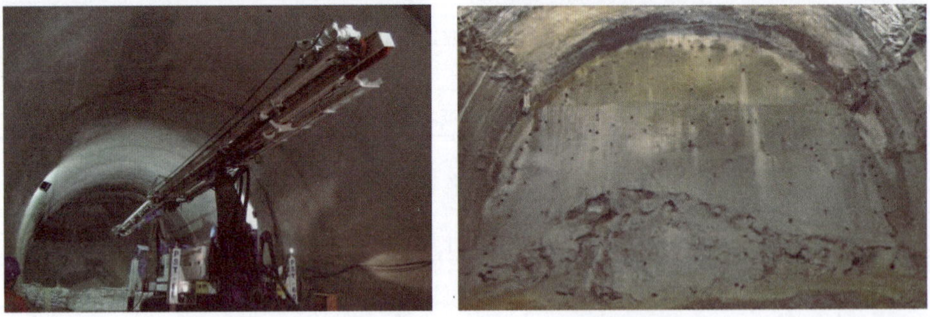

图 8-8　实施水平旋喷桩加固后的效果

其次，努力提高安全管理信息化程度。以铁路建设项目管理信息系统为平台，针对影响施工安全的风险点，采用信息化监控、监测手段，推广应用沉降变形观测、隧道超前地质预报、围岩变形量测等信息系统。例如：北京铁路局石家庄六线隧道项目，对隧道紧邻既有线、深大基坑开挖和下穿石太直通线等重大危险源，建立了信息化风险判释预警系统，该体系通过光纤自动传输变形数据，通过计算机自动处理，实时显示变形数据和趋势，并自动判识结果，给出预警和报警响应处理，较好地保证了既有线施工安全。如图 8-9 所示。

图 8-9　石家庄六线隧道变形动态监控系统

附件 8-1

铁路混凝土工程质量安全监督检查要点

1. 原材料

1.1　原材料储存与堆放。抽查施工组织设计，现场查看原材料储存场地、堆放与标识情况。

(1)料仓有防晒、防雨、防尘与保温措施，配备备料仓罐，不同批次、检验状态材料分开存放，有隔离和支垫措施，严禁混淆。合格料仓与待检料仓要分开，严禁同一料仓堆放同一原材料的待检料与合格料，料仓数量要满足现场生产需要。

(2)原材料标识规范、清楚。

(3)现场砂石清洗设备满足施工需要的能力，清洗水排放畅通且符合环保要求。

1.2　原材料进场质量检验。抽查材料台账、出厂合格证明、检验报告、平行与见证试验报告。

(1)材料出厂质量证明资料齐全，施工单位检验、监理见证与平行检验的频次、检测项目符合要求。

(2)属甲供(控)物资，要仔细核对材料供应商与甲供(控)物资目录中的材料供应商批次是否一致。如不一致对名录外的供应商供应的原材料坚决清场，用于工程实体的原材料需对工程实体作出评估，有缺陷的要制定整改方案。

(3)常见材料检验频次与项目应满足下表要求。

常见材料检验频次与项目表

名称	抽检条件(存在条件之一时)及抽检项目(一)	抽检条件及抽检项目(二)
水泥	新选货源、使用同厂家、同规格6个月；项目有比表面积、烧失量、游离CaO含量、MgO含量、SO_3含量、Cl^-含量、凝结时间、安定性、强度、碱含量、C_3A含量	每批散装不大于500 t，每批袋装不大于200 t，水泥出厂日期达3个月；项目有比表面积、凝结时间、安定性、强度
粉煤灰	新选货源、使用同厂家、同规格产品达6个月；项目有细度、烧失量、含水率、需水量比、SO_3含量、CaO含量、游离CaO含量、Cl^-含量	每批不大于200 t；项目有细度、烧失量、需水量比
磨细矿渣粉	新选货源、使用同厂家、同规格产品达6个月；项目有密度、比表面积、流动度比、烧失量、MgO含量、SO_3含量、Cl^-含量、含水量、活性指数	每批不大于200 t；项目有比表面积、烧失量、密度、流动度比

续上表

名称	抽检条件(存在条件之一时)及抽检项目(一)	抽检条件及抽检项目(二)
硅灰	新选货源、使用同厂家、同规格产品达6个月;项目有烧失量、Cl^-含量、SiO_2、比表面积、需水量比、含水率、活性指数	每批不大于30 t,出厂达3个月;项目有烧失量、比表面积、需水量比、活性指数
细骨料	新选料源、连续使用同料源同品种同规格达一年;项目有颗粒级配、吸水率、含泥量、泥块含量、坚固性、云母含量、轻物质含量、有机物含量、硫化物及硫酸盐含量、Cl^-含量、碱活性、压碎指标、人工砂石粉含量	每批不大于400 m^3或600 t;项目有颗粒级配、含泥量、泥块含量、云母含量、轻物质含量、有机物含量(每3月检验1次)、压碎指标、人工砂石粉含量
粗骨料	新选料源、连续使用同料源同品种同规格达一年;项目有颗粒级配、压碎指标、针片状颗粒含量、含泥量、泥块含量、岩石抗压强度、吸水率、紧密空隙率、坚固性、硫化物及硫酸盐含量、Cl^-含量、有机物含量(卵石)、碱活性	每批不大于400 m^3或600 t;项目有颗粒级配、压碎指标、针片状颗粒含量、含泥量、泥块含量、紧密空隙率
高效减水剂	新选料源,使用同厂家、同品种产品6个月;抽检项目减水率、含气量、泌水率比、泵送混凝土的压力泌水率比、抗压强度比、坍落度1 h经时变化量、凝结时间差、Na_2SO_4含量、Cl^-含量、碱含量、收缩率比	同厂家、同品种每批不大于50 t;项目有减水率、含气量、泌水率比、泵送混凝土的压力泌水率比、抗压强度比
聚羧酸系减水剂	新选货源、使用同厂家6个月;减水率、含气量、泌水率比、泵送混凝土的压力泌水率比、抗压强度比、泵送混凝土的坍落度1 h经时变化量、凝结时间差、甲醛含量、Na_2SO_4含量、Cl^-含量、碱含量、收缩率比	每批不大于50 t;项目有减水率、含气量、泌水率比、泵送混凝土的压力泌水率比、抗压强度比
引气剂	新选货源、使用同厂家、同品种的产品达6个月及出厂日期达6个月的产品;减水率、含气量、泌水率比、1 h含气量经时变化量、抗压强度比、凝结时间差、收缩率比、相对耐久性指数(200次)、28 d硬化混凝土气泡间距系数	每批不大于5 t;项目有减水率、含气量、泌水率比、1 h含气量经时变化量、抗压强度比
拌和用水	新水源、同一水源使用一年;pH值、不溶物含量、可溶物含量、氯化物含量、硫酸盐含量、碱含量、抗压强度比、凝结时间差	同一水源的涨水季节检验一次;pH值、不溶物含量、可溶物含量、氯化物含量、硫酸盐含量、碱含量
普通钢筋	同牌号、同炉罐号、同规格每60 t一批,不足60 t按一批计;项目有按批抽样测量直径、每延米重量、屈服强度、抗拉强度、伸长率和冷弯试验	
环氧涂层钢筋	同厂家同型号同交货状态,30 t为一批;每批至少抽取一根进行涂层厚度、连续性和柔韧性检验	
预应力筋	同牌号、同炉罐号、同规格、同生产工艺、同交货状态每批30 t;项目有破断负荷、屈服负荷、弹性模量、极限伸长率	

1.3　原材料的抽检。

(1)日常监督检查时,随机抽取样品送现场试验室进行检验,监督工程师或委托他人进行旁站。

(2)按照监督检测计划,邀请监督总站公布的合格的检测机构实施有针对性的检测。

(3)抽取样品,施工、监理单位签认后,封存送检测机构检验。

2.模板与支(拱)架工程

2.1　模板与支(拱)架设计检算。抽查施工方案、设计检算资料。

(1)设计检算单位具有资质,设计检算资料已按程序审批。

(2)模板与支(拱)架技术要求、指标及检算结论符合验收标准和设计要求。

2.2　模板与支(拱)架安装与拆除。抽查安装、验收、预压与过程监控、施工与监理检验记录等资料,现场检查。

(1)基础处理方法正确,表面平整,沉降在允许范围内,排水设施完善。

(2)模板与支(拱)架材料质量与结构、接头(缝)连接方式、杆件间距、支垫和固定符合要求,且有足够的强度、刚度和稳定性;模板结构尺寸与预埋件、预留孔位置正确,允许偏差符合要求。

(3)模板与支(拱)架安装后经施工单位自检合格报监理检查验收签认,施工中应对模板与支(拱)架使用状态进行监测,监测记录完整。

(4)模板及支(拱)架拆除顺序及安全防护措施符合技术方案规定,拆模时混凝土强度满足要求。

3.钢筋工程

3.1　钢筋加工。抽查人员上岗证、技术交底书,现场实测比较。

(1)钢筋加工人员必须经考试合格并持证上岗。

(2)钢筋下料方法与长度正确(受力钢筋全长允许偏差±10 mm,弯起钢筋的弯折位置允许偏差20 mm,箍筋内净尺寸允许偏差±3 mm)。

(3)钢筋末端弯钩角度、直径和直线端长度符合要求,弯起钢筋的弯曲半径和位置正确。

(4)涂层钢筋涂层厚度及外观质量(弯曲外凸面的针孔数,无可见裂缝、孔隙、剥离等)。

3.2　钢筋连接。查阅设计文件,抽查人员上岗证、作业指导书、技术交底、试验检测报告、施工与监理检验资料。

(1)钢筋焊结人员必须经考试合格并持证上岗。

(2)钢筋连接方式(绑扎、焊接、机械连接)符合要求,焊接与机械连接接头应按要求的频次进行力学性能检验,其中机械连接还应进行型式试验,且在设计文件中有明确要求。

(3)钢筋接头受力钢筋截面面积占受力钢筋总截面面积的百分率应符合下列要求:焊接接头在受弯构件的受拉区不得大于50%,轴心受拉构件不得大于25%;机械连接接头的受弯构件不应大于50%,轴心受拉构件不得大于25%;绑扎接头在构件的受拉区不得大于25%,在受压区不得大于50%;施工中分不清受拉区或受压区时,接头设置应符合受拉区规定;“同一连接区段”长度:焊接接头或机械连接接头为35*d*(*d*为纵向受力钢筋的较大直径)且不小于500 mm,绑扎接头为1.3倍搭接长度且不小于500 mm。(《铁路混凝土工程施工质量验收标准》第5.4.4条)

(4)钢筋绑扎接头的技术要求:光圆钢筋末端应做成彼此相对的180°弯钩,带肋钢筋应做成彼此相对的90°弯钩。

(5)涂层钢筋的连接应满足绝缘或防腐要求。

(6)接头技术要求和外观质量应符合下表要求。

钢筋绑扎接头最小搭接长度、电弧焊和闪光焊接头技术要求

<table>
<tr><th>接头形式</th><th>钢筋类别</th><th colspan="2">技术要求及外观质量</th></tr>
<tr><td rowspan="3">绑扎接头</td><td>光圆钢筋
HPB235级</td><td colspan="2">受拉区<C30 35d且≥300 mm,≥C30 30d且≥300 mm;受压区<C30 25 d且≥200 mm,≥C30 20 d且≥200 mm</td></tr>
<tr><td>带肋钢筋
HRB335级</td><td colspan="2">受拉区<C30 45 d且≥300 mm;≥C30 35 d且≥300 mm;受压区<C30 35 d且≥200 mm;≥C30 25 d且≥200 mm</td></tr>
<tr><td>带肋钢筋
HRB400级</td><td colspan="2">受拉区<C30 55 d且≥300 mm;≥C30 40 d且≥300 mm;受压区<C30 40 d且≥200 mm;≥C30 30 d且≥200 mm</td></tr>
<tr><td rowspan="2">双面
帮条焊</td><td>Ⅰ级</td><td>帮条牌号、直径与主筋相同,双面焊缝长度≥4d,单面焊缝长度≥8d</td><td rowspan="4">焊缝厚度≥0.3d
焊缝宽度≥0.8d</td></tr>
<tr><td>Ⅱ~Ⅲ</td><td>帮条牌号、直径与主筋相同,双面焊缝长度≥5d,单面焊缝长度≥10d</td></tr>
<tr><td rowspan="2">搭接焊</td><td>Ⅰ级</td><td>双面搭接长度≥4d,单面搭接长度≥8d</td></tr>
<tr><td>Ⅱ</td><td>双面搭接长度≥5d,单面搭接长度≥10d</td></tr>
<tr><td>闪光对焊</td><td></td><td colspan="2">接头周缘镦粗部分有均匀毛刺外形,表面无明显的烧伤或裂纹,弯折角≤30,轴线偏移≤0.1d,且≤2 mm</td></tr>
</table>

续上表

接头形式	钢筋类别	技术要求及外观质量
滚轧直螺纹机械连接		套筒的直径和壁厚符合技术文件要求，无可见裂纹，表面及内螺纹无锈蚀，丝头表面无损伤和锈蚀，标准型接头丝头有效螺纹长度＞1/2 连接套筒长度，允许误差＋2P，套筒外应有外露的有效螺纹，直螺纹接头最小扭矩值：≤16 mm 100 N·m；18～20 mm 200 N·m；22～25 mm 260 N·m；28～32 mm 320 N·m；36～40 mm 360 N·m
墩粗直螺纹机械连接		套筒的直径和壁厚符合技术文件要求，无可见裂纹，表面及内螺纹无锈蚀，丝头表面无损伤和锈蚀，L_0＞1/2 连接套筒长度，丝头长度允许误差＋2P，套筒外应有外露的有效螺纹，直螺纹接头最小扭矩值：≤16 mm 100 N·m；18～20 mm 200 N·m；22～25 mm 260 N·m；28～32 mm 320 N·m；36～40 mm 360 N·m
套筒挤压机械连接		套筒表面无裂纹，套筒壁厚直径符合设计要求，接头不得有裂纹、折叠、严重锈蚀，接头两端钢筋弯折角≤3°

3.3　钢筋安装。现场检查量测。

(1)钢筋品种、规格、级别、数量符合设计要求。

(2)钢筋骨架整体性良好，连接牢固无变形，钢筋数量与间距准确。

(3)对已安装完成的钢筋骨架采取有效的保护措施，保证其位置正确，钢筋保护层垫块位置与数量符合要求。

(4)架立和绑扎环氧涂层钢筋时，不得使用无涂层的普通钢筋和金属丝。

4.混凝土工程

4.1　混凝土配合比设计与拌和。抽查混凝土配合比设计及审批资料、监理签认资料、拌和设备的检定与校验记录、混凝土拌和记录，现场检查。

(1)配合比设计应明确使用环境条件、结构部位，且经监理审批。

(2)拌和设备应定期检定，按期校验，性能良好，自动计量显示正常，记录数据完整，材料称量误差应在允许范围内，骨料不大于±2%，其他不大于±1%。

(3)根据每天测定的粗细骨料含水量，及时调整施工配合比。

4.2　混凝土施工。抽查混凝土性能测试记录、施工与监理记录，现场检查。

(1)混凝土的入模温度不宜高于 30 ℃。冬期施工时，混凝土的出机温度不宜低于 10 ℃，入模温度不应低于 5 ℃。

(2)新浇混凝土入模温度与邻接的已硬化混凝土或岩土介质表面温度的温差不得大于 15 ℃。与新浇混凝土接触的已硬化混凝土、岩土介质、钢筋和模板的温度不得低于 2 ℃。

(3)混凝土拌制过程中,应对混凝土拌和物的坍落度进行测定,测定值应不超过理论配合比坍落度的控制范围。

(4)按规定频次对拌和物性能指标进行测定,并制作相应试件和同条件养护试件,试验与检验结果符合要求。

(5)施工缝留置位置符合设计(施工方案)要求,浇筑混凝土前应按要求凿毛、充分湿润旧混凝土面,且不得积水,凿毛后露出的新鲜混凝土面积不低于总面积的75%。人工凿毛时,混凝土强度不低于2.5 MPa;机械凿毛时,混凝土强度不低于10 MPa。

(6)混凝土浇筑完毕后,应按规定和施工技术方案要求及时采取有效的养护措施;不同混凝土保温保湿养护的最低期限应符合规定。

(7)混凝土养护期间,混凝土芯部温度不宜超过60 ℃,最高不得大于65 ℃(轨枕和轨道板的芯部温度不宜大于55 ℃),混凝土芯部温度与表面温度之差、表面温度与环境温度之差不宜大于20 ℃(梁体混凝土不宜大于15 ℃),养护用水温度与混凝土表面温度之差不得大于15 ℃。

(8)拆模时混凝土芯部温度与表面、表面与环境之间的温差不得大于20 ℃(轨道板、梁体不得大于15 ℃)。混凝土芯部开始降温前不得拆模,大风及气温急骤变化时不应拆模。

(9)混凝土强度等级必须符合设计要求。预应力混凝土、喷射混凝土、蒸汽养护混凝土标养试件龄期为28 d,其他混凝土标养试件龄期为56 d。

(10)混凝土同条件养护时间的抗压强度必须符合设计要求。桥梁的梁体、墩台身,隧道的衬砌、仰拱、底板等重要部位应制作抗压强度同条件养护试件。对于标准条件养护法试件试验龄期分别为28 d、56 d的,同条件养护法试件的逐日累积温度分别为600 ℃·d、1 200 ℃·d。

下表为各种材料的初凝、终凝时间。

各种材料的初凝、终凝时间

序号	名称	初凝时间	终凝时间	备　注
1	水泥	≥45 min	≤600 min	硅酸盐水泥终凝≤390 min
2	高效减水剂	>+90 min	—	凝结时间差−90 min～+120 min
3	聚羧酸系减水剂	>+90 min	—	凝结时间差早强型−90 min～+90 min 凝结时间差标准型−90 min～+120 min
4	引气剂	—	—	凝结时间差−90 min～+120 min

续上表

序号	名称	初凝时间	终凝时间	备　注
5	孔道压浆的浆体	≥4 h	≤24 h	
6	掺速凝剂净浆及硬化砂浆	不迟于 5 min	不迟于 10 min	

4.3　混凝土实体质量。现场检查量测、检测。

(1)普通混凝土结构表面裂纹宽度不得大于 0.20 mm,预应力混凝土结构预应力区域不得出现裂纹。

(2)钢筋保护层厚度应满足设计,且应满足表 4.3 要求。

(3)根据监督检测计划,邀请监督总站公布的合格的检测机构对混凝土强度和钢筋保护层厚度实施有针对性的检测。

(4)表面密实平整、颜色均匀,不得有露筋、蜂窝、孔洞、疏松、麻面和缺棱掉角等缺陷。

(5)结构物的几何尺寸正确,其允许偏差应满足下表要求。

结构外形尺寸允许偏差和检验方法

序号	检查项目		允许偏差(mm)	检验方法
1	轴线位置	基础	20	每边尺量不少于 2 处
		梁、柱、板、墙、拱	10	
2	表面平整度		8	2 m 靠尺、塞尺测量不少于 3 处
3	高程	基础	±30	测量不少于 2 处
		梁、柱、板、墙、拱	±10	
4	垂直度		h/1 000,且<20	吊线尺量
5	截面尺寸		+20～0	尺量不少于 3 处
6	预留孔洞	中心位置	15	尺量
		尺寸	+15～0	
7	预埋件	中心位置	5	尺量
		外露长度	+10～0	

5. 预应力工程

5.1　摩阻损失测定及张拉工艺。对照施工图抽查摩阻损失测定资料,查阅施工技术方案,现场检查。

(1)张拉机具的配套的检定记录。

(2)摩阻损失测试频次、项目(先张法折线筋,后张法孔道、扩孔段、锚口)

符合要求。

(3)根据摩阻损失实测结果对张拉控制应力进行调整并经监理、设计单位认可。

(4)张拉工艺符合施工技术方案和设计要求。

5.2　预应力施工。对照设计文件抽查技术交底、施工与监理记录、设备检校报告、检测资料、检验批验收资料,现场检查实测。

(1)张拉设备应按时校验合格后方可使用。

(2)预应力筋下料长度允许偏差符合要求(钢丝钢绞线±10 mm,束中各根钢丝、钢绞线长度差 5 mm,预应力螺纹筋±5 mm)。

(3)预留孔道与预应力筋位置偏差满足要求(纵向孔道、横向孔道、竖向孔道允许偏差 4 mm),先张法预应力筋位置(跨中 5 m 范围内不大于 1 mm、其余不大于3 mm)。

(4)张拉顺序、张拉时混凝土龄期、强度、弹性模量满足要求。

(5)后张法预应力筋预张拉或初张拉时,混凝土强度必须符合设计要求。当设计无要求时,初张拉时混凝土强度应达到设计强度的 80%。

(6)预应力筋实际与计算伸长值差值≤±6%,后张法预应力筋断裂或滑脱数量不得超过总数的 5‰,不得位于结构的同一侧,且每束内不得超过 1 根。

5.3　压浆与封端。对照设计说明抽查技术交底、施工与监理记录、检测资料,现场检查核实。

(1)孔道压浆浆体配合比经监理批准,现场严格按配合比施工。

(2)后张法预应力混凝土在终张拉完成后 48 h 内进行孔道压浆,悬臂浇筑预应力连续梁终张拉后 24 h 内完成压浆,压浆工艺符合设计要求,孔道内浆体饱满,现场制作同条件养护试件。

(3)孔道压浆浆体的强度、流动度、凝结时间、泌水率、膨胀率、含气量等性能应符合设计要求。当设计无要求时,对预应力混凝土梁应符合下列规定:28 d 强度:抗压≥50 MPa,抗折≥10 MPa;30 min 流动度≤30 s;凝结时间:初凝≥4 h,终凝≤24 h;24 h 自由泌水率 0,压力泌水率≤3.5%;24 h 自由膨胀率 0～3%;含气量1%～3%。

(4)压浆时,浆体的出机流动范围应为 18 s±4 s。

(5)同一孔道压浆应连续进行,一次完成;压浆时浆体温度应在 5～30 ℃;压浆时和压浆后 3 d 内,梁体及环境温度不应低于 5 ℃。

(6)对于在压浆后 28 d 内需要移动的构件,应在压浆地点随机抽样制作同条件养护水泥浆试件。场内移动混凝土构件时水泥浆的抗压强度必须符合设计要求，当设计无要求时水泥浆的抗压强度应大于设计强度的75%。(《铁路混凝土工程质量验收标准》第7.5.5条)

(7)封端前按要求对锚具和预应力筋做防锈和防水处理，封端应密实且保护层厚度满足要求。

(8)预应力筋锚固后的外露部分宜采用机械切割，不得使用电弧焊或气焊切割。外露长度无设计要求时，后张法预应力筋外露长度不宜小于30 mm。

6.特殊混凝土(砂浆)工程

6.1　纤维混凝土。对照设计文件抽查施工技术方案、施工记录、测温记录、养护记录、质量检查验收记录，现场实测检查。

(1)纤维混凝土应根据所使用纤维的种类、掺量选择适宜的施工工艺。

(2)纤维的投料顺序、搅拌方法和搅拌时间应通过现场匀质性试验确定。

(3)纤维混凝土所用纤维的品种、规格、质量应符合设计要求。抽样条件及检验项目:任何新选货源检验一次。钢钎维:纤维杂质含量、长度、长径比、抗拉强度、弯折性能、形状合格率;合成纤维:直径、长度、密度、抗拉强度、弹性模量、极限伸长率、DSC分析、溶点、纤维杂质含量。(现场检查请注意植物纤维，研究其规范、标准、性能指标等要求)

(4)纤维混凝土配合比设计时应检验劈裂抗拉强度指标，必须符合设计要求。

6.2　喷射混凝土施工。对照设计文件现场检查，实测，抽查技术方案、施工记录、养护记录、质量检查验收记录、喷射混凝土配合比设计报告单、混凝土强度报告单。

(1)所用原材料应符合要求，细骨料的细度模数应大于2.5，含泥量不大于3%，粗骨料宜采用连续级配，最大粒径不大于16 mm，泥块含量不大于0.5%，对外掺速凝剂应与水泥进行适应性和速凝效果检验。

(2)配合比设计应满足水胶比不大于0.50与胶凝材料用量不小于400 kg/m^{3}要求。

(3)喷射混凝土宜采用湿喷工艺，随拌随用，停放时间不得大于30 min;作业时粉尘含量不得大于2 mg/m^3，环境温度不得低于5 ℃。

(4)按规定的频次制作强度检查试件。

(5)喷射混凝土终凝2 h后应进行湿润养护，养护时间不少于14 d。

(6)喷射混凝土的早期强度应符合设计要求。

(7)喷射混凝土的厚度应符合设计要求，检查点数的 90% 及以上应大于设计厚度。

6.3　特细砂混凝土。对照设计文件现场检查，实测，抽查技术方案、施工记录、养护记录、质量检查验收记录。

(1)特细砂混凝土不得用于梁、拱、轨道板和有抗冲刷、抗磨、抗冻和抗腐蚀要求的工程，强度和耐久性符合设计要求。配制 C30 以上混凝土宜采用特细砂和中粗砂组成的混合砂。

(2)特细砂混凝土搅拌时应注意投料顺序，搅拌时间应较中、细砂混凝土延长1～2 min。

(3)特细砂混凝土用砂应为细度模数为 0.7～1.5 的河砂。

(4)特细砂混凝土在浇筑完成后应立即进行保湿养护，养护时间不少于 14 d。

6.4　补偿收缩混凝土。对照设计文件现场检查，实测，抽查技术方案、施工记录、养护记录、质量检查验收记录。

(1)补偿收缩混凝土应根据环境条件、结构类型和设计要求选择合适的膨胀剂种类、掺量及施工工艺。

(2)补偿收缩混凝土的强度等级、限制膨胀率和耐久性技术指标符合设计要求。

(3)膨胀剂符合现行标准《混凝土膨胀剂》(JC 476)的规定。检验数量：同厂家、同品种、同编号的膨胀剂，每 50 t 为一批，不足 50 t 时应按一批计。

(4)补偿收缩混凝土宜采用较小的坍落度，混凝土水胶比不宜大于 0.50。

(5)补偿收缩混凝土应按顺序连续浇筑，在终凝前采用机械和人工方式，对混凝土表面进行多次抹压。

(6)补偿收缩混凝土应适当延迟拆模时间，其拆模时间不宜早于 3 d。冬期施工时混凝土拆模时间宜延迟至 7 d 以上。

6.5　无砂透水混凝土。对照设计文件现场检查，实测，抽查技术方案、施工记录、养护记录、质量检查验收记录。

(1)无砂混凝土用粗骨料针片状颗粒含量不大于 5%。

(2)强度等级、透水性能符合设计要求。

6.6　气密性混凝土。对照设计文件现场检查，实测，抽查技术方案、施工记录、养护记录、质量检查验收记录。

(1)气密性混凝土应严格控制水胶比和胶凝材料用量，水胶比不宜超过 0.45，胶凝材料不宜小于 330 kg/m^3。

(2)入模含气量不宜大于 2%。

(3)气密性混凝土用砂含泥量≤2.5%,细度模数宜不小于 2.7,粗骨料最大粒径≤31.5 mm,针片状含量≤8%。

(4)气密性混凝土的透气系数应符合设计要求,当设计无要求时,其透气系数≤1.0×10^{-11} cm/s。

6.7　纤维增强砂浆(活性粉末混凝土)。对照设计文件现场检查,实测,抽查技术方案、施工记录、养护记录、质量检查验收记录。

(1)纤维砂浆应选用立轴行星式搅拌机拌和,投料时,宜先投入粉体材料、砂和钢钎维进行预混,然后加入液体材料进行搅拌均匀。

(2)纤维增强砂浆的蒸汽养护和后期的潮湿养护时间累计不宜少于 7 d。

(3)高效减水剂的含气量不大于 2%、减水率不小于 30%。

6.8　桥梁支座砂浆。对照设计文件现场检查,实测,抽查技术方案、施工记录、养护记录、质量检查验收记录。

(1)桥梁支座砂浆分自流平和干硬性两类。

(2)支座砂浆灌注前,支承垫石顶面应进行凿毛处理,清理干净,并充分湿润。锚栓孔内不得有冰雪,积水和其他杂物。

(3)桥梁架设时,落梁时间应通过支座砂浆的同条件养护试件抗压强度试验确定。

(4)自流平砂浆材料的流动度、泌水率、膨胀率、抗压强度、抗折强度、弹性模量符合设计要求及专项技术标准。按照同厂家、同品种、同编号的干粉材料,每 50 t 为一批(不足 50 t 时应按一批计)进行检验。

(5)干硬性砂浆的水泥、砂、减水剂、膨胀剂及拌和用水的技术要求和检验应符合验标相关规定。

(6)桥梁支座砂浆施工时,混凝土表面温度和环境温度差不得低于 5 ℃;砂浆入模温度不应低于 5 ℃。

(7)桥梁支座砂浆的强度等级必须符合设计要求。强度等级评定标准条件养护试件的试验龄期为 28 d。试件尺寸为 40 mm×40 mm×160 mm,施工单位分别测定其抗压强度和抗折强度。

7. 砌体工程

7.1　砌体所用石材和混凝土砌块。抽查材质检测报告及监理平行检验报告,现场检查。

(1)砌体所用石料及混凝土预制块规格、强度应符合设计要求;石材质地坚硬,不易风化,无裂纹及表面污渍。

(2)砌体工程所用石料的类别、规格和质量要求应符合下表要求。

砌体工程所用石料的类别、规格和质量要求

序号	类别	形状	规格和质量要求
1	片石	形状不规则	石块中部厚度不小于 15 cm,长度及宽度不小于厚度
2	块石	形状规则,大致方正	稍加修整,厚度不得小于 20 cm,长度及宽度不小于厚度。丁石的长度应比相邻顺石宽度大 15 cm
3	料石	形状规则的六面体	经粗加工,表面不允许凸出,凹入深度不大于 2 cm,厚度不小于 20 cm,宽度不小于厚度,长度不小于 1.5 倍厚度。外露面向内修凿进深不得小于 10cm,且修凿面应与外露面垂直,每 10 cm 应凿切 4～5条纹。丁石的长度应比相邻顺石宽度大 15 cm

(3)石材强度、软化系数(浸水潮湿地区不小于 0.8)、抗冻性能(最冷月平均气温低于－15 ℃及－5～－15 ℃经 25 次或 15 次冻融循环试验合格)符合设计要求。

7.2　砌筑砂浆。对照设计文件抽查砂浆配合比选定报告、试验报告,现场检查办和设备。

(1)砂浆用砂含泥量≤3.0％。

(2)砂浆应经试配合格,现场施工时不得人工拌制,拌和材料计量误差符合规定。

(3)砂浆应随拌随用,运输储存过程中发生离析、泌水现象时,砌筑前应重新拌和,初凝后不得使用。

(4)用于检查砂浆抗压强度的试件应在搅拌机出料口随机抽样制作。砂浆强度(每组试件的强度代表值不小于设计强度等级值的 85％,同批试件的强度平均值不小于设计强度等级值)符合设计要求。

7.3　砌体砌筑。抽查施工方案、质量检查验收记录,现场检查砌筑方法及质量。

(1)砂浆砌体采用挤浆法(严禁采用灌浆法施工)分层、分段砌筑,分段位置宜设在沉降缝或伸缩缝处,各砌层先砌外圈定位砌块,砌缝相互错开,砌缝内砂浆应饱满密实,饱满度不小于 85％,砌缝宽度、位置和砌筑方式符合下表要求。

砌体砌缝宽度、位置和砌筑方式

项　　目	浆砌片石(mm)	浆砌块石(mm)	浆砌料石/混凝土砌块(mm)
表面砌缝宽度	≤40	≤30	≤20
每一次找平砌筑高度	≤1 200	≤1 200	—

续上表

项　　目	浆砌片石(mm)	浆砌块石(mm)	浆砌料石/混凝土砌块(mm)
两层间竖向错缝	≥80	≥80	≥100，困难时丁石上下只能一面有竖缝
三块石料相接处空隙	≤70	—	—
砌筑方式	—	一丁一顺或二顺一丁	一丁一顺
砌筑方法	挤浆法，底层坐浆	挤浆法，底层坐浆	挤浆法，底层坐浆

(2)干砌砌体宜将较大石块置于底层、顶面、边缘，石块应相互交错咬接，空隙用碎石填实。

(3)砌体表面勾缝按设计可采用平缝或凹缝勾缝，砌筑时应留 2 cm 深的空缝，勾缝砂浆强度不得低于砌筑砂浆强度。

(4)砂浆砌体砌筑后及时覆盖，常温下保湿养护 7 d 以上。

(5)砌体尺寸允许偏差应满足下表要求。

砌体尺寸和位置允许偏差

<table>
<tr><td colspan="2" rowspan="2">项目</td><td colspan="2">允许偏差(mm)</td><td colspan="2" rowspan="2">项目</td><td colspan="2">允许偏差(mm)</td></tr>
<tr><td>基础</td><td>墙</td><td>基础</td><td>墙</td></tr>
<tr><td rowspan="2">顶、底面高程</td><td>片石</td><td>±25</td><td>±15</td><td rowspan="2">砌体厚度</td><td>片石</td><td>$^{+30}_{0}$</td><td>$^{+20}_{0}$</td></tr>
<tr><td>料石、混凝土预制块</td><td>±25</td><td>±15</td><td>料石、混凝土预制块</td><td>$^{+15}_{0}$</td><td>$^{+10}_{0}$</td></tr>
<tr><td rowspan="2">轴线位置</td><td>片石、块石</td><td>20</td><td>15</td><td></td><td></td><td></td><td></td></tr>
<tr><td>料石、混凝土预制块</td><td>15</td><td>10</td><td></td><td></td><td></td><td></td></tr>
</table>

7.4　沉降缝、泄水孔、反滤层施工。对照设计文件现场检查，实测，抽查施工记录、质量检查验收记录。

(1)沉降缝设置位置正确，整齐竖直，上下贯通。

(2)泄水孔设置方法及孔径、数量符合设计要求，坡度向外，无堵塞现象。

(3)反滤层位置、厚度及所用材料质量符合要求。

8. 附则

8.1　所依据的标准、规范见下表。

依据的标准、规范

序号	标准、规范名称	版本	简称	备注
1	《铁路混凝土工程施工质量验收标准》	铁建设〔2010〕240号	《混标》	
2	《高速铁路桥涵工程施工质量验收标准》	铁建设〔2010〕240号	《高桥标》	
3	《钢筋焊接及验收规程》	JGJ18	无	
4	《带肋钢筋套筒挤压连接技术规程》	JGJ107－2010	无	
5	《铁路混凝土工程钢筋机械连接暂行技术规定》	铁建设〔2010〕41号		

8.2 铁路混凝土工程监督检查常见问题见下表。

铁路混凝土工程监督检查常见问题

序号	项目	监督检查常见问题	备注
1	原材料	(1)粗、细骨料级配、含泥量、泥块含量、针片状含量、碱活性超标，储存混放； (2)外加剂性能指标不稳定； (3)材料标识不规范、不准确； (4)水泥、砂石料检验频次不足	
2	模板与支(拱)架	(1)模板支撑不牢固、板缝拼接不严、相邻两块错台； (2)支架地基处理与检算说明中的要求不一致，或者无要求，或者不处理，现场支架支垫材料和方式随意； (3)支架杆件数量不足，相互间连接不牢固； (4)支架安装时无安全防护措施或防护不到位； (5)上下层同时作业，无任何防护隔离措施； (6)高(空)处拆模时，无安全防护措施	
3	钢筋	(1)制作弯制的半径、直线段长度不符合验收标准要求； (2)安装数量不足，间距、排距误差超出验收标准要求； (3)保护层厚度不足或者超出设计较大； (4)连接接头检验频率不足，焊缝宽度、高度不满足要求，闪光对焊轴线超标； (5)位置错误： (6)钢筋绑扎、焊接、机械连接接头不符合要求： (7)钢筋规格、型号与设计不符	
4	混凝土	(1)结构外形尺寸超出误差要求； (2)漏浆、粗骨料外露(蜂窝与麻面)；疏松(振捣不到位)； (3)接缝错台； (4)表面开裂，裂纹宽度超出允许范围； (5)实际使用的原材料与配合比不一致； (6)强度不满足要求； (7)混凝土拌和站计量超标； (8)未按要求处理施工缝	

续上表

序号	项目	监督检查常见问题	备注
5	预应力	(1)张拉设备校验不配套、频次不足； (2)预应力筋端部不按要求切割，位置不正确； (3)张拉力与伸长值控制不严； (4)封端混凝土开裂； (5)管道压浆环境温度控制不严； (6)锚具检验频次不足	
6	特殊混凝土	(1)大体积混凝土开裂(温控措施不到位)； (2)水下混凝土断桩； (3)混凝土配合比、喷射工艺、厚度和强度不符合要求； (4)抗渗混凝土的抗渗等级不满足要求	
7	砌体	(1)砌体基坑底几何尺寸不符合要求； (2)砌体几何尺寸、灰缝宽度不满足要求； (3)砌体背后回填不密实； (4)砌筑方法不符合要求； (5)砂浆不饱满； (6)泄水孔出口反坡，不施作反滤层或不满足要求	

第九章　绩效考评

绩效考评是标准化管理的重要环节，其目的是通过对标准化管理体系运行情况进行检查、考核和评估，验证管理行为的实际效果，发现和纠正项目管理组织在管理制度、运行机制、工作措施等方面存在的问题，促进各项管理行为规范运作和整个管理体系持续改进，更好地保证管理目标顺利实现。依据不同的考评对象，铁路建设项目标准化管理绩效考评可分为建设项目、参建单位和现场生产单元三个层面来实施。考评内容依据考评对象的工作内容和项目推进的阶段来确定，在同一个项目上应采用统一的指标体系。本章的主旨就是为铁路建设项目提供一些通用的绩效考核指标体系，各建设项目可以此为基础，根据各自实际情况作适当调整。

第一节　建设项目标准化管理绩效考评

铁路建设项目标准化管理绩效考评的对象以建设单位为主，并涉及到各参建单位。部管项目由铁道部相关部门组成考核组实施考评，铁路局所管理的项目由铁路局派出考核组实施考评。

一、考评内容

考评内容以“四个标准化”为纲，依据铁道部《铁路建设项目考核办法》和铁路建设项目管理目标责任书的相关统一要求，并参照建设单位标准化体系文件的相关内容来确定。一般可分为五个部分：①管理制度标准化；②人员配置标准化；③现场管理标准化；④过程控制标准化；⑤其他管理成效。具体内容如下：

1. 管理制度标准化，主要包括管理策划、制度建设和职责分配等管理内容；

2. 人员配置标准化，主要指机构设置和人力资源管理，其中包括架子队管理和专业化队伍建设；

3. 现场管理标准化，主要指工作环境、基础设施和设备资源等管理内容，其中也包括工厂化、机械化和信息化建设等工作；

4. 过程控制标准化，主要包括质量管理、安全管理、环保水保管理和设计管理等内容；

5. 其他管理成效，主要指投资、工期、稳定等管理目标实现和达标活动开展情况等内容。上述内容的具体指标参见表 9-1。

表 9-1　铁路建设项目标准化管理考评表

序号	考评项目	标准分	考评内容	打分标准	得分
1	管理制度标准化	20 分			
1.1	管理职责	5 分	建设单位管理职责和分工明确，考评办法针对性强，体现了较强的执行力	考评发现的不合规问题每个扣 1 分	
1.2	管理策划	10 分	1.2.1　建设单位标准化管理有总体规划、实施方案和年度推进计划，推进内容能够充分结合项目管理特点，有阶段性重点，有管理考评计划(标准化项目部、标准化工地和首件评估等)	考评发现的不合规问题每个扣 1～2 分	
			1.2.2　能在承包合同、施组设计和管理体系文件中明确标准化管理相关要求，并对参建单位兑现、落实情况进行专门检查和督促	对不符合规定要求的，视情扣 1～2 分	
1.3	管理制度	5 分	建设单位牵头编制并检查指导参建单位编制标准化管理手册，能明晰界定管理流程和工作内容；有项目管理制度汇编，制度齐全；安全风险管理和质量管理相关办法科学，有效；有现场管理和四个支撑手段应用要求办法。各参建单位管理制度健全，与建设单位各项管理制度的统一要求相符合	对管理制度不全的，视情扣 1～3 分；管理制度内容与铁道部有关规定不符的，每发现 1 个问题扣 1 分	
2	人员配置标准化	20 分			
2.1	管理机构	4 分	建设单位编制方案符合铁道部有关规定。由建设单位牵头，各级均成立了标准化推进管理机构并由第一管理者负责	考评发现的不合规问题每个扣 1 分；未设立标准化推进机构或机构设置不规范的，扣 1 分	
2.2	管理人员配置	4 分	建设单位及各参建单位的管理人员配置满足部和相关规定强制性要求，参建单位的人员履约符合合同要求	考评发现的不合规问题每个扣 1 分	

续上表

序号	考评项目	标准分	考评内容	打分标准	得分
2.3	特种作业人员执业资格	3分	参建单位作业执业资格满足相关要求,特种作业人员取得执业资格证书,抽查其作业掌握情况	每1人不合格扣1分	
2.4	人员培训	3分	建设单位组织各单位有针对性培训计划,有培训考核活动,培训针对性强	对不符合规定要求的,视情扣1～3分	
2.5	架子队管理	3分	建设单位对参建单位架子队管理能够实施有效检查考核,参建单位人员配置合理,现场工序调整带班指挥和作业正确,合同约定符合部有关要求	对不符合规定要求的,视情1～3分	
2.6	专业化应用	3分	建设单位积极推动参建单位专业化施工,施工单位关键工序、部位,难点工程应积极应用专业化队伍,队伍资质和能力满足工作需要	对不符合规定要求的,扣1～3分	
3	现场管理标准化	20分			
3.1	文明施工	7分	文明施工符合相关规范、规定的统一规定要求;人员着装相对统一,劳动保护用品佩戴符合要求,风险作业、施工防护到位,场地整洁、平面布置及区划合理,质量安全警示、项目公示标牌及材料、设备标识齐全明晰、设置规范,风险应急器材、物资准备和设置到位	考评发现的不合规问题每个扣0.5分	
3.2	设备配置	7分	建设单位对参建单位设备配置有检查考核,参建单位设备配置符合合同约定,满足现场施工需要,包括施工设备、试验检验设备,同时应体现一定的先进性	考评发现的不合规问题每个扣0.5分	
3.3	基础设施建设(包括工厂化、信息化应用)	6分	建设单位对基础设施建设有明确要求及考核;参建单位工厂化、信息化应用符合规划和施组要求,其中工厂设置合理,达到生产专业化、规模化、集约化和运输便捷化要求;具有与管理体系相匹配的信息化手段,明显有助于提高管理效率,加强风险识别和监控	考评发现的不合规问题每个扣0.5分	
4	过程控制标准化	25分		通过管理记录检查和现场验证来考评	

续上表

序号	考评项目	标准分	考评内容	打分标准	得分
4.1	质量管理	5分	质量管理体系运转正常，质量管理及问题处理规范，实体质量合格	质量管理体系运行存在缺陷，视情扣1～3分；抽查实体质量不满足验标及相关要求问题每个扣0.5～1分。以上两个方面合计扣完5分为止。 发生工程质量一般事故每起扣2分，质量较大事故每起扣5分，发生重大事故的评为C级，发生2起及以上重大事故以及发生特别重大事故评为D级。如前述质量管理缺陷和实体质量问题扣分已超过5分，则质量事故扣分可在“过程控制”大项中扣减，最多扣完25分为止	
4.2	安全管理	5分	现场安全总体可控，风险措施合理，判识符合要求，风险控制措施到位	安全管理体系存在缺陷，视情扣1～3分；抽查发现安全措施应用不符合规定要求的，每个隐患扣0.5分。以上两个方面合计扣完5分为止	
			现场安全总体可控，风险措施合理，判识符合要求，风险控制措施到位	发生一般生产安全亡人事故，每起扣3分，发生较大生产安全事故，每起扣5分，发生2起及以上较大生产安全事故或发生1起重大生产安全事故，评为C级，发生1起特别重大生产安全责任事故或1年内发生2起重大生产安全责任事故的，评为D级。不按规定报告事故，查证属实加扣2分。以上合计扣完5分为止。如前述安全管理体系缺陷和安全隐患扣分已超过5分，则安全事故扣分可在“过程控制”大项中扣减，最多扣完25分为止	

续上表

序号	考评项目	标准分	考评内容	打分标准	得分
4.3	环保水保管理	3分	环水保管理体系健全，相关管理措施及时、到位	项目管理机构环保、水保制度不健全，扣3分；施工中未按规定和设计要求采取环保措施，造成水土流失、环境问题的，一般问题每起扣2分；发生重大环境污染事故没有立即报告并正确应急处置，没有按“三不放过”原则整改处理，不能评为A、B级；未按规定做到环保、水保措施与主体工程“三同时”或造成严重问题，评为D级	
4.4	设计管理	3分	设计配合到位，设计变更及时并符合程序要求，设计方案合理	考评发现的不合规问题每个扣0.5分	
4.5	现场作业	3分	作业指导书编制科学合理，现场实施到位，作业管控到位	考评发现的不合规问题每个扣0.5分	
4.6	试验检验	2分	和试验频次、内容符合要求，过程可控	考评发现的不合规问题每个扣0.5分	
4.7	问题处置	2分	跟踪彻底，处置闭环，有分析和预防控制措施，类似问题基本得到控制	考评发现的不合规问题每个扣0.5分	
4.8	过程检查和监理	2分	过程检查方法、手段合理有效，监理旁站等工作履行了合同要求	考评发现的不合规问题每个扣0.5分	
5	其他管理成效	15分			
5.1	投资、工期、稳定等目标实现	10分	较好完成投资计划，实现工期节点目标，未发生影响稳定的事件	完成年度投资计划的不扣分；完成年度计划投资比例在80%～99%的，每少完成一个百分点扣0.5分；完成投资计划比例不足80%的，评估结果直接定为B级；完成投资计划比例不到70%的，直接定为C级；完成投资计划比例不到50%的，直接定为D级；项目工期滞后6个月，重点工程滞后12个月，不能评为A、B级；发生一起一般稳定事件，扣3分；出现重大稳定事件，对行业造成恶劣影响的，不能评为A、B级	

续上表

序号	考评项目	标准分	考评内容	打分标准	得分
5.2	达标活动开展	5分	按照规划展开达标活动，如首件评估、标准化工地、样板引路等	检查样板工点、标准化工点，核对类似工点质量控制或管理运行情况，综合评价有成效的，打3分；切实做到全员参与的，打4分；全员参与并且成效好、有创新的，打5分；未开展活动的，打0分	
合计		100分			

注：本表的每个单项（4.1、4.2除外）扣分扣完标准分为止，本章其他表格与此相同。

二、考评方式

考评采取建设单位自评和考核组集中抽查相结合的方式，一般集中抽查占比60%，建设单位自评占40%。

三、考评结果的评定

考核结果分A、B、C、D四个等级。

1. A级（90分以上），已经形成良好的管理循环。
2. B级（75～89分），达到目标管理程度。
3. C级（60～74分），现场标准化管理推进主动，基本可控。
4. D级（60分以下），尚未有效开展标准化管理，甚至管理被动，徒有形式或放任自流。

以上四个等级的考评分数，依次对应管理规范、推进有序、基本可控、需要改进四种评价结论。这四种评价结论与OPM3管理成熟度分级标准中的持续改进级、可控制或可测量级、标准化级、需要改进级基本对应。

第二节　参建单位标准化管理绩效考评

铁路建设项目参建单位标准化管理绩效考评，是建设单位对参建的设计配合组、施工经理部、监理项目部等单位标准化管理情况所作的综合考评，其目的是对参建单位对管理体系运行情况进行检查考核并对管理成效进行验证，以此激励参建单位规范管理行为，解决存在问题，完善管理体系，提高工作质量和效率，确保生产合格产品，促进建设项目标准化管理得到全面落实，成效不断提高。

参建单位标准化管理绩效考评采取两种方式:一种是达标考评。一般应在建设队伍上场后半年内进行,主要用于在项目建设初期,对参建单位的标准化管理体系建设情况进行考评,其考评指标采用合格制。对达标考评合格的单位,可授予“标准化管理达标单位”称号。二是创优考评。创优考评是在项目建设实施阶段,定期对通过达标考核的参建单位标准化体系运行情况、管理绩效进行综合考评。创优考评一般分年度进行,这种考评采用评分制,依据考评分数高低划分不同等次并可据此予以表彰,比如:对考评打分在90分以上者可认定为优秀等次,授予标准化管理示范(样板)施工经理部、标准化管理示范(样板、优秀)监理项目部、标准化管理示范(样板、优秀)设计配合组等称号;对考评打分在60～89分者可认定为优良等次,授予标准化施工经理部、标准化监理项目部、标准化设计配合组等称号。需要注意的是,创优考评须以达标考评为前提条件,只有通过了达标考核的单位才能参加创优考评。

一、达标考评

达标考评指标分为主要项目和一般项目两类,具体指标内容及划分标准由各项目建设单位根据实际情况确定。对施工单位现场经理部的达标考评应从体系建设、资源配置、设施保障、过程管理等方面展开,重点是促其强化管理保障、规范过程控制,确保生产合格产品;监理项目部的达标考评也可从体系建设、资源配置、设施保障、过程管理等四个方面展开,重点是促其完备工作条件和强化过程监理;对设计配合组的达标考评应从体系建设、资源配置、施工图提供、现场设计管理四个方面展开,侧重于现场配合工作。以施工经理部标准化管理绩效达标考评(具体考评内容见表9-2)为例,总共设定了62项指标,其中主要项目24项,一般项目38项。在考评中主要项目全部达标且一般项目达标率达到80%及以上的单位可视为合格即通过达标考评,否则视为不合格即未能通过达标。

达标考评一般采用集中检查方式进行,具体可分内业组、外业组。打分方式采用是非制,对每项指标只需作出“达标√”或“不达标×”的判断即可。

表9-2 施工经理部标准化管理绩效达标考核表

序号	考评项目	考评内容	主要项目/一般项目	考评结论(达标√/不达标×)
1	体系建设			

续上表

序号	考评项目	考评内容	主要项目/一般项目	考评结论（达标√/不达标×）
1.1	机构设置	内设机构符合有关规定及投标承诺	主要	
1.2	工作职责	部门、岗位工作职责明确，实施情况良好	一般	
1.3	管理制度	1.3.1　按铁道部及建设单位要求建立管理制度，内容齐全	主要	
		1.3.2　管理制度修订完善及时，重要制度单独发文	一般	
1.4	工作程序	按要求制定工作程序及内部工作标准，严格贯彻实施	一般	
1.5	管理规划	标准化管理活动有相关规划及考核办法（标准化工地、标准化项目部、标准化试验室等）	主要	
2	资源配置			
2.1	人员配置	2.1.1　主要管理、技术人员数量和资格符合要求	主要	
		2.1.2　人员变更按规定报批，并经项目管理机构同意	一般	
2.2	作业队伍	2.2.1　作业队（架子队）配置及管理符合有关要求	主要	
		2.2.2　重难点工程施工积极应用专业化作业队伍	一般	
2.3	人员培训	2.3.1　及时参加各项业务培训，积极开展本项目的培训教育活动	一般	
		2.3.2　主要管理、技术人员满足相关培训要求	一般	
		2.3.3　特种作业人员、设备操作人员持证上岗。营业线施工、管理人员按规定培训合格后，方可上岗	主要	
2.4	设备仪器	2.4.1　施工机械设备及仪器配备方案合理，工装设备配备符合投标承诺，满足施工进度需要	主要	
		2.4.2　设备及仪器工况良好，进场程序及检验满足要求	主要	
		2.4.3　大型机械安全生产措施可靠，维修保养及时到位	一般	
		2.4.4　机械设备作业场所安全标识齐全、防护到位	一般	
		2.4.5　积极推广应用先进工艺、设备，提高质量水平	一般	
2.5	工厂化建设	2.5.1　梁场、轨枕场（板场）等大型预制构件场及拌和站、试验室等布局合理、设置规范	主要	
		2.5.2　建立健全搅拌站管理标准，按要求配置混凝土拌和站	一般	
		2.5.3　按现场试验室管理标准，配备人员、试验检测设备，保证试验工作环境	一般	
		2.5.4　小型预制场构件厂设置规范	一般	
		2.5.5　工厂化建设体现集约化、规模化	一般	

续上表

序号	考评项目	考评内容	主要项目/一般项目	考评结论（达标√/不达标×）
3	设施保障			
3.1	基础设施	3.1.1　驻地及工作场所选址合理、安全防护到位	主要	
		3.1.2　生产生活区划明晰，布置合理	一般	
		3.1.3　临时道路及临时设施设置合理	一般	
		3.1.4　安全防护及应急救援设施设置合理，配备到位	主要	
		3.1.5　生产生活区环水保设施到位	一般	
		3.1.6　现场管理及安全风险监控积极应用信息化手段	一般	
3.2	文明工地	3.2.1　安全质量警示、项目公示等标牌设置齐全	主要	
		3.2.2　材料、设备标识齐全	一般	
		3.2.3　安全劳保用品佩戴规范，人员着装整洁	一般	
		3.2.4　材料机具堆放整齐合理，场地整洁	一般	
4	过程管理			
4.1	质量控制	4.1.1　落实质量管理要求，按规定程序做好自检自查工作	主要	
		4.1.2　定期召开质量分析会议，对现场质量问题制定落实监控、整改措施，实行闭环管理	一般	
		4.1.3　测量、试验、检测工作规范，符合相关要求，数据真实准确	一般	
		4.1.4　过程施工及检查记录齐全	一般	
4.2	安全控制	4.2.1　落实安全管理制度，检查、整改记录齐全	主要	
		4.2.2　隧道、高空作业、运架梁、营业线等高风险工点及火工品管理规范	主要	
		4.2.3　定期召开安全分析会，及时制定并落实安全风险控制措施	一般	
		4.2.4　制定安全应急预案，按规定组织演练	一般	
4.3	材料管理	4.3.1　严格物资管理，进场物资材料均应进行验收，不合格材料按规定处理	主要	
		4.3.2　进场物资台账检测资料齐全，账物相符	一般	
		4.3.3　仓储管理规范，物资材料堆码整齐	一般	
4.4	工期管理	4.4.1　工期满足施组要求	主要	
		4.4.2　工期节点划分明确，动态掌握工期变化，定期进行统计分析	一般	
		4.4.3　积极协助做好征地拆迁工作，及时完成具体事务	一般	

续上表

序号	考评项目	考评内容	主要项目/一般项目	考评结论（达标√/不达标×）
4.5	计划、资金管理	4.5.1　各类合同和协议签订规范，台账齐全	主要	
		4.5.2　验工计价按规定程序上报审批，资料完整，手续齐备，无虚假验工计价现象	一般	
		4.5.3　民工工资发放及时到位	一般	
		4.5.4　资金管理规范，使用符合要求	一般	
4.6	环保水保管理	4.6.1　施工弃渣、排污、取土、降噪等符合法律法规及设计规范要求	主要	
		4.6.2　环保与主体工程做到“三同时”	一般	
4.7	技术管理	4.7.1　实施性施工组织设计及重难点项目方案科学合理，符合指导性施组要求	主要	
		4.7.2　做好施工组织设计优化和动态调整	一般	
		4.7.3　做好施工调查，按规定组织内部施工图复核，及时反馈复核意见	一般	
		4.7.4　及时提供优化设计信息，配合制定变更设计方案，变更设计管理规范	一般	
		4.7.5　组织做好分级施工技术交底，交底记录和台账齐全完整	主要	
		4.7.6　积极开展科技攻关工作，研究、推广新工艺、新材料、新设备应用	一般	
4.8	现场作业	作业指导书编制科学合理，现场实施到位，作业管控到位	主要	
4.9	维护稳定	杜绝因项目部内部管理不当导致的群体性事件	主要	
4.10	绩效考评	落实标准化规划内容，严格考评	主要	
合计			24/38	

二、创优考评

为较好反映考评的延续性和时效性，创优考评的指标内容要以达标考评指标为基础，结合项目推进阶段管理绩效进行设定，并配套评分标准。如：施工经理部标准化管理创优考评，在达标考评指标基础上，应增加实体质量、施工安全状况、工期目标实现情况等内容。这里以监理项目部标准化管理创优考评为例（具体考评内容见表 9-3），总共设定了机构设置、资源保障、过程控制三大部分共 9 项考核指标，考评打分达到 90 分(含)以上的认定为“优秀”等次，60～89 分的为优良等次。

表 9-3　监理项目部标准化管理创优考评表

序号	考评项目	标准分	考评内容	打分标准	得分
1	机构设置	10 分			
1.1	办公机构设置及选址	8 分	1.1.1　机构设置符合投标承诺，满足现场工作要求	考评发现的不合规问题每个扣 2 分	
			1.1.2　管理制度健全	考评发现的不合规问题每个扣 1 分	
			1.1.3　办公场所独立，面积符合要求	考评发现的不合规问题每个扣 1 分	
			1.1.4　设置专门会议室，基本办公设施满足要求	考评发现的不合规问题每个扣 0.5 分	
1.2	生活场所设置	2 分	宿舍单独设置，食堂、活动室等生活设施满足要求	考评发现的不合规问题每个扣 0.5 分	
2	资源保障	50 分			
2.1	人员配置	20 分	2.1.1　按照投标承诺配齐配足监理人员；资格符合要求；专业结构和数量满足现场需要	每 1 人不合格扣 0.5 分	
			2.1.2　更换投标人员需建设单位审批	考评发现未履行报批手续的，每人扣 0.5 分	
			2.1.3　参加建设单位的项目培训和内部培训，对培训考试不合格人员进行再培训或清退、换岗处理	每 1 人不合格 0.5 分	
			2.1.4　与监理项目部所有人员签订劳动用工合同，与监理人员签订质量安全、廉政责任书	考评发现使用未签合同监理人员的，每人扣 0.5 分	
			2.1.5　建立完善的人员业绩考评体系，明确考评内容、方式、频率	对不符合规定要求的，视情扣 1～5 分	
2.2	文明监理	15 分	2.2.1　监理项目部、监理组和工地试验室(或分室)按要求设置标识标牌	考评发现的不合规问题每个扣 0.5 分	
			2.2.2　监理项目部按要求制作统一的车辆标识牌和监理人员上岗证，着装整齐	考评发现的不合规问题每个扣 1 分	
			2.2.3　在监理管段的重要工点布设工作公示、宣传牌	考评发现的不合规问题每个扣 0.5 分	

续上表

序号	考评项目	标准分	考评内容	打分标准	得分
2.3	试验室	15分	2.3.1　根据投标承诺建立独立的工地试验室	对不符合规定要求的，扣2分	
			2.3.2　工地试验室有母体试验室授权；试验检测工作未超出母体试验室资质范围	考评发现的不合规问题每个次扣2分	
			2.3.3　工地试验室面积及功能区划满足规定要求	对不符合规定要求的，扣2分	
			2.3.4　按照投标承诺配齐配足试验设备和试验人员	考评发现的不合规问题每个扣0.5分	
			2.3.5　仪器设备经检定或校准，使用保养符合要求	考评发现的不合规问题每个扣1分	
			2.3.6　建立完整的试验资料目录和工作台账	考评发现的不合规问题每个扣0.5分	
3	过程管理	40分			
3.1	现场监控	20分	3.1.1　总监及专业监理工程师按要求对现场进行检查，对发现的问题及时责令有关单位和责任人进行整改，问题闭环管理	考评的不合规问题每个扣1分	
			3.1.2　通过旁站、隐蔽工程检查、下达监理指令、见证试验、平行检测等有效手段对工程质量安全进行控制；按检验批、分项、分部、单位工程质量验收程序进行验收；通过图纸审核、工地会议、现场会等方式履行监理职责	考评发现的不合规问题每个扣0.5分	
			3.1.3　督促施工单位按照相关规范、标准、设计文件和批准的施组、专项方案进行施工	考评发现的不合规问题每个扣1分	
			3.1.4　及时审批施工单位上报的与工程有关的资料，对不满足条件不予签认的，说明理由	考评发现的不合规问题每个扣0.5分	
			3.1.5　对施工单位进场主要人员、试验室人员、特殊工种人员的资格和主要设备、安全防护用具进行审查	考评发现的不合规问题每个扣0.5分	

续上表

序号	考评项目	标准分	考评内容	打分标准	得分
3.2	内业资料管理	15分	3.2.1 建立监理资料档案和台账目录,及时按照建设单位要求上报有关资料	考评发现的不合规问题每个扣1分	
			3.2.2 内业资料管理规范,监理人员签认表述规范	考评发现的不合规问题每个扣0.5分	
			3.2.3 内业资料记录规范,问题台账闭环管理	考评发现的不合规问题每个扣0.5分	
			3.2.4 《监理规划》和《监理实施细则》按规定时间编制完成,按规定程序进行审批,内容齐全	考评发现的不合规问题每个次扣1分	
3.3	标准化活动	5分	积极参与和开展标准化管理活动,形成活动总结推广资料,活动开展特色鲜明	考评认为有较好效果打3分,效果明显打4分,效果突出有创新打5分,未开展活动批0分,效果不明显的打1~2分	
合计		100分			

第三节 现场生产单元标准化管理绩效考评

现场生产单元是指参建单位在基层一线的管理或作业单元,由参建单位根据工作需要,结合现场实际情况划定。现场生产单元一般可分为主体单元和辅助单元两类,其中主体单元为一定范围内的专业实体工程及辅助生产设施(如一个桥梁单位工程及其配套的混凝土拌和站、试验室等);辅助单元是指拌和站、试验室、预制梁场等。对现场生产单元标准化管理绩效考评的目的,一是对施工或作业主体的素质、实施条件(工作环境、基础设施)的准备、实施过程的策划(施工方案、作业标准等)和过程管理体系(试验检验、制度落实措施等)进行评估,促其为全面实施现场管理标准化提供必要基础条件;二是对实施过程中的施工工艺、现场管理进行审查、验证、改进完善,并以此规范工艺标准、管理行为,归纳总结出一个适用的技术方案或作业标准;三是通过考评树立典型样板,以利于将成功模式进行推广应用。

对现场生产单元的考评,主要形式有标准化工地、标准化拌和站、标准化梁场等,一般由参建单位自行组织开展,建设单位可在参建单位考评的基础上，通过评比树立全线的现场作业单元样板，比如授予“××项目路基工程标准化工地、××项目标准化试验室”等称号。

一、标准化工地考评

标准化工地考评，一般主要是从文明工地、规范作业和实体质量等方面来进行。标准化工地的考评指标，应当按照专业工程的门类如路基、桥梁、隧道、轨道、牵引供电、站房等分别建立，下面以路基工程标准化管理考评为例进行简单说明。一般纳入考评的路基工程生产单元应具备以下条件：路基填挖及附属工程已完成一个区段，其他分项、分部工程正在分步展开。考评的具体内容见表 9-4。考评结果根据打分高低划分为“样板”、“达标”、“不达标”三个等级，其中考评得分 90 分（含）以上的为“样板”；75～89 分为“达标”；74 分以下为“不达标”。

表 9-4　路基工程标准化工地考评打分表

序号	考评项目	标准分	考评内容	打分标准	得分
1	环境及设施	10 分			
1.1	临时设施	3 分	施工便道等设施设置合理，区划明晰，维护良好，取弃土场符合设计及环水保要求	对不符合规定要求的，视情扣 1～3 分	
1.2	文明施工	3 分	现场标识标牌设置规范，场地整洁，物料存放整齐，人员着装统一，机械设备整备良好	对不符合规定要求的，视情扣 1～3 分	
1.3	环境保护	2 分	施工降尘、降噪、污水排放的环水保设施到位	对不符合规定要求的，视情扣 1～3 分	
1.4	填料拌和站	2 分	填料制备、构件预制等采用工厂化生产，填料拌和站设置合理，管理规范	对不符合规定要求的，视情扣 1～3 分	
2	地基处理	10 分			
2.1	原地面处理	2 分	基底无杂物，原地面基底平整、密实	考评发现的不合规问题每个扣 1 分	
2.2	工艺性试验	2 分	工艺试验总结及施工方案齐全合理	对不符合规定要求的，视情扣 1～3 分	
2.3	过程控制	3 分	施工操作规范，材料及用量符合设计及验标要求	考评发现的不合规问题每个扣 1 分	

续上表

序号	考评项目	标准分	考评内容	打分标准	得分
2.4	实体质量	3分	实体质量符合设计及验标要求，复合地基承载力报告及桩基完整性检测(取芯)合格	考评发现不符合规定要求的问题每个扣1分；复合地基承载力和桩基检测不合格的，不能评为标准化工地	
3	路堑	10分			
3.1	过程控制	6分	现场排水系统连通顺畅，现场无积水；严格执行分层、分段开挖，严禁掏底开挖，防护及时到位；石质路堑爆破方案合理，场地布置及火工品存放符合要求	考评发现的不合规问题每个扣1分	
3.2	整体观感	4分	开挖面完整平顺，坡面平整、稳定	考评发现的不合规问题每个扣1分	
4	路基填筑	20分			
4.1	工艺试验	4分	工艺试验总结及施工方案齐全，工艺试验总结有压实遍数及虚铺系数等指标	对不符合规定要求的，扣2分	
4.2	过程控制	6分	填料符合设计及验标要求。不符合要求扣1分/处区段划分合理，填筑工艺符合要求，台阶预留合理	考评发现的不合规问题每个扣1分	
4.3	实体质量	6分	压实指标检测合格	考评发现不合格问题的，扣5分	
4.4	整体观感	4分	路基表面平整、密实，线形平顺	考评发现的不合规问题每个扣1分	
5	过渡段	10分			
5.1	工艺试验	2分	试验段工艺总结及施工方案真实准确、科学合理	对不符合要求的，扣2分	
5.2	过程控制	4分	填料及层厚符合设计及规范要求，横向结构物两侧的过渡段填筑必须对称进行，并与相邻路堤同步施工	考评发现的不合规问题每个扣1分	
5.3	实体质量	4分	检测结果合格	考评发现不合格的，每处扣2分	
6	支挡	10分			

续上表

序号	考评项目	标准分	考评内容	打分标准	得分
6.1	过程控制	4分	使用材料符合要求，工艺控制合理，沉降缝、泄水孔、反滤层设置满足设计及验标要求	考评发现的不合规问题每个扣1分	
6.2	实体质量	4分	砌筑及浇筑质量合格	考评发现的不合规问题每个扣2分	
6.3	整体观感	2分	线性平顺，观感良好	考评发现的不合规问题每个扣2分	
7	边坡防护及附属	10分			
7.1	过程控制	4分	路基防护及时完成，工艺控制合理	考评发现不符合规定要求的问题每个扣1分	
7.2	实体质量	4分	砌筑及浇筑质量合格，植被覆盖满足要求	考评发现的不合规问题每个扣1分	
7.3	整体观感	2分	边坡线形平顺，坡度控制好，植被整体观感好	考评发现不符合规定要求的问题每个扣1分	
8	路基防排水	10分			
8.1	过程控制	4分	路基防排水工程完成及时，工艺合理，材料合格	考评发现的不合规问题每个扣1分	
8.2	实体质量	4分	砌筑及浇筑质量合格	考评发现的不合格问题每处扣1分	
8.3	整体观感	2分	砌体及构筑物外观较好，无积水现象	考评发现的不合格问题每个扣2分	
9	沉降观测	10分			
9.1	观测桩设置与保护	4分	按设计要求设置沉降观测桩，施工时采用有效防护，定期(每层填筑)复核校正	考评发现的不合格问题每个扣1分	
9.2	观测精度及频率	6分	观测精度及频率满足设计及规范要求	考评发现的不合格问题每处扣1分	
合计		100分			

二、标准化试验室考评

标准化试验室考评的对象一般为独立的工地试验室，考评内容主要包括资质资格、工作环境、管理制度、人员及设备配置、过程管理等方面（具体考评内容见表 9-5），打分结果等次划分与路基工程相同。其他辅助生产设施，如：拌和站、预制梁场、轨道板场等，均可参照这些内容来制订考核指标体系，涉及成品加工的，还应增加实体质量检验内容。

表 9-5　标准化试验室考评打分表

序号	考评项目	标准分	考评内容	打分标准	得分
1	资质资格	32 分			
1.1		10 分	试验室母体检测机构资质证书、计量认证证书(CMA)等内容齐全、合法有效	对不符合规定要求的，每项扣 5 分	
1.2		10 分	试验室持有母体检测机构授权文件，技术负责人、质量负责人有母体检测机构授权委托书	对不符合规定要求的，扣 5 分	
1.3		6 分	检测项目不超出授权范围	每超出 1 项扣 2 分	
1.4		6 分	外委试验检测机构具有相关资质	每个不合格项扣 2 分	
2	工作环境	8 分			
2.1		5 分	试验间、生活区、材料存放间等功能区域分开，设置、布局合理，试验间数量和面积满足要求	对不符合规定要求，视情扣 2～5 分	
2.2		3 分	试验室工作环境、设备工作环境符合要求	对不符合规定要求的，视情扣 1～3 分	
3	管理制度	9 分			
3.1		3 分	试验室职责详细、完善	对不符合规定要求的，视情扣 1～3 分	
3.2		3 分	常用标准、规范和规程齐全，版本有效	对不符合规定要求的，视情扣 1～3 分	
3.3		3 分	制定质量管理手册、操作规程、作业指导书等管理文件	对不符合规定要求的，视情扣 1～3 分	
4	人员管理	11 分			
4.1		6 分	试验室人员数量、资格符合要求，持证上岗	每 1 人不合格扣 0.5 分	

续上表

序号	考评项目	标准分	考评内容	打分标准	得分
4.2		5分	试验室人员分工及岗位职责明确	每1人不合格扣0.5分	
5	仪器设备	14分			
5.1		5分	试验室仪器设备配置齐全，满足工作需要	每1台次不合格问题扣0.5分	
5.2		3分	仪器定期检定	每1台次不合格项扣0.5分	
5.3		3分	仪器设备操作规程标识明确	每1台次不合格问题扣0.5分	
5.4		3分	大型仪器设备有运转记录	每1台次不合格问题扣1分	
6	过程管理	19分			
6.1		5分	试验结果及时准确	对不符合规定要求的，视情扣1～5分	
6.2		3分	试验记录及报告用表格规范，齐全完整	对不符合规定要求的，视情扣1～3分	
6.3		3分	操作过程规范标准	对不符合规定要求的，视情扣1～3分	
6.4		5分	各种材料的取样、试件制作和试验方法、检测频次符合现行标准	对不符合规定要求的，视情扣1～5分	
6.5		3分	试验过程有记录，试验台账完整齐全	对不符合规定要求的，视情扣1～3分	
7	其他	7分			
7.1		2分	电气设备金属外壳与保护零线连接，配电室、配电箱、开关箱专人负责，实行“一机一闸一漏”制	每1处不合格问题扣1分	
7.2		2分	划分防火责任区，配备足够消防器材	每1处不合格问题扣1分	
7.3		3分	试验废弃原材料回收或存放不符合环保要求	每1处次不合格问题扣1分	
合计		100分			

第十章　文化建设

项目文化是项目团队及其所有成员在项目实施过程中，形成和表现出的普遍、自觉的思想观念和行为方式状态，它是项目管理特有的一整套包括经营哲学、道德和价值取向、理念信念、目标方针、管理体制、领导风格、行为规范、团队精神、风尚风貌等内容的复合体。美国学者戴维·I·克利兰指出，项目文化就是将项目团队成员联系在一起，赋予他们工作的意义以及在工作与生活中履行各自项目责任时所应遵循的原则和标准。项目文化由项目负责人倡导和推动，项目成员普遍认同且积极参与而形成，并内化到每一个成员心中成为其自觉行动的意识、规范和动力。它以共同的价值理念为引领，以共同的精神支柱为动力，以共同的行为规范为准则，以共同的经济政治利益为纽带，以共同的品牌形象为标志，渗透并贯穿于项目管理一切活动当中，能够发挥凝聚、导向、融合、激励、约束、育人、塑形、辐射等积极作用，从而有效提升项目建设团队的思想素质、业务素质和执行力、凝聚力、创造力。

项目文化与项目管理相生相伴、相辅相成，从内涵上讲包括项目精神文化、制度文化、行为文化和物质文化（或称为形象文化）四个方面，从形式上看有项目质量文化、安全文化、社会责任文化、团队建设文化等不同载体，但是归结起来说项目文化本质上是项目管理思想的综合反映，有什么样的项目管理思想，就有什么样的项目文化。相对于项目管理而言，项目文化具有显著的“内因驱动”和“软约束”的特性，是保证项目管理顺利实施不可或缺、不可替代的推动力量。最重要的是，项目文化建设是在建设单位主导下，参建单位自主自发自觉自为、共建共创共享共荣的实践活动，既能包容参建单位企业文化差异，融合参建单位企业文化建设成果、经验和优势，又能突出项目特色，形成共同意志，因而更容易得到整个项目建设团队的广泛认同和自觉执行，这一点是单靠外部强制力量难以做到的。由此可见，是不是重视文化建设，能不能抓好文化建设，对于项目管理成败具有重大影响。在长期的项目管理实践中，铁路建设系统一直高度重视项目文化建设，创造出很多灿烂的文化成果，比如，“快速、有序、优质、高效”的铁路建设方针，“不留遗憾，不当罪人，建不朽工程”的质量管理理念、“挑战极限、勇创一流”的青藏铁路精神，

"勇攀高峰,追求一流"的京沪高铁精神,这些文化成果都曾发挥了不可磨灭的历史作用,而且历久弥新传承不息。在当前大规模、高标准铁路建设全面推进的新形势下,各个项目建设单位特别是第一管理者,应认真继承和发扬铁路建设系统在项目文化建设方面的传统优势,自觉、主动地抓好项目文化建设,为项目管理顺利实施提供必要的动力和保证。

铁路建设项目标准化管理的推行,开创了铁路建设项目管理新的境界,其基本特点之一就是"文化性",这就表明它与项目文化具有紧密的内在联系。一方面,这种"文化性"是标准化文化固有特性在铁路建设项目管理领域的具体体现。标准化管理的思想、观念和思路、方法本身就是一种重要的文化成果,是推动和保证标准化管理应用推广的"活的灵魂",我们在将标准化管理应用于铁路建设项目管理领域的同时,也就把这种文化成果引入铁路建设项目文化,使铁路建设项目文化有了新内涵、新主题、新特色,焕发出新活力。另一方面,这种"文化性"是开展铁路建设项目标准化管理所必须做好的重要工作内容。铁路建设项目参建单位和利益相关方多,参建人员数量大、成分杂,素质参差不齐,如何有效统一队伍思想,规范全员作业行为是最根本的管理任务。近年来,很多铁路建设项目把推动标准化管理作为项目文化建设的中心任务,创造出不少可喜成果,比如,合武铁路安徽公司提出"干就达标准、建就成精品"理念,沪杭客运专线公司提出"臻于至善、守正出奇"理念,铜九铁路指挥部提出"不给工程留缺陷,不给安全留隐患,不给用户留遗憾,不给沿线留麻烦"的理念,这些成果都融入了标准化管理思想精髓,能够有目的地激发建设队伍达标准、创一流的使命感和荣誉感。正是由于这些文化建设活动的深入开展,在铁路建设项目上逐步形成了"让标准成为习惯,习惯符合标准,结果达到标准"为主要内容的标准化管理文化,逐步成为建设团队的思想主流和自觉行动,为标准化管理落地生根、开花结果营造出极其有利的精神环境。实践证明,在开展标准化管理过程中,项目文化建设工作能够在宣贯标准、崇尚规则、培养习惯、形成风气方面发挥不可替代的作用,这也是当前项目文化建设的定位和方向所在。

当前,结合标准化管理的开展,项目文化建设应当认真坚持以下原则:一是以人为本,服务中心;二是统一领导,共建共享;三是整体规划,规范操作;四是兼蓄包容,突出共性;五是典型引路,丰富载体。最终的衡量标准就是看是否真正有效调动参建人员执行标准化管理的主观能动性,保证项目管理工作规范有序、优质高效地开展。为此,具体应重点从以下几个方面狠下功夫。

首先,加强思想教育。核心要求就是运用各种宣传教育手段,广泛开展各种主题活动，大力宣贯“让标准成为习惯，习惯符合标准，结果达到标准”等重要理念，力求做到内化于心，外化于行，持之以恒，蔚然成风。在此过程中，应鼓励参建单位在贯彻共同意志基础上，勇于实践大胆创新，积极发扬各自在党的建设、宣传思想工作、企业文化建设等方面的传统优势。

其次，强化制度保证。核心要求就是建立“事事有标准，事事有流程，事事有责任人”的工作秩序。一是要理顺工作关系，最关键的是把领导与被领导、监督与被监督、命令与服从、主管与协助、对口负责与平行协作等工作关系理顺。二是要健全工作流程，把制度的要求贯彻到流程当中，以制度保证流程，靠流程落实制度。三是要明晰岗位责任，不但要明确每个岗位主管业务职责，而且要明确每个岗位在各项业务流程中的职责，形成权责明确、界面清晰、有追溯性的责任体系。四是要完善管理制度，关键是要使每项制度都符合“5W1H”原则，力求从源头上提高制度的执行力，同时大力加强规章制度的宣贯，使广大员工既要掌握制度规定的内容，又要明白规定的意图，增强执行制度自觉性和坚定性。在认真完善各种生产管理制度的同时，也要重视健全项目文化建设、人力资源管理、沟通协作、后期保障等其他方面工作制度，为生产管理制度的落实提供配套支持。五是加强监督和考核，并及时公布结果，实施奖惩，以强化激励约束，维护制度权威。

其三，引领行为取向。核心要求是在全体员工中大力提倡“事事讲标准、时时守标准、处处达标准”的行为准则，正确、有效地引导参建人员养成良好行为习惯。为此，要综合运用教育培训、职业道德建设、利益调节、纪律约束、典型示范、达标竞赛等多种形式来大力倡导。一要讲求方式，力求做到让一线员工喜闻乐见。二要定规立矩，明确应该提倡哪些行为，反对哪些行为，形成制度化或者约定俗成的行为准则。比如，铁道部提倡的“六个不”即“不干违法的事，不干违章的事，不用低素质的人员，不吝啬安全投入，不当老好人，不存侥幸心理”的安全观念，就产生了显著的导向作用，得到施工单位普遍认同。三要加大奖罚力度，真正做到“奖得让人眼红，罚得让人心疼”，这样才能产生足够的导向作用。

最后，规范作业环境。核心要求是坚持文明施工，开展标准化作业，以规范、有序的生产秩序来约束员工行为，赢得外部认可。对此，铁道部专门下发安全文明工地规范，从现场布局、安全标志、现场标牌等各个方面均明确了统一的标准，中国中铁股份公司及其所属工程局还制定了专门的项目文化标准化Ⅵ手册，这些都能作为直接、有效的指导依据。

后　记

在本书即将付梓之际，抚案回首，感慨良多。应当说从总体上看，这几年来铁路建设项目标准化管理的推行是很有成绩的，主要表现在：标准化管理理念得到深度认同；管理标准、技术标准和作业标准基本完善；项目管理执行力显著提高，文明施工水平大幅提升，“事事有标准，事事有流程，事事有责任人”的管理秩序普遍形成，施工现场规范有序，很多高铁工地让人感到赏心悦目；项目质量安全管理和风险控制能力得到实质加强，工程质量整体水平持续提高，已开通的高铁项目均未发生因质量问题导致的停运或安全事故。这些成绩的取得，关键在于我们始终坚持了领导高度重视、各方一致认同、统一规划推进、持续改进创新等工作原则，使得我们创出的这一整套标准化管理体系得到了全面有效运行，并在不断总结经验过程中持续加以改进完善。在看到进步的同时，我也深感铁路建设项目标准化管理的推行还存在发展不均衡、覆盖不全面、制度欠完善、落实不到位等问题，很多工作与预期目标差距不小，在有些方面的操作性、执行力还不够强，标准化管理达标考核体系还不健全。这些问题既有管理执行方面的原因，也有对有些情况研究不深、预想不周的原因，更重要的原因是人的素质提高和管理基础工作的积累尚需时日。

展望未来，后一步纵深推进铁路建设项目标准化管理的主要着力点应当放在以下几个方面：一是继续优化铁路建设管理体制顶层设计，进一步理顺“大业主”与建设单位授权管理关系，使项目标准化管理权责层级、界面更加清晰，工作流程内外接口得到可靠衔接；二是以推行架子队模式为核心，加强人员配备、培训和其他资源配置，进一步强化项目标准化管理体系的物质支撑；三是以落实参建企业主体责任、提高标准化管理执行力为核心，认真整治标准化管理与现场作业脱节的问题，进一步提高现场管理和过程控制的水平和成效；四是以有利的引导政策，全面提升铁路建设项目机械化、专业化、工厂化、信息化程度，促使我国铁路工程施工标准化作业的硬件水平跻身国际一流；五是积极借鉴参建单位在企业标准化管理方面的经验，组织参建企业共同推进管理创新，实现项目管理标准化与企业管理标准化紧密结合，相辅相成，共同提高，把我国铁路建设行业项目管理整体水平推向新的境界。

作　者

2013 年 2 月 20 日于北京

参考文献

[1] 陈立云,金国华编著.跟我们做流程管理.北京:北京大学出版社,2010.
[2] 李春田主编.标准化概论(第四版).北京:中国人民大学出版社,2005.